はじめに

　我が国においては、科学技術創造立国の理念の下、産業競争力の強化を図るべく「知的創造サイクル」の活性化を基本としたプロパテント政策が推進されております。

　「知的創造サイクル」を活性化させるためには、技術開発や技術移転において特許情報を有効に活用することが必要であることから、平成9年度より特許庁の特許流通促進事業において「技術分野別特許マップ」が作成されてまいりました。

　平成13年度からは、独立行政法人工業所有権総合情報館が特許流通促進事業を実施することとなり、特許情報をより一層戦略的かつ効果的にご活用いただくという観点から、「企業が新規事業創出時の技術導入・技術移転を図る上で指標となりえる国内特許の動向を分析」した「特許流通支援チャート」を作成することとなりました。

　具体的には、技術テーマ毎に、特許公報やインターネット等による公開情報をもとに以下のような分析を加えたものとなっております。
　・体系化された技術説明
　・主要出願人の出願動向
　・出願人数と出願件数の関係からみた出願活動状況
　・関連製品情報
　・課題と解決手段の対応関係
　・発明者情報に基づく研究開発拠点や研究者数情報　など

　この「特許流通支援チャート」は、特に、異業種分野へ進出・事業展開を考えておられる中小・ベンチャー企業の皆様にとって、当該分野の技術シーズやその保有企業を探す際の有効な指標となるだけでなく、その後の研究開発の方向性を決めたり特許化を図る上でも参考となるものと考えております。

　最後に、「特許流通支援チャート」の作成にあたり、たくさんの企業をはじめ大学や公的研究機関の方々にご協力をいただき大変有り難うございました。

　今後とも、内容のより一層の充実に努めてまいりたいと考えておりますので、何とぞご指導、ご鞭撻のほど、宜しくお願いいたします。

　　　　　　　　　　　　　　　　　　　　　独立行政法人工業所有権総合情報館

　　　　　　　　　　　　　　　　　　　　　　　　理事長　　藤原　譲

焼却炉排ガス処理技術　エグゼクティブサマリー

焼却炉排ガス処理技術が世界へ

■ 焼却炉排ガス中の大気汚染物質と法規制

ごみ焼却炉から排出される大気汚染物質としては塩化水素、硫黄酸化物、窒素酸化物、煤塵などが古くから知られ、その他にも一酸化炭素、アンモニア、水銀などの重金属、多環芳香族炭化水素、ダイオキシン類に代表される有機塩素化合物などの微量有害物質などが知られている。

汚染物質として最初に問題となったのは煤塵であり、その後硫黄酸化物、塩化水素および窒素酸化物が問題とされ、大気汚染防止法により規制された。

1990年代からは都市ごみ焼却炉から発生するダイオキシン類が大きな問題となり、ダイオキシン対策関連法により規制基準が決定され、強化されてきた。

■ 開発が進む排ガス中の有害物質処理技術

煤塵の発生対策には電気集塵機が、塩化水素や硫黄酸化物にはアルカリ剤の吹き込みによる除去装置や苛性ソーダによる湿式洗浄装置、窒素酸化物には触媒または無触媒脱硝法が採用されるようになった。

水銀を除去する装置としては湿式洗浄装置にキレート剤を添加し、水銀を無害化し除去する方法が開発された。

また、ダイオキシンなどの有害微量物質に対しては、より細かい燃焼管理と煙道内の温度コントロールにより、発生、再合成を抑制し、さらに電気集塵機の稼動温度の低温化や、バグフィルタが採用されるようになった。

■ 技術開発は大小の焼却炉メーカーが中心

焼却炉排ガス処理技術の開発は、装置においては焼却炉メーカーが中心になり、処理薬剤などは化学業の企業が中心となって進められている。

焼却炉内での有害物質抑制技術においては、機械、鉄鋼、造船業などの企業が、大量の都市ごみを処理するための大型の焼却施設における排ガス処理技術の開発の主体であり、電機業の企業が、家庭用のごみ焼却炉など、小型のごみ焼却炉の開発の主体である。

また、排ガス処理装置においては、炉内の抑制技術に比べて多数の企業が参加している。特に、化学業の企業は有害物質処理薬剤、触媒、吸着剤の開発を中心に行っており、電機業の企業は放電、放射線を利用した、有害物質浄化技術などの技術を開発している。

焼却炉排ガス処理技術　　　エグゼクティブサマリー

焼却炉排ガス処理技術が世界へ

■ 特許出願の動き

　1990年以降に出願された焼却炉排ガス処理技術に関する特許出願件数および出願人数をみると、1997年の出願人および出願件数は、出願人数で90年の約3倍、出願件数は約4倍と急増した。

　この技術開発はすべての分野で拡大しているが、特に焼却炉内での二次燃焼技術、排ガス処理装置では薬剤投入に関する技術、あるいは吸着技術に関する出願が盛んである。

　炉の構造、制御方法など中心となる手段についても、空気吹込ノズルの改良、空気と温度の同時制御など、技術はますます高度化、複雑化してきており、このような傾向は今後も続くと予想される。また、計測制御法ではエキスパートシステムなど、新たな方法も出願されている。

■ 技術開発の拠点は関東地方と関西地方に集中

　出願上位20社の開発拠点を発明者の住所・居所でみると、横浜市、千代田区、富津市など関東地方に11拠点、尼崎市、大阪市など関西地方に6拠点、呉市など中国地方に2拠点、中部地方に1拠点ある。

■ 今後の技術開発の課題と展望

　地球環境の保全が世界中で重要視されている現在、大気汚染防止のために、高度な技術を有する企業群を中心に、わが国で開発された技術が様々な形で世界に拡散している。

　今まで優秀な欧米のごみ焼却技術や排ガス処理技術を導入し、より良いものへと改善、高度化し、現在わが国の企業群が保有している排ガス処理技術を、これからは世界へと拡散させ、地球環境の保全に役立てることが大切であろう。

　焼却炉における完全燃焼技術、有害物質生成抑制技術、排ガス処理装置におけるダイオキシン類などの有害物質処理技術を中心に、より価値ある技術へと高め、技術を共有し、役立たせる努力を期待したい。

　今後も、焼却炉排ガス処理技術の開発をリードするわが国の優秀な企業群は、大切な地球環境を守るために、大きく貢献していくであろう。

焼却炉排ガス処理技術

主要構成技術

焼却炉排ガス処理技術に関する特許分布

焼却炉排ガス処理技術は、「焼却炉内における有害物質を抑制技術」（以下焼却炉内抑制技術という）と、「排ガス処理装置における有害物質処理技術」（以下排ガス処理装置内処理技術という）からなる。

焼却炉内抑制技術に関連して1991年から2001年8月までに公開された特許は、運転管理736件、二次燃焼655件、炉内薬剤処理158件である。

排ガス処理装置内処理技術に関するものは、薬剤投入307件、温度管理135件、活水処理165件、腐食防止132件、成湿257件、集塵91件、放電、放射線39件となっている。

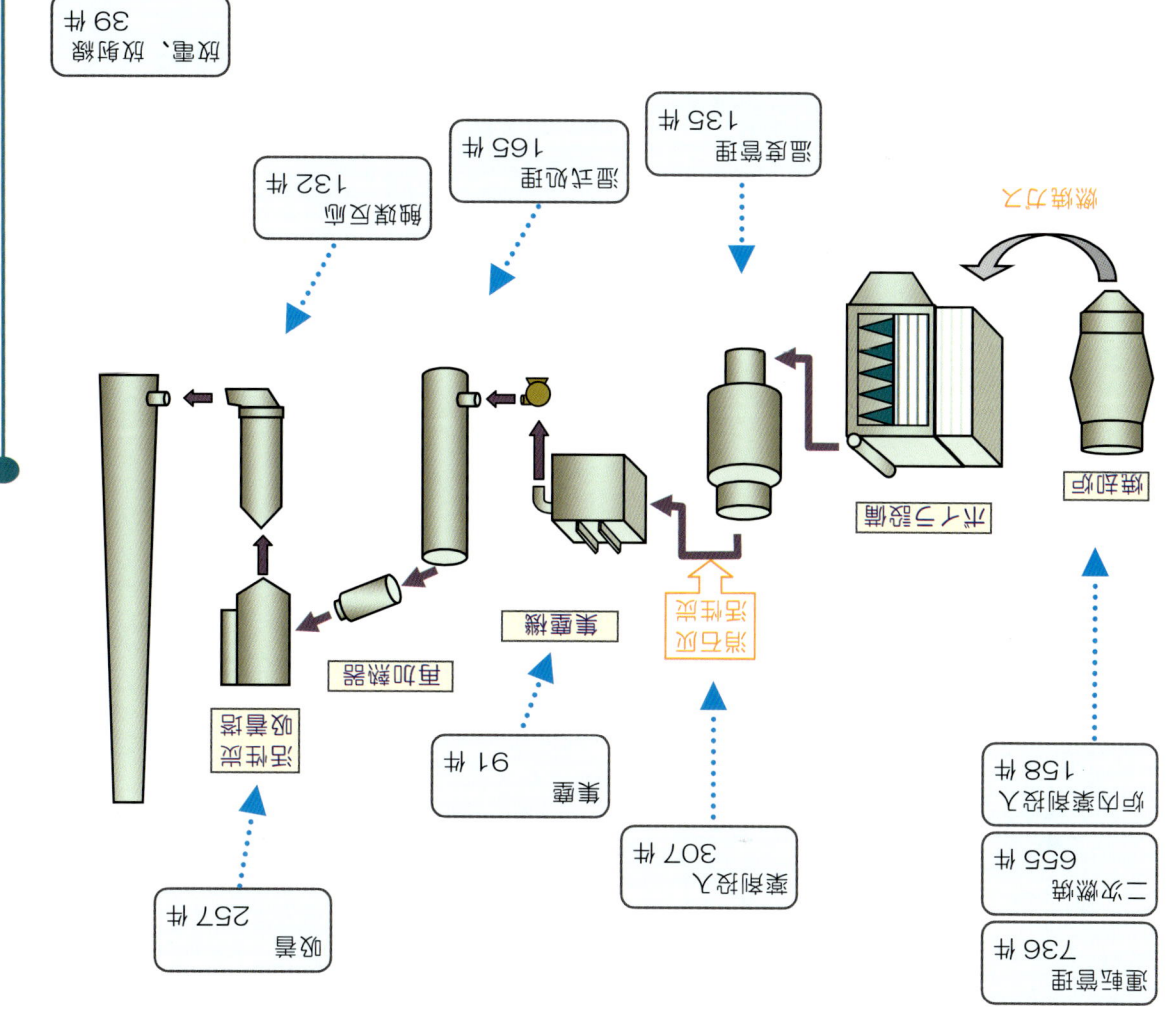

1991年から2001年8月公開の出願

降水炉排ガス処理技術

技術の動向

関連する入札業と特許出願

降水炉排ガス処理技術の関連状況をみると、1990年における出願人数は約50社、出願件数は約100件であったが、97年には出願人数は約150社、出願件数は約400件まで急激に増加した。
特に、降水炉内技術では二次燃焼に関する出願件数が増加しており、排ガス処理薬剤技術では薬剤投入の改善に関する出願が増加している。

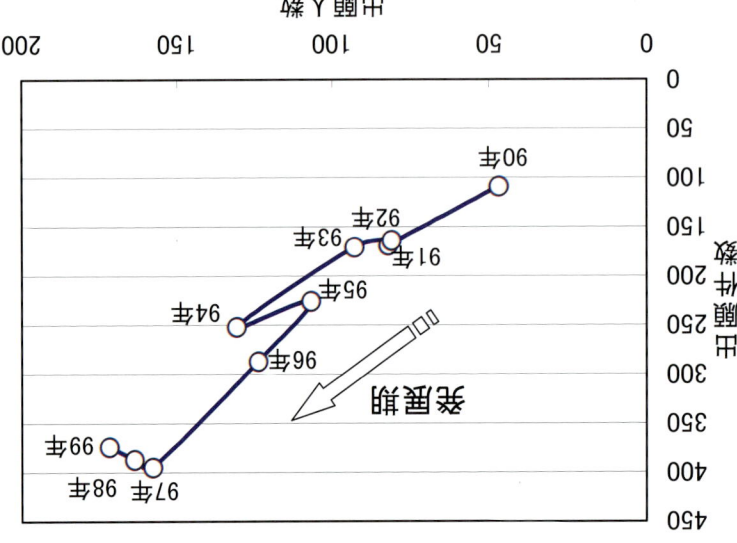

発展期

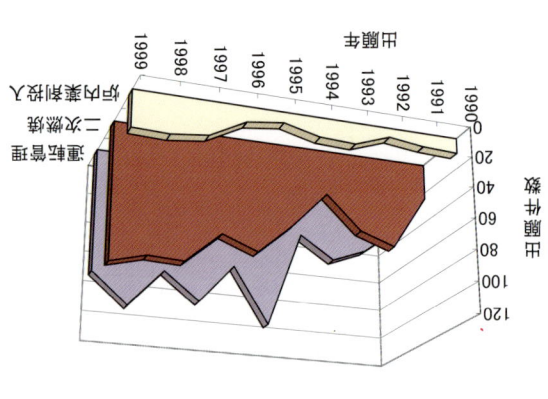

降水炉内

排ガス処理装置

1991年から2001年8月公開の出願

併処方薬剤とダイオキシン処理の課題

併処方注入技術の技術開発上の課題としては、併処方注入技術においては粉末活性炭による未燃カーボン、ダイオキシンなどの抑制に関するものが多い。また、排ガス洗浄技術では、ダイオキシン処理、搬送排ガス処理に関するものがある。

当該技術という観点では、併処方の運転管理と二次廃棄物処理における課題があり、ダイオキシン処理という課題は、排ガス処理技術において成果が、薬剤投入という課題となっている。

また、薬剤注入処理に関する課題は、粉末活性炭投入や、炉内薬剤投入、排ガス処理技術では、薬剤投入や活性炭投入処理に関するものがある。

ダイオキシン処理に関しては、排ガス処理において、成果を用いているものが多く、次いで薬剤投入によるものがある。

併処方排ガス処理技術 — 技術要素と課題の分布

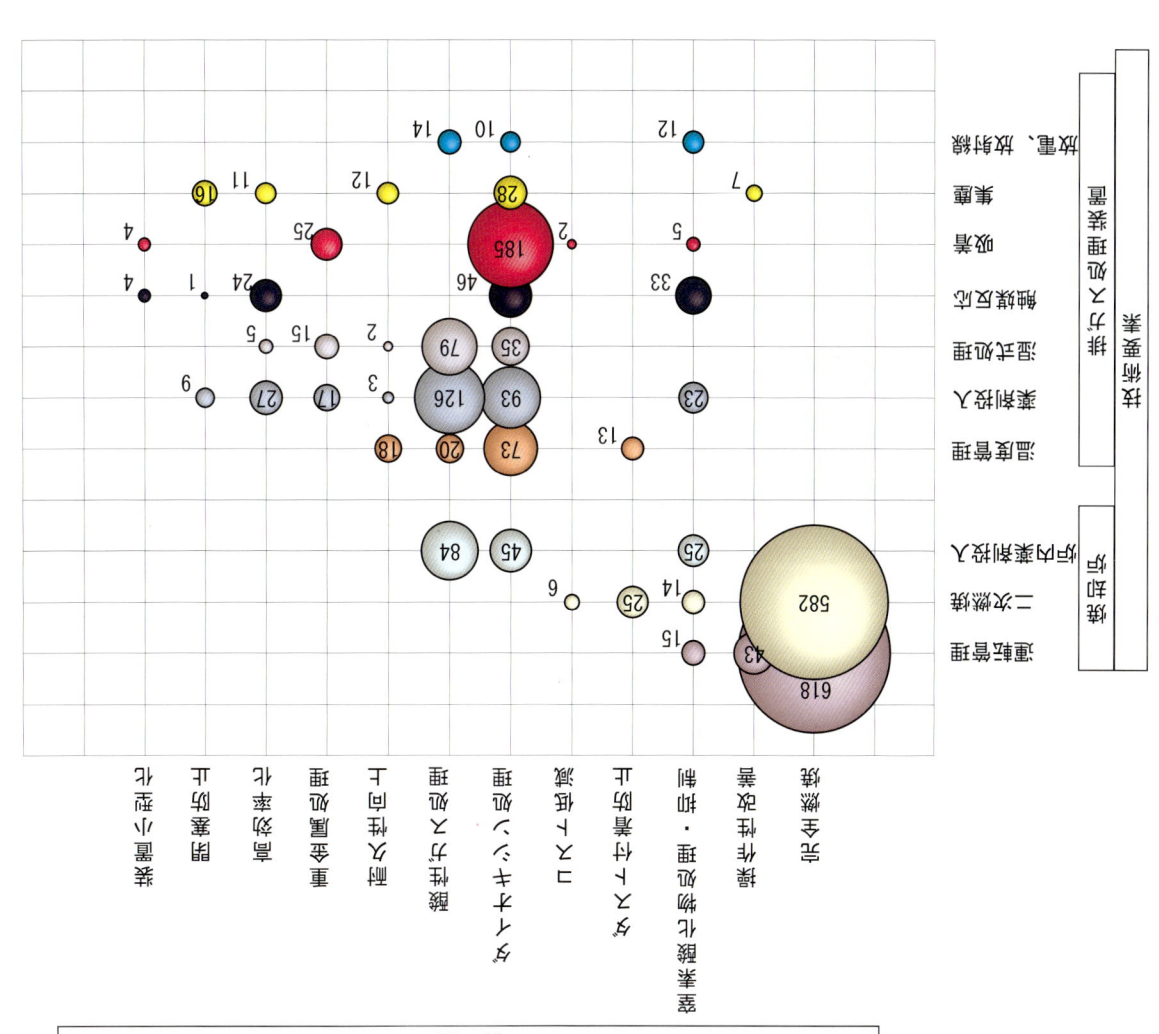

1991年から2001年8月公開の出願（課題「その他」を除く）

技術開発力のある20分の理接地

技術開発力は関東と近畿に集中

中国より上位20社の技術開発部を要開発者の住所・研究所である。関東が5社、中国3社、近畿、九州2社、中部が1社であり、正業継がある。東京11社、神奈川8社、大阪6社、兵庫5社と、関東と近畿に集中している。

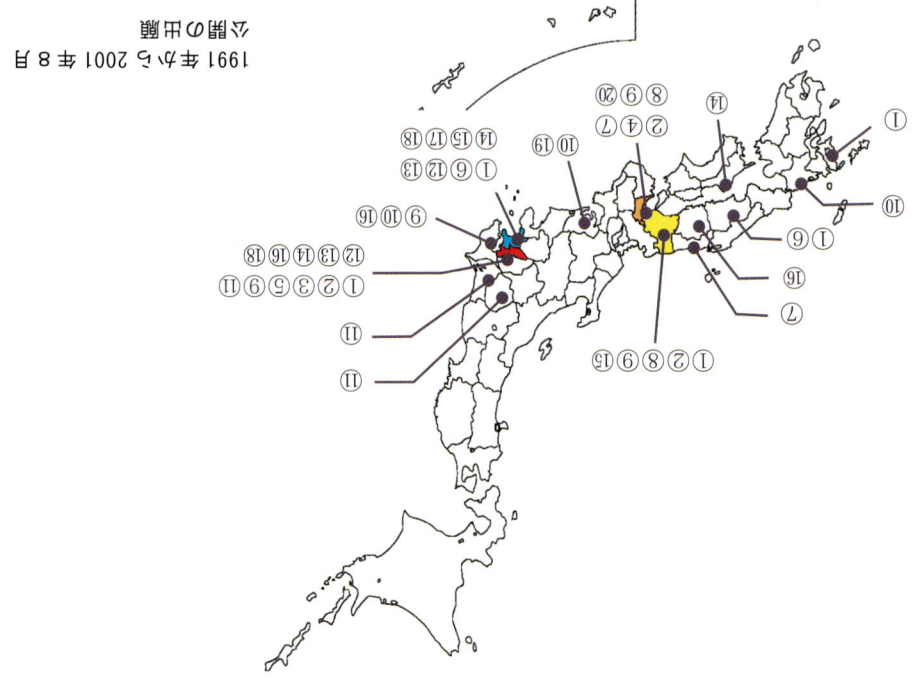

1991年から2001年8月公開の出願

No	企業名	事業所名（都道府県名）
1	三菱重工業	横浜製作所、横浜研究所、長崎研究所、長崎造船所、神戸造船所など8拠点
2	クボタ	大阪本社、技術開発研究所（兵庫県）、東京本社、枚方製造所など6拠点
3	日本鋼管	本社（東京都）
4	日立造船	本社（大阪府）
5	明電舎	本社（東京都）
6	バブコック日立	呉研究所（広島県）、呉工場、横浜エンジニアリングセンター、横浜研究所
7	三洋電機	鳥取三洋電機本社（鳥取県）、本社（大阪府）
8	ダイキン	大阪本社、中央研究所（兵庫県）、化学本社（大阪府）
9	川崎重工業	明石工場（兵庫県）、神戸本社、大阪技術事業本社、東京本社、八千代工場など7拠点
10	新日本製鐵	機械・プラント事業部（君津市）、技術開発本部、君津製鐵所（千葉県）など6拠点
11	日立製作所	電力・電機開発本部（茨城県）、日立研究所（茨城県）、日立工場など7拠点
12	石川島播磨重工業	技術開発研究所（神奈川県）、東京第一工場、基礎研究所（東京都）など9拠点
13	東麗製作所	本社（東京都）、技術総合研究所（神奈川県）、富津インフライン（東京都）
14	住友重機械工業	本社（東京都）、技術総合研究所、横田事業所（東京都）など6拠点
15	神戸製鋼所	本社（兵庫県）、材料技術研究所、藤沢事業所（神奈川県）
16	三井造船	本社（東京都）、千葉事業所、玉野事業所（岡山県）
17	千代田化工建設	本社（神奈川県）
18	東芝	京浜事業所（神奈川県）、湘南電工場（神奈川県）、府中工場（東京都）など7拠点
19	日本信号	本社（埼玉県）
20	松下電器産業	本社（大阪府）

主要化業 20 社 с 5 期の出願件数

出願件数の多い化業は、三菱重工業、クボタ、日立造船、日本鋼管、三洋電機、パナソニック日立である。

No	化業名	業種	89年	90年	91年	92年	93年	94年	95年	96年	97年	98年	99年	00年	合計
1	三菱重工業	機械	5	10	12	15	9	11	23	16	20	25	21	3	167
2	クボタ	機械	0	4	23	11	9	17	25	18	27	12	8	2	153
3	日立造船	機械	11	14	8	3	7	9	9	18	20	9	1	122
4	日本鋼管	鉄鋼	4	5	2	0	7	3	16	29	17	23	7	117
5	三洋電機	電機	0	1	1	8	11	7	18	2	17	0	0	65
5	パナソニック日立	機械	0	0	2	11	14	10	5	7	3	3	65
7	石川島播磨重工業	機械	3	2	5	4	5	7	9	11	11	0	63
8	明電舎	電機	0	1	0	0	0	0	1	23	19	18	0	62
9	クボタ	機械	1	1	5	5	4	9	11	10	8	1	61
10	新日本製鉄	鉄鋼	1	1	1	7	7	7	5	7	9	9	3	60
11	荏原製作所	機械	5	3	11	3	2	5	5	4	3	58
12	川崎重工業	機械	0	0	2	10	7	4	3	6	4	12	1	52
13	三井造船	造船	0	8	5	2	1	7	2	13	3	9	2	1	50
13	日立製作所	電機	1	0	0	0	0	0	2	3	4	21	14	1	50
13	神戸製鋼所	鉄鋼	0	5	5	1	6	5	3	6	3	8	5	2	50
16	住友重機械工業	機械	0	0	4	2	4	2	0	2	16	5	12	0	47
17	日本碍子	窯業	1	3	1	2	6	3	9	5	0	35
18	松下電器産業	電機	4	12	3	4	1	0	3	0	1	3	0	34
19	東芝	電機	0	0	1	0	3	0	1	4	6	9	4	3	32
20	千代田化工建設	機械	4	1	1	0	0	1	0	1	5	9	8	0	30

出願件数の割合

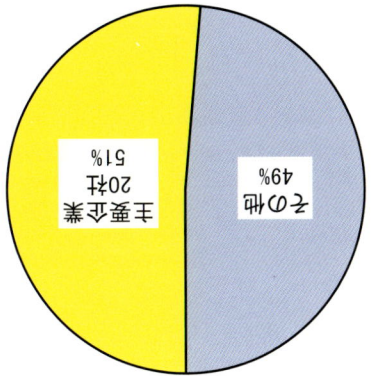

主要化業 20社 51%
その他 49%

1991年から2001年8月までの出願

三菱重工業　株式会社

主要化学
焼却炉排ガスの処理技術

出願状況

三菱重工業（株）の焼却炉排ガスに関する出願は167件である。そのうち登録になった特許数が20件あり、係属中の特許数が114件ある。

二次燃焼、運転制御に関係する各種排ガスおよび薬剤投入、湿式洗浄に関する廃棄性ガス処理に関する特許を多く保有している。

技術要素・課題対応出願特許の分布

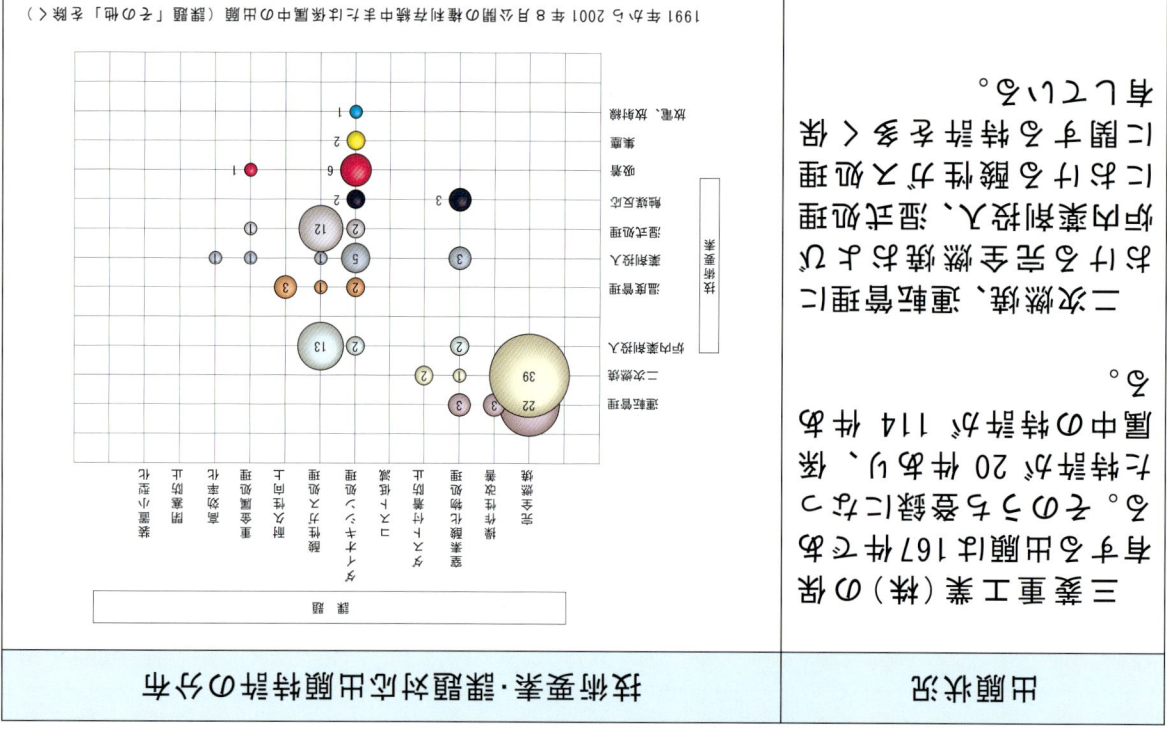

保有特許リスト例

特許番号	課題	技術要素
特許番号 出願日 主IPC		発明の名称、概要
特開 2000-205525 99.1.8 F23G5/00ZAB	制御法	ダイオキシン低減方法
		焼却炉等において発生する焼却ガス及び塩化水素ガス中に薬液を噴霧し、ダイオキシンの生成抑制剤を添加し供給する
特許 2994789 91.5.24 B01D53/64	制御法	重金属処理
		燃焼排ガス中の水銀除去方法 120〜300℃の煤煙中に10〜300ミクロンに調整した石炭粉末を一定量噴射し、水銀、水銀化合物を無害化する

焼却炉排ガスの処理技術

日本鋼管　株式会社

主要企業

出願状況

日本鋼管（株）の保有する出願は 117 件である。そのうち登録になった特許が 11 件あり、係属中の特許が 97 件ある。
運転管理、二次燃焼炉における燃焼条件および薬剤投入に関する原料濃度、ダイオキシン処理速度に関する特許を多く保有している。

技術要素・課題対応出願特許の分布

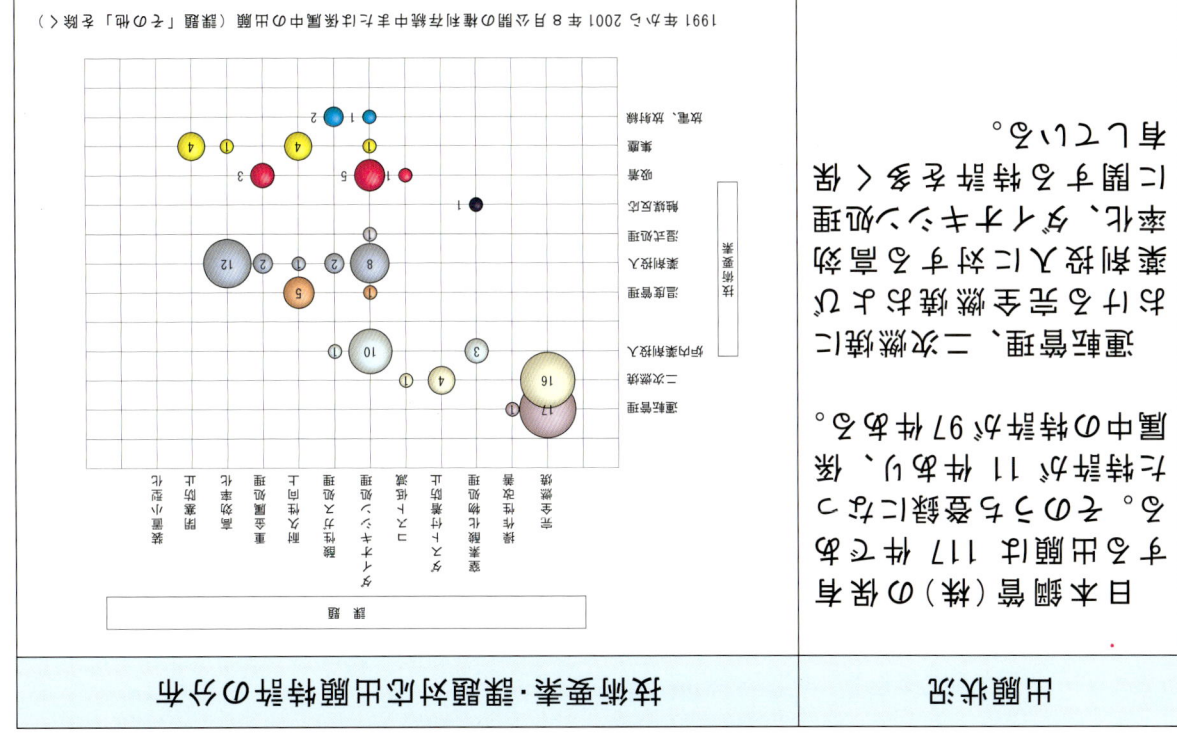

1991 年から 2001 年 8 月公開の特許登録件数中または係属中の出願（課題「その他」を除く）

保有特許リスト例

技術要素	課題	発明の名称、概要
	特許番号 出願日 主 IPC	発明の名称、概要
運転管理	高温燃焼	特許 3052737 94.6.16 F23G5/00,109 燃焼ガスの混合方法 燃焼室の出口付近に、燃焼ガスを分散する為の障害を設け上流側と下流側の流速を制御し燃焼ガスを混合する
ダイオキシン対策	薬剤種類	特開 2000-300949 99.4.16 B01D53/70 排ガス処理方法 800℃以下の排ガス中にアンモニアガス、アンモニアガス、ビリジンなどアミン系化合物などを添加する

株式会社 クボタ

焼却炉排ガス処理技術

出願状況

(株)クボタの保有する出願は 153 件である。そのうち登録になった特許が 25 件あり、係属中の特許が 93 件ある。

運転管理、二次燃焼装置における方法を採用、成果、温度管理における方法を、ダイオキシン処理に関する特許を多く保有している。

技術要素・課題別に見た出願特許の分布

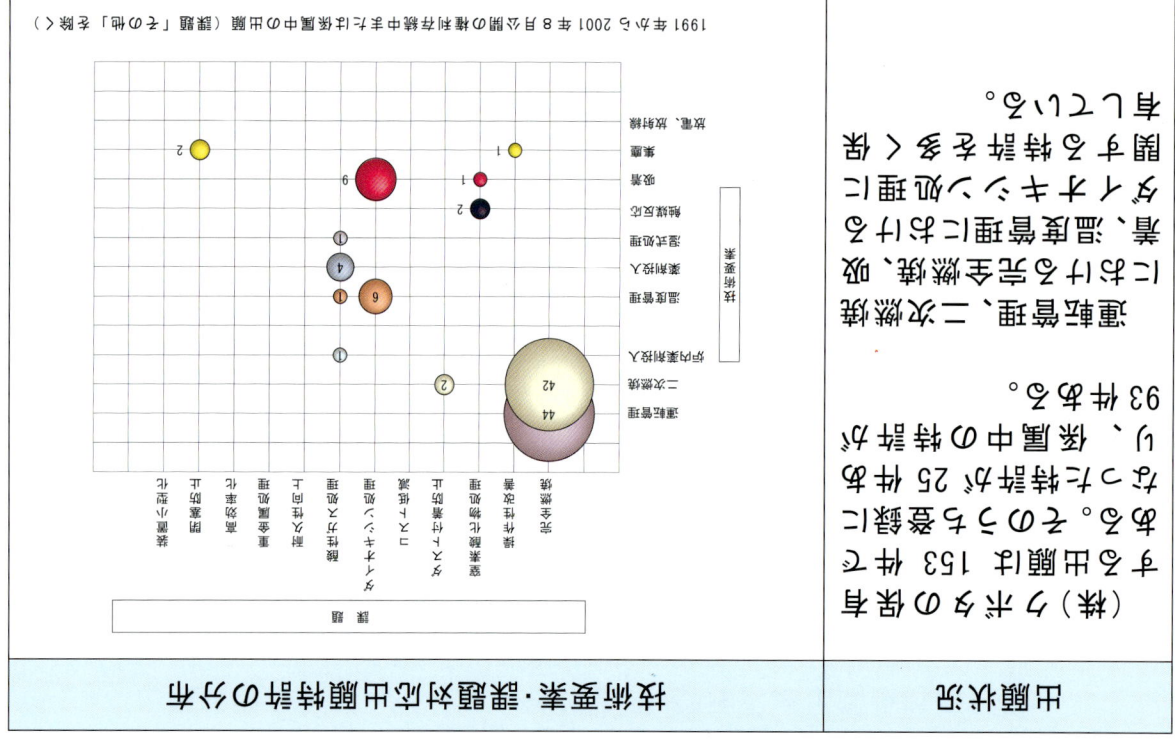

1991 年から 2001 年 8 月までの期間の特許出願中の特許は係属中の出願の（課題「その他」を除く）

保有特許リスト例

科学技術	課題	特許番号 出願日 主 IPC	発明の名称、概要
焼却炉	燃焼方法	特許 3106099 95.11.27 F23G5/50ZAB	ごみ焼却炉の燃焼用空気供給装置 燃焼火炎から輻射される赤外線エネルギーを検出することにより燃焼状態を解析するフィルタ検出と燃焼状態データを用いる演算装置を有する。
水噴霧	アトマイズ	特許 3212489 95.7.21 F23J15/04	低温度ガス冷却塔 冷却水噴霧ノズルをダクト外周方向に沿って等間隔に設け、冷却水噴霧ノズルのノズル穴を噴霧位置に近づけて設ける

日立造船　株式会社

焼却炉排ガスの処理技術

出願状況

日立造船（株）の焼却炉排ガス処理技術に関する出願は122件であり、そのうち登録になった特許が11件あり、係属中の特許が69件ある。

二次燃焼、運転管理における技術を検討するためダイオキシンによる影響に関する特許があり、排気設備への投入、薬剤による添加率の変化に関する特許を多く保有している。

技術要素・課題対応出願特性の分布

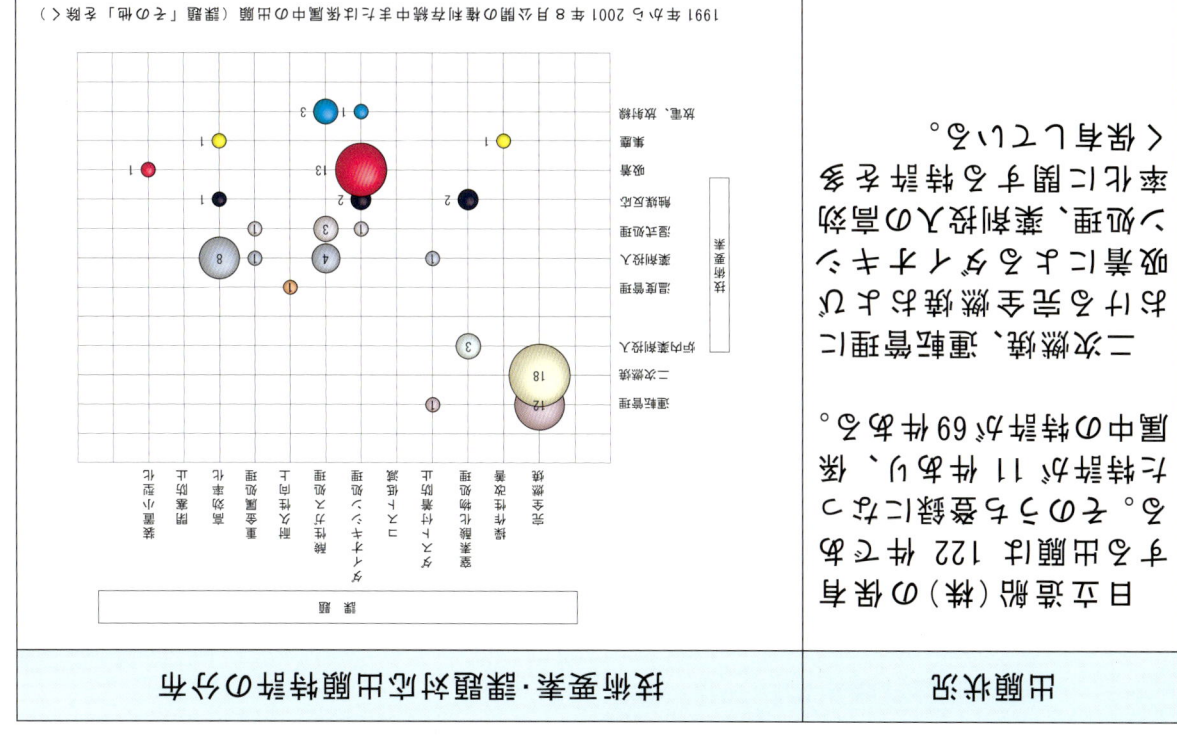

1991年から2001年8月公開の権利存続中または係属中の出願（課題「その他」を除く）

保有特許リスト例

技術要素	課題	特許番号 出願日 主IPC	発明の名称、概要
排気設備	閉塞	特開平 10-128060 96.10.30 B01D53/68	塔底・除塵用湿式排煙脱硫ノズル 噴霧弁に配置され、水膜流に噴霧口を有する内側ノズルとその外側に配置された開閉弁を備え、粉末薬剤を噴霧空気により供給する
薬剤投入	ガス均一化		
設備	耐食性	特開 2000-167393 98.12.3 B01J20/34	吸着剤付着ダストの吸着力が弱まるのを防止する装置 ダイオキシン処理に用いた、使用済み吸着剤がダストを付着し吸着剤兼用面に付着したダストを除去する
			ダストサイロン

株式会社 クボタ

排ガス処理技術

主要企業

出願状況

(株)クボタの保有する出願は61件である。そのうち登録になった特許が12件あり、係属中の特許が46件ある。

二次燃焼、運転系管理における省エネ省資源、低濃度ダイオキシンの処理に関する特許を多く保有している。

特許審査・課題対応出願特性の分析

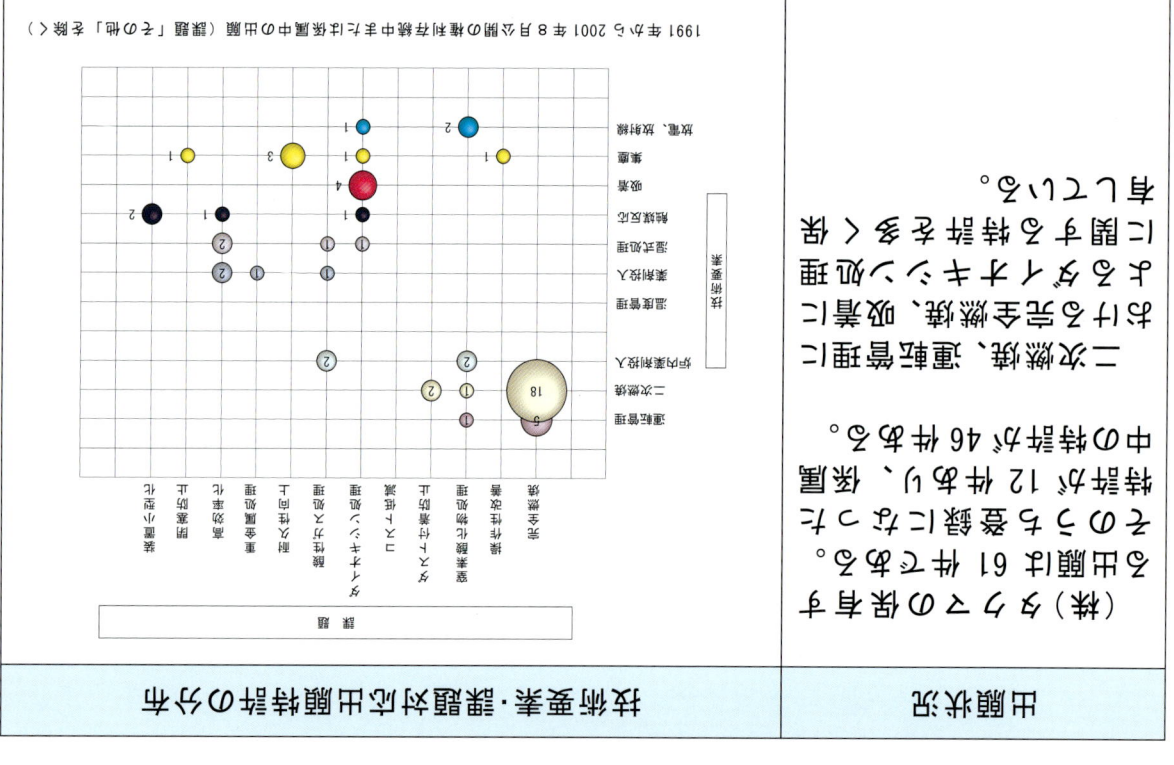

1991年から2001年8月公開分の種別有効中または係属中の出願（課題「その他」を除く）

保有特許リスト例

特許番号 出願日 主IPC	発明の名称、概要
特開平 8-94059 94.9.26 F23J1/00	**電気溶融システム** 電気溶融炉の排気系に、二次燃焼室、水蒸気ガス分解塔、集塵器を配置し、集塵器からの排ガスを炉内に還元させる
特開 2000-140627 98.11.10 B01J20/12ZAB	**ダイオキシン類吸着剤、ダイオキシン類吸着方法、ダイオキシン類吸着後の被着者を含有する排ガスの処理方法、ダイオキシン類除去剤**

課題

- 制御法
- 二次燃焼
- 低温触媒
- 吸着剤強化

目次

Contents

1. 技術の概要

1.1 練和方式けん化処理技術 … 3
　1.1.1 練和方式けん化処理技術の変遷と現状 … 3
　1.1.2 練和方式けん化処理の技術体系 … 6
1.2 練和方式けん化処理技術の技術情報へのアクセス … 11
1.3 技術開発活動の状況 … 13
　1.3.1 練和方式けん化処理技術 … 13
　1.3.2 練和炉 … 15
　1.3.3 排ガス処理装置 … 18
1.4 技術開発の課題と解決手段 … 25
　1.4.1 練和方式けん化処理技術 … 25
　1.4.2 練和炉 … 26
　1.4.3 排ガス処理装置 … 33

2. 主要企業等の特許動向

2.1 三菱重工業 … 48
　2.1.1 企業の概要 … 48
　2.1.2 技術移転例 … 48
　2.1.3 練和方式けん化処理技術に関連する発明・技術 … 49
　2.1.4 技術開発課題に対応する特許の概要 … 51
　2.1.5 技術開発観点と研究者 … 62
2.2 日本鋼管 … 63
　2.2.1 企業の概要 … 63
　2.2.2 技術移転例 … 63
　2.2.3 練和方式けん化処理技術に関連する発明・技術 … 64
　2.2.4 技術開発課題に対応する特許の概要 … 65
　2.2.5 技術開発観点と研究者 … 75
2.3 クボタ … 76
　2.3.1 企業の概要 … 76
　2.3.2 技術移転例 … 76
　2.3.3 練和方式けん化処理技術に関連する発明・技術 … 77
　2.3.4 技術開発課題に対応する特許の概要 … 78

Contents

目 次

2.3.5 技術開発観点と研究者 88

2.4 日立造船 89
  2.4.1 企業の概要 89
  2.4.2 技術移転例 89
  2.4.3 焼却炉排ガス処理技術に関連する報告・特許 90
  2.4.4 技術開発課題に対応保有技術の概要 91
  2.4.5 技術開発観点と研究者 100

2.5 クボタ 101
  2.5.1 企業の概要 101
  2.5.2 技術移転例 101
  2.5.3 焼却炉排ガス処理技術に関連する報告・特許 102
  2.5.4 技術開発課題に対応保有技術の概要 103
  2.5.5 技術開発観点と研究者 111

2.6 明電舎 112
  2.6.1 企業の概要 112
  2.6.2 技術移転例 112
  2.6.3 焼却炉排ガス処理技術に関連する報告・特許 112
  2.6.4 技術開発課題に対応保有技術の概要 113
  2.6.5 技術開発観点と研究者 117

2.7 バブコック日立 118
  2.7.1 企業の概要 118
  2.7.2 技術移転例 118
  2.7.3 焼却炉排ガス処理技術に関連する報告・特許 119
  2.7.4 技術開発課題に対応保有技術の概要 120
  2.7.5 技術開発観点と研究者 126

2.8 三洋電機 127
  2.8.1 企業の概要 127
  2.8.2 技術移転例 127
  2.8.3 焼却炉排ガス処理技術に関連する報告・特許 127
  2.8.4 技術開発課題に対応保有技術の概要 128
  2.8.5 技術開発観点と研究者 133

2.9 石川島播磨重工業 134
  2.9.1 企業の概要 134
  2.9.2 技術移転例 134
  2.9.3 焼却炉排ガス処理技術に関連する報告・特許 135
  2.9.4 技術開発課題に対応保有技術の概要 136

Contents

目次

2.9.5 技術開発観点と研究者 …………………………………… 141

2.10 川崎重工業 …………………………………………………… 142
2.10.1 企業の概要 ……………………………………………… 142
2.10.2 技術移転事例 …………………………………………… 142
2.10.3 保有技術および必須技術に関連する戦略・技術 …… 143
2.10.4 技術開発課題に応じた有効な技法の概要 …………… 144
2.10.5 技術開発観点と研究者 ………………………………… 151

2.11 荏原製作所 …………………………………………………… 152
2.11.1 企業の概要 ……………………………………………… 152
2.11.2 技術移転事例 …………………………………………… 152
2.11.3 保有技術および必須技術に関連する戦略・技術 …… 153
2.11.4 技術開発課題に応じた有効な技法の概要 …………… 154
2.11.5 技術開発観点と研究者 ………………………………… 160

2.12 新日本製鐵 …………………………………………………… 161
2.12.1 企業の概要 ……………………………………………… 161
2.12.2 技術移転事例 …………………………………………… 161
2.12.3 保有技術および必須技術に関連する戦略・技術 …… 161
2.12.4 技術開発課題に応じた有効な技法の概要 …………… 162
2.12.5 技術開発観点と研究者 ………………………………… 168

2.13 日立製作所 …………………………………………………… 169
2.13.1 企業の概要 ……………………………………………… 169
2.13.2 技術移転事例 …………………………………………… 169
2.13.3 保有技術および必須技術に関連する戦略・技術 …… 170
2.13.4 技術開発課題に応じた有効な技法の概要 …………… 171
2.13.5 技術開発観点と研究者 ………………………………… 176

2.14 神戸製鋼所 …………………………………………………… 177
2.14.1 企業の概要 ……………………………………………… 177
2.14.2 技術移転事例 …………………………………………… 177
2.14.3 保有技術および必須技術に関連する戦略・技術 …… 178
2.14.4 技術開発課題に応じた有効な技法の概要 …………… 179
2.14.5 技術開発観点と研究者 ………………………………… 184

2.15 住友重機械工業 ……………………………………………… 185
2.15.1 企業の概要 ……………………………………………… 185
2.15.2 技術移転事例 …………………………………………… 185
2.15.3 保有技術および必須技術に関連する戦略・技術 …… 186
2.15.4 技術開発課題に応じた有効な技法の概要 …………… 187

Contents

目次

2.15.5 技術開発課題と研究者 ……… 192
2.16 三井造船 ……… 193
  2.16.1 企業の概要 ……… 193
  2.16.2 技術移転事例 ……… 193
  2.16.3 移転対象子力関連技術に関する感想・意見 ……… 194
  2.16.4 技術開発課題対応保有技術の概要 ……… 195
  2.16.5 技術開発課題と研究者 ……… 200
2.17 東芝 ……… 201
  2.17.1 企業の概要 ……… 201
  2.17.2 技術移転事例 ……… 201
  2.17.3 移転対象子力関連技術に関する感想・意見 ……… 201
  2.17.4 技術開発課題対応保有技術の概要 ……… 202
  2.17.5 技術開発課題と研究者 ……… 206
2.18 千代田化工建設 ……… 207
  2.18.1 企業の概要 ……… 207
  2.18.2 技術移転事例 ……… 207
  2.18.3 移転対象子力関連技術に関する感想・意見 ……… 208
  2.18.4 技術開発課題対応保有技術の概要 ……… 209
  2.18.5 技術開発課題と研究者 ……… 212
2.19 日本碍子 ……… 213
  2.19.1 企業の概要 ……… 213
  2.19.2 技術移転事例 ……… 213
  2.19.3 移転対象子力関連技術に関する感想・意見 ……… 213
  2.19.4 技術開発課題対応保有技術の概要 ……… 214
  2.19.5 技術開発課題と研究者 ……… 219
2.20 松下電器産業 ……… 220
  2.20.1 企業の概要 ……… 220
  2.20.2 技術移転事例 ……… 220
  2.20.3 移転対象子力関連技術に関する感想・意見 ……… 220
  2.20.4 技術開発課題対応保有技術の概要 ……… 221
  2.20.5 技術開発課題と研究者 ……… 224

3. 主要企業の技術開発視点
  3.1 保利方 ……… 228
    3.1.1 運転管理 ……… 228
    3.1.2 二次系統 ……… 229

目次

  3.1.3 炉内薬剤投入 230
 3.2 排ガス処理装置 231
  3.2.1 温度管理 231
  3.2.2 薬剤投入 232
  3.2.3 湿式処理 233
  3.2.4 触媒反応 234
  3.2.5 吸着 235
  3.2.6 集塵 236
  3.2.7 放電、放射線 237

資 料
 1. 工業所有権総合情報館と特許流通促進事業 241
 2. 特許流通アドバイザー一覧 244
 3. 特許電子図書館情報検索指導アドバイザー一覧 247
 4. 知的所有権センター一覧 249
 5. 平成13年度25技術テーマの特許流通の概要 251
 6. 特許番号一覧 267

1. 技術の概要

1.1 焼却炉排ガス処理技術
1.2 焼却炉排ガス処理技術の特許情報へのアクセス
1.3 技術開発活動の状況
1.4 技術開発の課題と解決手段

> 特許流通
> 支援チャート
>
> # 1．技術の概要
>
> 地球環境の保全が重要視されている現在、大気汚染防止のために、排ガス中の大気汚染物質の無害化処理技術の開発が活発に行われている。

1．1 焼却炉排ガス処理技術

1.1.1 焼却炉排ガス処理技術の変遷と現状

　廃棄物は、住民の日常生活で排出される一般廃棄物と事業活動に伴って排出される産業廃棄物に区分され、市町村の責任において処理されたり、都道府県の指導・監視のもとに排出業者や処理の委託を受けた専門の処理業者によって処理されている。その処理方法は焼却、埋め立て、高速堆肥化、堆肥化・飼料化、その他に大別されるが、その中で焼却処理は最も基本的な処理方法となっている。そのため、ごみ焼却に伴って排出される大気汚染物質の抑制は重要な技術であり、これまで重点的に研究・開発されてきた技術分野である。

(1) ごみ焼却に伴って排出される大気汚染物質
　ごみ中には紙、厨芥以外にもプラスチックや複合製品などの種々雑多なものが含まれており、それらの製品にも様々な化学物質が添加されている。またごみ焼却炉は一種の高温化学反応装置であるので、そこで様々の大気汚染物質が生成される。ごみ焼却施設から排出される大気汚染物質としては窒素酸化物、二酸化硫黄、塩化水素、煤塵などが古くから知られ、その他にも一酸化炭素、アンモニア、水銀などの重金属、多環芳香族炭化水素、ダイオキシン類に代表される有機塩素化合物などの微量有害物質などが有害物質として知られている。さらに、二酸化炭素、亜酸化窒素、メタンなどの地球温暖化に影響を与えるガスなども焼却施設から排出される。
　ごみ焼却施設から排出される排ガスの特徴としては以下の事が挙げられる。
- 多種類の大気汚染物質を含む。
- それらの濃度はごみの性状や焼却炉の運転に左右される。
- ごみの含水率が高いため、排ガス中の水分濃度が高い。
- 塩化水素濃度が高い。

(2) 排ガス規制と対応

　ごみ焼却に伴って排出される大気汚染物質抑制技術の研究開発は、国民の環境意識や排ガス規制値の制定に深く関係している。表1.1.1-1に排ガス規制の変遷を、図1.1.1-1に排ガス処理技術の変遷を示すが、大気汚染物質のうち、最初に問題となったのは煤塵であった。その後硫黄酸化物、塩化水素および窒素酸化物が問題とされ、大気汚染防止法により規制された。これらの物質に対しては、焼却炉の燃焼管理による発生抑制技術の開発や、各種排ガス処理技術の開発が推進された。例えば、煤塵の発生対策には電気集塵機が、塩化水素や二酸化硫黄にはアルカリ剤の吹き込みによる除去装置や苛性ソーダによる湿式洗浄装置が、窒素酸化物には触媒または無触媒脱硝法が採用されるようになった。

　1980年代後半になるとごみ焼却炉から発生する水銀が社会問題となり、これら有害微量重金属の対策が緊急課題となった。水銀を除去する装置としては湿式洗浄装置にキレート剤を添加し、水銀を除去する方法が研究開発された。

　1990年代からは都市ごみ焼却施設から発生するダイオキシン類が大きな問題となった。これらの有害微量有機化合物に対しては、より細かい燃焼管理と煙道内の温度をコントロールする事でダイオキシンの発生、再合成を抑制する技術が開発され、さらに電気集塵機の稼動温度低温化やバグフィルタが採用されるようになった。

表1.1.1-1 排ガス規制の変遷

1962	煤塵排出規制
1968	SOxの最大着地濃度（K値）規制
1973	NOx規制（250ppm、総量規制→無触媒脱硝法、燃焼管理法普及）
1977	塩化水素の排出規制
1990	ダイオキシン類の発生防止等ガイドライン通知（厚生省） 都市ごみ焼却炉のダイオキシン類排出指針提示
1992	環境基本法制定
1997	ごみ処理に係わるダイオキシン類発生防止等ガイドライン通知（厚生省） 都市ごみ焼却炉の改正ダイオキシン類排出指針提示 改正廃棄物処理法施行 大気汚染防止法施行
1999	ダイオキシン類対策特別措置法公布

　一般的に、ごみ処理施設は用地確保の問題からごみ焼却施設、特に都市ごみ焼却施設は都市に隣接して建設される場合が多く、住民のごみ処理施設に対する関心は高い。さらに、世界的に環境保護が叫ばれるようになり、国内においても焼却設備に対する視点が公害から環境へと広がり、これらの各種排ガス規制に対して、各自治体ではさらに厳しい排出規制（上乗せ規制）を設定したり、水銀などの未規制物質に規制をかけるようになった。このため、法律で規制された大気汚染物質以外の物質に対しても研究開発が行われている。

図 1.1.1-1 排ガス処理技術の変遷

	1970	1980	1990	現在
煤塵	マルチサイクロン →→→→→→→→→→→→→→→→→→→→→→→→→→→→→→→→			
	電気集塵機 →→→→→→→→→ バグフィルタ →→→→→→→→→→→→			
酸性ガス	湿式洗浄処理 →→→→→→→→→→→→→→→→→→→→→→→→→→→→			
	薬剤吸入 →→→→→→→→→ 薬剤吸入+バグ →→→→→→ バグ低温化 →			
窒素酸化物	燃焼制御 →→→→→→→→→→→→→→→→→→→→→→→→→→→→→→→→			
		無触媒脱硝法 →→→→→→→→→→→→→→→→→→→		
		触媒脱硝法 →→→→→→→→→→→→→→→→→→→		
重金属類		湿式洗浄処理 →→→→→→→→→→→→→→→→→→→		
		活性炭吸着 →→→→→→→→→→→→→→→		
ダイオキシン類		燃焼管理 →→→→→→→→→→→→→→→→→→→→		
		活性炭吸着 →→→→→→→→→→→→		
		バグ低温化 →→→→→→→→→→→→		
		触媒法 →→→→→→→→→→→→→→→		

1.1.2 焼却炉排ガス処理の技術体系
(1) 焼却炉関連設備

　焼却設備はごみの受入れ供給設備、燃焼設備、熱回収冷却設備、排ガス処理装置、通風設備、灰出し設備からなる。代表的な焼却処理設備のブロック図を図1.1.2-1に示す。

　有害ガス低減技術に重要なのは、このうち主に燃焼設備、熱回収冷却設備、排ガス処理装置である。燃焼設備はごみの完全燃焼と深く関わっており、燃焼状態によって排ガスに含まれる有害ガスの濃度が大きく異なってくる。熱回収冷却設備はダイオキシンの合成と深く関わっている。300℃前後はダイオキシン類が最も合成されやすい温度域であり、この温度域において、排ガスをいかに短時間に通過させるかが重要なポイントとなる。燃焼設備や熱回収冷却設備で発生した有害ガスを除去し無害化するのが排ガス処理装置である。

図1.1.2-1 焼却炉関連設備

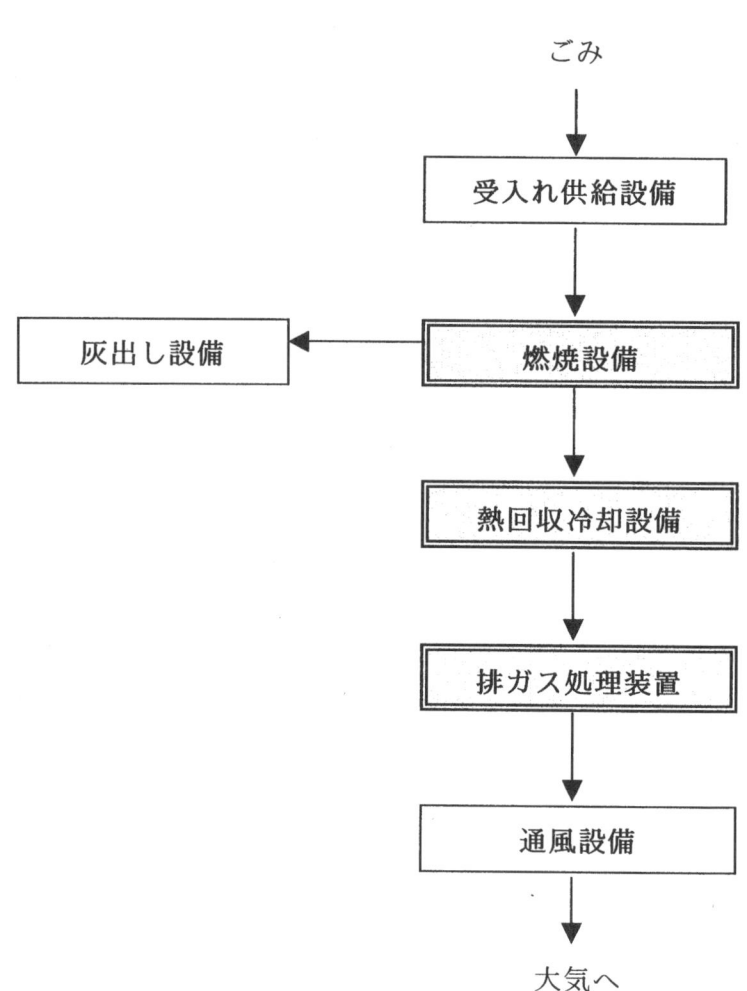

(2) 本書で扱う技術

　排ガス中の有害ガス低減技術は、大きく2つに分けられる。1つは燃焼設備での未燃物質低減技術と焼却炉内での有害ガス除去技術である。特にダイオキシン類などの未燃物質は、焼却炉の構造や運転方法に深く関係しているため、焼却炉メーカーは自動制御や二次燃焼室の構造、空気吹込による混合性の改良などといった様々な技術を開発している。また、ごみ中の塩素に起因する塩化水素やダイオキシン類を、炉内に薬剤を投入する事で除去したり、発生を抑制する技術も開発されている。さらに窒素酸化物を分解除去するためにアンモニアなどのガスを炉内に吹き込み、分解除去する方法も広く利用されている。

　他の1つは排ガス処理装置による有害ガスの除去、分解技術である。これは、薬剤を利用して反応除去する方法や、活性炭などで吸着除去する方法、触媒を利用して反応を促進する方法が開発されている。また、熱回収冷却設備における排ガスの冷却や加熱によるダイオキシン類の再合成防止技術などは、ここに含まれている。

　その他、特殊技術として、放電や電子ビームなどの照射によって有害ガスを活性化し、反応除去、無害化する技術も開発されている。

　表1.1.2-1に本書で扱う焼却炉排ガス処理技術とその技術要素と出願件数を示す。

表1.1.2-1 焼却炉排ガス処理技術の技術要素

	技術要素	対象	特徴	件数
焼却炉	①運転管理	ダイオキシン CO、THC	ダイオキシン制御の基本	736
	②二次燃焼	ダイオキシン CO、THC	ダイオキシン制御の基本 未燃ガスの再燃焼技術	655
	③炉内薬剤投入 （注1）	ダイオキシン NOx、HCl、SOx	炉内投入によるダイオキシン発生抑制 酸性ガスとの反応処理	158
排ガス処理装置	④温度管理	ダイオキシン	ダイオキシン再合成防止	135
	⑤薬剤投入 （注2）	ダイオキシン NOx、HCl、SOx 重金属（キレート剤投入）	排ガス処理の基本技術	307
	⑥湿式処理	ダイオキシン NOx、HCl、SOx 重金属（Hg）	最も効率の良い排ガス処理方法	165
	⑦触媒反応	ダイオキシン NOx	ダイオキシン、NOxに対して効果的な技術	132
	⑧吸着	ダイオキシン 重金属（Hg）	ダイオキシン、Hgに対して最も有効な技術	257
	⑨集塵	ダイオキシン 重金属	ダイオキシンの再合成防止 重金属除去	91
	⑩放電、放射線	ダイオキシン NOx、HCl、SOx	電子ビーム、紫外線、プラズマ、コロナ	39

（注1）焼却炉内へ薬剤を投入する技術。

（注2）焼却炉下流に薬剤を投入し、有害ガスと反応させ、集塵機で回収する技術。

（注3）出願件数は1991年1月1日～2001年8月31日までに公開された特許件数。

(3) 開発された排ガス処理技術の概要

開発された排ガス処理技術に属する、各々の技術要素の概略を以下に示す。

a．焼却炉

a-① 運転管理

- 窒素酸化物発生抑制

    窒素酸化物発生は燃焼空気比と燃焼温度に大きく関係する。空燃比をごみカロリーから自動的に計算し調整する自動燃焼システムや、炉内温度を水噴霧によって調整する技術が開発されている。

- ダイオキシン類、一酸化炭素など不燃物質発生抑制対策

    ごみの不完全燃焼によってダイオキシン類をはじめとする有害不燃ガスが発生する。これらの発生を抑制するには、燃焼温度を上げ、空燃比を上げることが重要であるが、この方法は窒素酸化物の発生につながる。窒素酸化物とこれらの有害不燃ガスを同時に抑制するのが難しく、自動燃焼装置などの技術が開発されている．

a-② 二次燃焼

- ダイオキシン類、一酸化炭素など不燃物質の再燃焼処理

    ダイオキシン類をはじめとする有害不燃ガスを二次燃焼装置で燃焼させる技術である。適切な二次燃焼空気を吸入し、自燃させる技術であるが、二次燃焼空気の吸入位置、二次燃焼炉の形状などが大きな開発要素である。また、酸素ガスなどの燃焼ガスを吸入し、これら不燃ガスの完全燃焼を試みる技術も開発されている。

a-③ 炉内薬剤投入

- 塩化水素、二酸化硫黄などの酸性ガスの中和処理（炉内脱塩、炉内脱硫）

    炭酸カルシウム、苛性ソーダなどのアルカリ剤を焼却炉内に投入し、酸性ガスを中和処理する技術である。炉内で酸性ガスを中和処理するため、ボイラの腐食を防止できるなどのメリットがある。

- 窒素酸化物（炉内脱硝）

    尿素、アンモニアを二次燃焼室に吸入し、窒素酸化物と反応させ、分解する方法である。無触媒脱硝法と言われている。燃焼室温度、吸入量を適切に管理しないと未反応薬剤が残り、問題となる。そのため自動制御技術が重要となる。

- ダイオキシン類

    アルカリ剤などを炉内に投入し、ダイオキシン類の炉内での発生を防止する技術である。投入する薬剤は様々なものが用いられているが、石灰類のものが多い。

b．排ガス処理装置

b-① 温度管理（煙道温度）

- ダイオキシン類

ダイオキシン類は 300℃近辺の温度で、煤塵を触媒として合成される事が知られている。これらを防止するため、この近辺の温度とならないように温度管理を行ったり、煙道に付着した煤塵を自動的に除去する装置などが提案されている。

b-② 薬剤投入
- 塩化水素、二酸化硫黄などの酸性ガスの中和処理
  酸性ガス除去の最も一般的な方法である。調温塔で排ガス温度を調整し、消石灰や苛性ソーダを吹き込み、下流に設けたバグフィルタに薬剤を付着させ、フィルタを通過する際に酸性ガスを中和処理する方法がある。薬剤の投入量の自動調整や吹き込みダクトの形状などが技術開発されている。

b-③ 湿式処理
- 塩化水素、二酸化硫黄などの酸性ガスの中和処理
  苛性ソーダを含む液中に排ガスを通し、中和反応により酸性ガスを除去する方法。最も除去効率が高く、大都市で用いられている。
- 水銀
  洗煙排水に還元剤を加えイオン状水銀を金属水銀に変え、これを蒸気などで加熱するとともに空気を吹き込み、金属水銀を排気側に揮散・移行させる、いわゆる「水銀の還元揮散」の技術を利用した方法が開発されている。この水銀を含む排気を冷却し、水銀蒸気を凝縮させることで、水銀を回収できる。また、吸収液にキレートを加え、水銀を吸収除去する方法も開発されている。他に、次亜塩素酸ソーダを洗煙排水中に酸化剤として加え、排ガス中の水銀を水溶性水銀にして吸収したり、洗煙排水中の水銀が還元されるのを抑え再揮散するのを防ぎ、水銀除去効率を向上させる方法も開発されている。

b-④ 触媒反応
- 窒素酸化物
  クロム-チタン系触媒を用いるのが一般的な方法であるが、触媒の形状、充填の方法、反応塔の形状、アンモニアなどの反応薬剤の吹き込み方法に開発の特徴がある。無触媒脱硝法と比較して高除去効率であり、低温での除去が可能である。
- ダイオキシン類
  クロム-チタン系触媒を用いる方法と、白金系触媒を用いる方法が開発されている。クロム-チタン系触媒を用いる方法は、同時に窒素酸化物を除去できる可能性があるが、ダイオキシン類の分解効率は高くない。白金系触媒を用いる方法は分解効率が高いが、コストが高くなる欠点がある。

b-⑤ 吸着
- ダイオキシン類、重金属類

バグフィルタ入口の排ガス温度を調整した後、粉末状活性炭を煙道に吹き込み、下流に設けたバグフィルタに活性炭を付着させて層を作り、フィルタを通過する際にダイオキシン類や水銀などのガス状重金属を吸着除去する方法がある。活性炭の制御が適切でないと、多量の活性炭を使用する事になる。また、吸着剤を充填した反応塔に排ガスを流し、有害物質を吸着除去する技術も開発されている。この場合、吸着塔の内部構造や活性炭の交換が開発のポイントとなる。

b-⑥ 集塵
- 煤塵、ダイオキシン類、重金属類

    一般的に電気集塵機が使用されてきたが、ダイオキシン類への関心の高まりから、微小なダストまで高性能に除去できるバグフィルタの開発がなされた。電気集塵機を用いる場合、ダイオキシンの再合成温度を避けるための集塵機の低温化が技術開発のポイントである。バグフィルタを用いる場合、反応助剤や触媒を含んだ濾材の開発がポイントとなる。また、除塵塔、吸収塔および湿式電気集塵器（W-EP）で構成されるプラントが開発され、煤塵、酸性ガス、ダイオキシン類を除去するシステムも開発されている。

b-⑦ 放電、放射線
- ダイオキシン類

    電子ビームなどを排ガスに照射し、有害ガスを活性化し、噴霧した薬剤と反応させ、無害化する方法である。様々な放射線の利用が提案されている。

1．2 焼却炉排ガス処理技術の特許情報へのアクセス

表1.2-1に、焼却炉排ガス処理技術について特許調査を行う場合のアクセスツールを示す。これは、特許電子図書館（IPDL）などで特許調査を行うときに利用できる。

表1.2-1 焼却炉排ガス処理技術のアクセスツール（1/2）

技術要素		検索式	概要
焼却炉	運転管理	FT=3K062DA21+3K065TN09*FI=(F23G5/00+F23G7/00)	排ガス成分の制御、検知
		FT=3K062DA22	酸素濃度の制御、検知
		FT=3K062DA23	一酸化炭素濃度の制御、検知
		FT=3K062DA24	二酸化炭素濃度の制御、検知
		FT=3K062DA25	窒素酸化物濃度の制御、検知
		FT=3K062DA26	硫黄酸化物濃度の制御、検知
		FT=3K062DA27	水蒸気量、湿度の制御、検知
		FT=3K065GA14*FI=(F23G5/00+F23G7/00)	供給空気と排ガスの混合
	二次燃焼	FI=F23G5/14F+FT=3K062EB46	未燃焼ガスの二次燃焼
		FI=F23G5/14G	未燃焼ガスの再循環
		FT=3K062EB47	触媒設置
		FT=3K062EB48	蓄熱体、赤熱体設置
		FT=3K065TL01*FI=(F23G5/00+F23G7/00)	排ガス、不活性ガスの供給
		FT=3K065TL02*FI=(F23G5/00+F23G7/00)	炉外からの排ガス再循環
		FT=3K065TL03*FI=(F23G5/00+F23G7/00)	炉内での排ガス再循環
		FT=3K065TL04*FI=(F23G5/00+F23G7/00)	バーナ付近への排ガス供給
		FT=3K065TL05*FI=(F23G5/00+F23G7/00)	バーナ遠方への排ガス供給
		FT=3K065TL06*FI=(F23G5/00+F23G7/00)	排ガス供給量の調整、制御
		FI=F23G7/06E FT=3K062AC19+FT=(3K061AC19+3K065AC19)*FI=(F23G5/00+F23G7/00) FT=3K078BA03	排ガスの燃焼処理
		FT=3K078BA21	排ガス燃焼処理
		FT=3K078BA22	排ガス中の一酸化炭素処理
		FT=3K078BA23	排ガス中のタール処理
		FT=3K078BA24	排ガス中の窒素酸化物処理
		FT=3K078BA25	排ガス中のアンモニア処理
		FT=3K078BA26	排ガス中のハロゲン化合物処理
		FT=3K078BA27	排ガス中の硫化水素処理
		FT=3K078BA28	排ガス中のシアン化合物処理
		FT=3K078BA29	排ガス中のシラン処理
	炉内薬剤投入	(FI=B01D53/34+FT=4D002)*FI=(F23G5/00+F23G7/00)	排ガスの化学的浄化
		FT=3K065TL08*FI=(F23G5/00+F23G7/00)	排ガスの後処理（アンモニア供給など）
排ガス処理装置	薬剤投入	(FI=B01D53/34+FT=4D002)*FI=(F23G5/00+F23G7/00)	排ガスの化学的浄化
		FT=3K065TL08*FI=(F23G5/00+F23G7/00)	排ガスの後処理（アンモニア供給など）
	温度管理	FT=3K061DA19*FI=(F23G5/00+F23G7/00)	排ガスの冷却、熱回収
		FT=3K065HA02*FI=(F23G5/00+F23G7/00)	排ガスの冷却手段
	湿式処理	FI=(B01D53/14C+B01D53/34C+B01D53/34,116C+B01D53/34,117C+B01D53/34,118A+B01D53/34,120E+B01D53/34,125+B01D53/34,127+B01D53/34,130+B01D53/34,133+B01D53/34,134B+B01D53/34,134D+B01D53/34,134F)+FT=4D002BA02	排ガスの湿式吸収処理

表1.2-1 焼却炉排ガス処理技術のアクセスツール（2/2）

技術要素		検索式	概要
排ガス処理装置	触媒反応	FI=B01D53/36+FT=4D048	触媒による排ガスの処理
	吸着	FI=B01D53/02	吸着による排ガスの処理
		FI=B01D53/34A	吸着、乾式吸収による排ガスの処理
	集塵	FT=3K061DA18*FI=(F23G5/00+F23G7/00)	排ガスの除塵
		FT=3K062EB42	排ガスの除塵
		FT=3K062EB43	サイクロンによる除塵
		FT=3K062EB44	水、蒸気、吸収剤による除塵
		FT=3K062EB45	フィルタ、金網による除塵
		FT=3K065HA03*FI=(F23G5/00+F23G7/00)	排ガスの除塵
		FT=3K065TL07*FI=(F23G5/00+F23G7/00)	排ガスから灰、未燃分の分離
	その他	FT=(3K065HA01+3K065TL+3K061DA17)*FI=(F23G5/00+F23G7/00)	炉内での排ガス処理

表1.2-2に、焼却炉排ガス処理技術の関連技術のアクセスツールを示す。

表1.2-2 関連技術のアクセスツール

関連分野	関連FI
廃棄物の焼却	FI=F23G5/00
産業廃棄物の焼却	FI=F23G7/00
煙道	FI=F23J15/00
排ガスの化学的処理	FI=B01D53/34
触媒による排ガス処理	FI=B01D53/36

注）先行技術調査を完全に漏れなく行うためには、調査目的に応じて上記以外の分類も調査しなければならないこともあるので、注意が必要である。

1．3 技術開発活動の状況

1.3.1 焼却炉排ガス処理技術

1991年1月1日以降（2001年8月31日まで）に公開された焼却炉または廃棄物溶融炉からの排ガス処理に関係する特許は、2,675件（注）である。

（注）表1.2-1の検索式により、抽出された特許から全件の読み込みによりノイズを除去した件数。

図1.3.1-1に焼却炉排ガス処理技術の技術要素別出願件数比率を示す。

図1.3.1-1 焼却炉排ガス処理技術の技術要素別出願件数比率

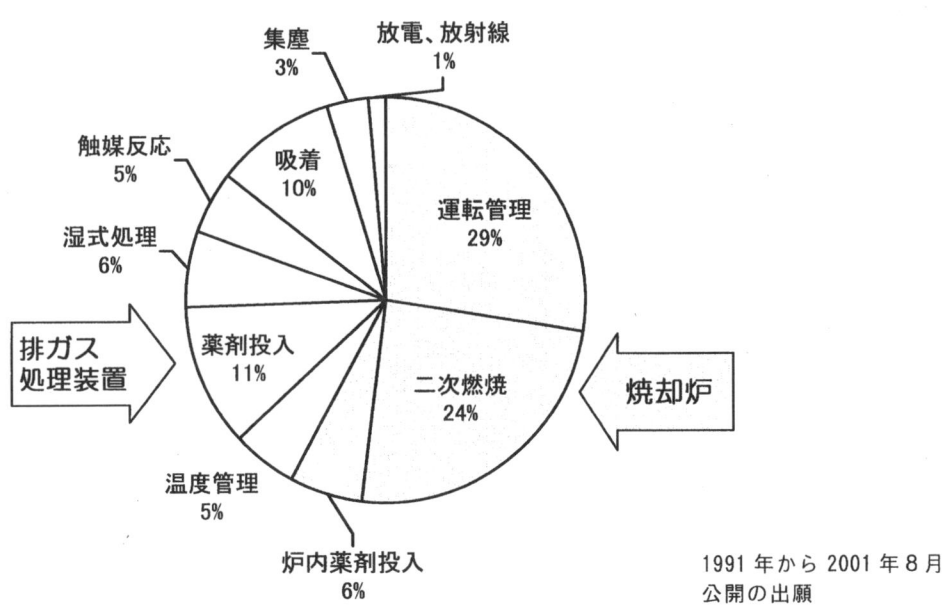

焼却炉が59％と排ガス処理装置の41％よりも多い。

焼却炉では運転管理が29％と最も多く、二次燃焼が24％で続いている。炉内薬剤投入は6％と少ない。

排ガス処理装置では、薬剤投入が11％と最も多く、吸着が10％である。湿式処理は6％と薬剤投入よりも少ない。触媒反応と温度管理がともに5％、集塵が3％、放電、放射線が1％である。

図1.3.1-2に焼却炉排ガス処理技術に関する出願人数と出願件数の推移を示す。グラフでは1990～99年のみを示す。

1990年には、出願人数は約50社、出願件数は約100件であったが、97年には出願人数は約150社、出願件数は約400件まで急激に増加しており、開発活動が活発となっていることを示している。

図1.3.1-2 焼却炉排ガス処理技術の出願人数と出願件数の推移

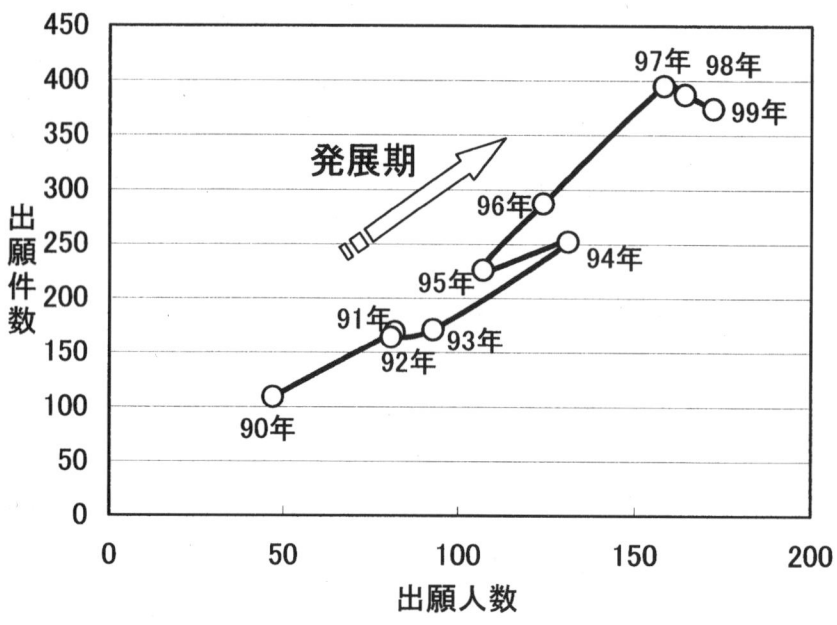

表1.3.1-1に焼却炉排ガス処理技術の主要出願人の出願状況を示す。

出願件数をみると、上位20社中10社は機械業の企業が占めており、三菱重工業、クボタ、日立造船が3位までを独占している。鉄鋼業では、日本鋼管、新日本製鉄、神戸製鋼所の3社、電機業では、三洋電機、明電舎、日立製作所など5社と多い。他には造船業の三井造船と窯業の日本碍子がある。

出願件数の推移をみると、機械業は全般的に出願が分散しているが、電機業は集中している。明電舎は97～99年の3年間で60件とほとんどを出願している。日立製作所も95～99年の5年間で47件を出願している。

なお、1.3節に紹介する表では1990～99年までの出願件数を示しているが、合計欄に記載された出願件数は2000年に出願されたものなど、91年以降2001年8月31日までに公開された全ての出願を含んでいる。

表1.3.1-1 焼却炉排ガス処理技術の主要出願人の出願状況

企業名	業種	90年	91年	92年	93年	94年	95年	96年	97年	98年	99年	合計
三菱重工業	機械	10	12	15	6	11	23	16	20	25	21	167
クボタ	機械	4	23	11	6	17	25	18	27	12	8	153
日立造船	機械	11	13	8	3	7	9	9	18	20	9	122
日本鋼管	鉄鋼	4	5	2	0	7	3	16	29	17	23	117
三洋電機	電機	0	1	1	8	11	7	18	2	17	0	65
バブコック日立	機械	0	0	2	11	14	10	10	5	7	3	65
石川島播磨重工業	機械	2	5	4	5	4	5	7	6	11	11	63
明電舎	電機	0	1	0	0	0	0	1	23	19	18	62
タクマ	機械	1	5	5	5	4	4	6	11	10	8	61
新日本製鉄	鉄鋼	1	1	7	7	7	5	7	9	9	3	60
荏原製作所	機械	3	5	11	3	2	5	5	9	4	3	58
川崎重工業	機械	0	0	2	10	7	4	3	9	4	12	52
三井造船	造船	8	5	2	1	7	2	13	3	6	2	50
日立製作所	電機	1	0	0	0	0	3	5	4	21	14	50
神戸製鋼所	鉄鋼	5	3	5	6	1	6	6	3	8	5	50
住友重機械工業	機械	0	4	2	4	2	0	2	16	5	12	47
日本碍子	窯業	3	3	1	2	2	6	3	6	3	5	35
松下電器産業	電機	12	3	3	4	1	0	3	0	1	3	34
東芝	電機	0	1	3	0	1	4	4	6	6	4	32
千代田化工建設	機械	1	1	0	0	1	0	1	5	9	8	30

1.3.2 焼却炉

(1) 運転管理

　図1.3.2-1に運転管理の出願人数と出願件数の推移を示す。グラフでは1990～99年のみを示す。

　運転管理は、1990～94年まで出願人数出願件数ともに急激に増加した。

　その後、出願件数は70～100件、出願人数は40～60社と安定している。

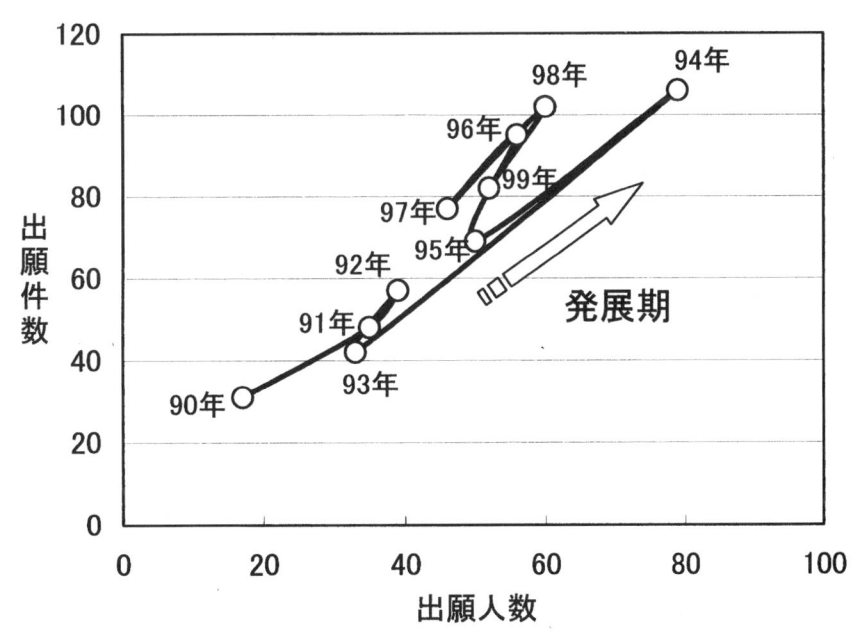

図1.3.2-1 運転管理の出願人数と出願件数の推移

表1.3.2-1に運転管理の主要出願人の出願状況を示す。

この技術では、機械業のクボタ、三菱重工業、電機業の三洋電機、日立製作所、松下精工の出願が多く、電機各社からの出願が多いのが目立っている。

特に日立製作所は97〜99年までの3年間で20件もの出願をしている。他では、造船業の三井造船、鉄鋼業の日本鋼管、神戸製鋼所などの出願が多い。

表1.3.2-1 運転管理の主要出願人の出願状況

企業名	業種	90年	91年	92年	93年	94年	95年	96年	97年	98年	99年	合計
クボタ	機械	2	6	2	2	8	7	10	10	2	7	56
三洋電機	電機	0	1	0	1	4	6	14	0	16	0	42
三菱重工業	機械	3	2	2	2	3	3	3	8	4	3	34
日立製作所	電機	1	0	0	0	0	1	1	3	10	7	24
松下精工	電機	6	2	3	5	0	1	0	0	0	0	24
三井造船	造船	3	2	1	0	4	1	7	0	1	0	20
日本鋼管	鉄鋼	1	0	2	0	0	1	5	7	2	0	20
神戸製鋼所	鉄鋼	2	2	1	0	1	0	4	3	4	1	19
日立造船	機械	2	1	2	1	1	1	2	1	2	3	16
川崎重工業	機械	0	0	1	1	2	3	2	1	2	2	14

(2) 二次燃焼

図1.3.2-2に二次燃焼の出願人数と出願件数の推移を示す。グラフでは1990〜99年のみを示す。

二次燃焼では、1990〜94年までは出願人数、出願件数ともに安定していたが、95年以降、出願人数出願件数ともに増加しており、特に出願人数の増加が目ざましく、ほぼ2倍となっている。

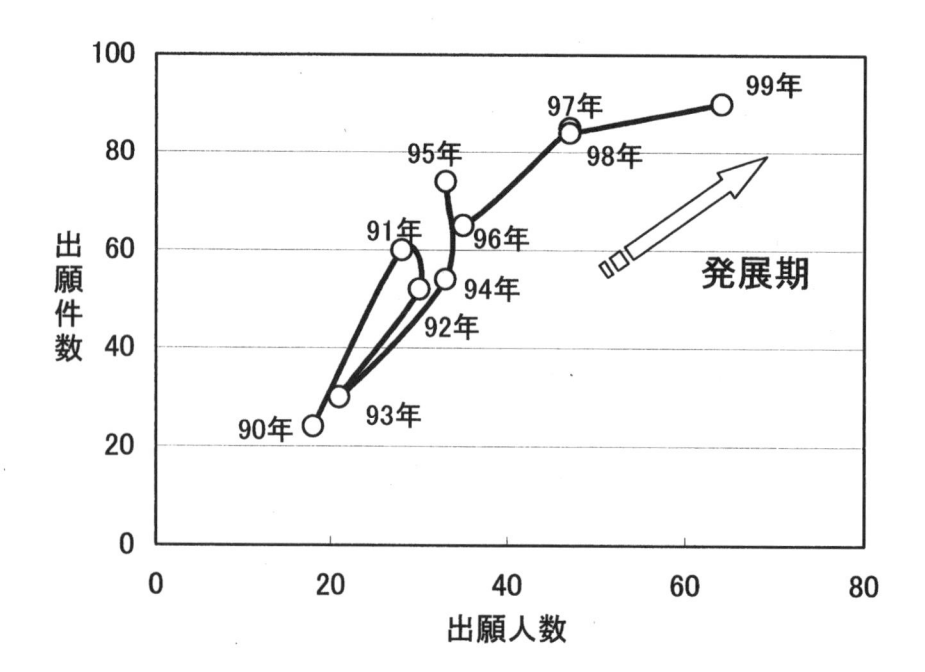

図1.3.2-2 二次燃焼の出願人数と出願件数の推移

表1.3.2-2に二次燃焼の主要出願人の出願状況を示す。

この技術では、機械業、鉄鋼業が上位を占めており、特に機械業のクボタ、三菱重工業、石川島播磨重工業、日立造船の出願が目立っている。鉄鋼業では日本鋼管の出願が多く新日本製鉄も20件の出願がある。電機業の出願数は全体的に少ないが、三洋電機、日立製作所が多い。日立製作所は1995年までは出願がなかったが、96～99年にかけて13件を出願している。

表1.3.2-2 二次燃焼の主要出願人の出願状況

企業名	業種	90年	91年	92年	93年	94年	95年	96年	97年	98年	99年	合計
クボタ	機械	0	12	7	1	5	12	5	11	6	0	60
三菱重工業	機械	0	4	3	0	3	16	7	4	8	2	51
石川島播磨重工業	機械	0	5	2	3	4	3	2	3	5	2	31
日立造船	機械	3	8	2	0	1	4	0	4	5	2	30
日本鋼管	鉄鋼	1	1	0	0	2	2	0	3	7	5	22
タクマ	機械	0	0	2	2	1	2	3	7	4	1	22
荏原製作所	機械	0	3	5	0	1	4	4	1	0	0	22
新日本製鉄	鉄鋼	0	0	1	1	4	2	3	6	1	1	20
三洋電機	電機	0	0	1	6	6	1	1	1	1	0	17
日立製作所	電機	0	0	0	0	0	0	3	0	6	4	13

(3) 炉内薬剤投入

図1.3.2-3に炉内薬剤投入の出願人数と出願件数の推移を示す。グラフでは1990～99年のみを示す。

炉内薬剤投入は、1995～98年まで出願人数出願件数ともに増加したが、99年には出願人数が急落している。

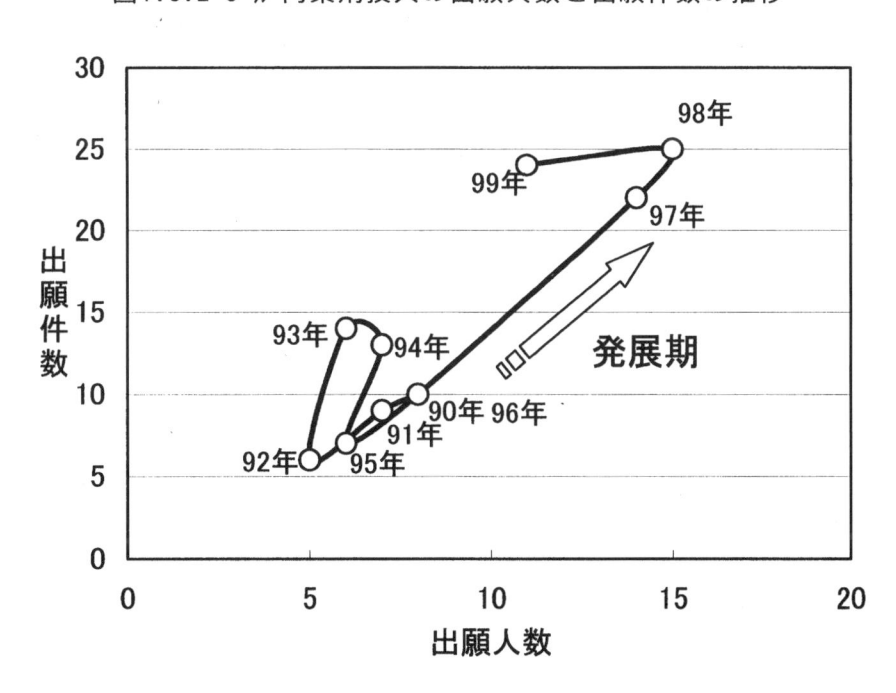

図1.3.2-3 炉内薬剤投入の出願人数と出願件数の推移

表1.3.2-3に炉内薬剤投入の主要出願人の出願状況を示す。

この技術では、機械業の三菱重工業が出願件数は最も多い。電機業では明電舎が1995年までは出願がないが、96～99年に20件出願している。

鉄鋼業では日本鋼管の出願件数が多く、1999年には6件の出願がある。川崎重工業も93～94年に11件出願している。

表1.3.2-3 炉内薬剤投入の主要出願人の出願状況

企業名	業種	90年	91年	92年	93年	94年	95年	96年	97年	98年	99年	合計
三菱重工業	機械	0	3	3	1	2	2	2	4	1	3	22
明電舎	電機	0	0	0	0	0	0	1	3	10	6	20
日立造船	機械	2	0	0	1	0	0	0	0	3	0	16
日本鋼管	鉄鋼	1	0	0	0	1	0	2	3	0	6	14
川崎重工業	機械	0	0	0	7	4	0	0	1	0	0	12

1.3.3 排ガス処理装置
(1) 温度管理

図1.3.3-1に温度管理の出願人数と出願件数の推移を示す。グラフでは1990～99年のみを示す。

温度管理は、1997年に出願件数、出願人数ともピークを迎えたが、その後は減少した。99年には出願人数が再び増加している。

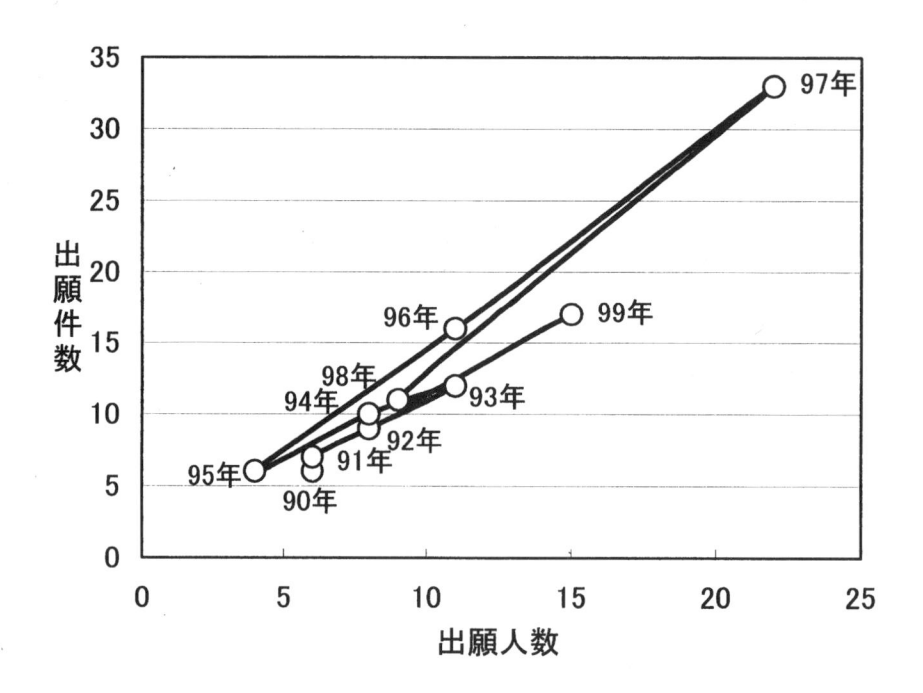

図1.3.3-1 温度管理の出願人数と出願件数の推移

表1.3.3-1に温度管理の主要出願人の出願状況を示す。

この技術は、全体的に出願件数が少ないが、クボタの出願数が最も多く、次いで三菱重工業、日本鋼管となっている。

神戸製鋼所、三井造船も出願件数が多く、大型の焼却炉メーカーの出願が多い。

表1.3.3-1 温度管理の主要出願人の出願状況

企業名	業種	90年	91年	92年	93年	94年	95年	96年	97年	98年	99年	合計
クボタ	機械	0	1	0	2	1	3	0	3	0	0	10
三菱重工業	機械	1	0	2	0	0	0	3	2	0	1	9
日本鋼管	鉄鋼	0	0	0	0	0	0	1	5	0	0	6
神戸製鋼所	鉄鋼	1	1	1	1	0	1	0	0	0	0	5
三井造船	造船	0	0	0	0	0	0	2	0	3	0	5

（2）薬剤投入（排ガス処理装置）

図1.3.3-2に薬剤投入の出願人数と出願件数の推移を示す。グラフでは1990～99年のみを示す。

薬剤投入は、1990～96年まで出願人数、出願件数ともに増加した。97年は、出願人数に大きな変化がないにも関わらず、出願が急増した。その後、出願件数は96年水準まで戻ったが、出願人数は増加していない。99年は、出願件数も大幅に増加した。

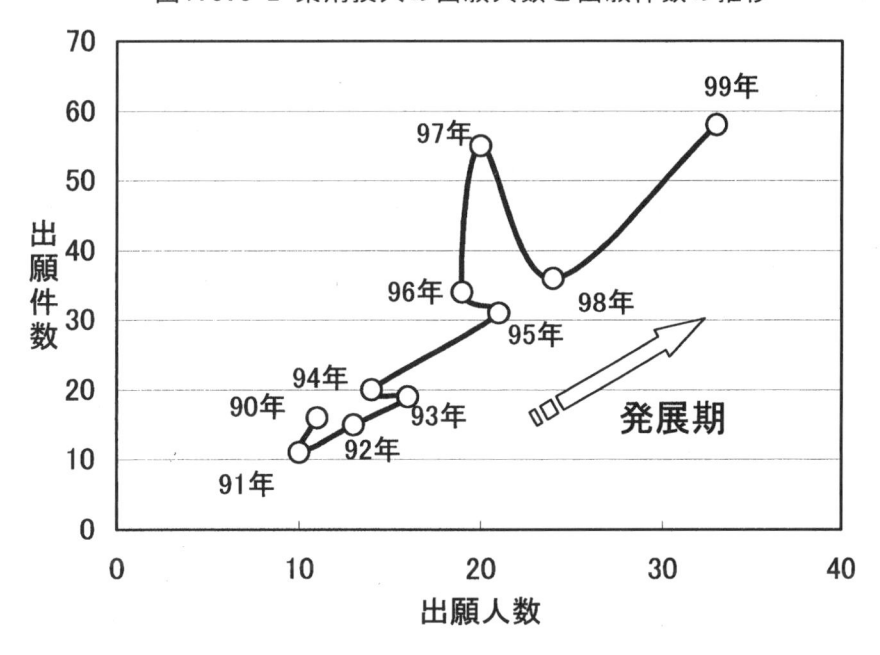

図1.3.3-2 薬剤投入の出願人数と出願件数の推移

表1.3.3-2に薬剤投入の主要出願人の出願状況を示す。

この技術では、電機業の明電舎が出願件数が最も多い。1996年までは出願がなかったが、97～99年に34件出願している。鉄鋼業の日本鋼管の出願も多く、96～99年に23件出願している。日立造船、バブコック日立も出願件数が多い。

また化学業の奥多摩工業が13件、鐘淵化学工業が6件を出願しており、全てが1995年以降の出願である。

表 1.3.3-2 薬剤投入の出願状況

企業名	業種	90年	91年	92年	93年	94年	95年	96年	97年	98年	99年	合計
明電舎	電機	0	0	0	0	0	0	0	20	9	5	34
日本鋼管	鉄鋼	1	1	0	0	0	0	6	8	1	8	27
日立造船	機械	2	1	1	1	2	1	4	6	2	0	24
バブコック日立	機械	0	0	0	3	5	4	3	0	1	0	16
三菱重工業	機械	3	1	2	0	1	2	0	1	0	3	15
奥多摩工業	化学	0	0	0	0	0	3	3	4	1	2	13
石川島播磨重工業	機械	0	0	0	0	0	0	2	0	0	6	8
三井造船	造船	2	0	0	0	0	0	1	1	2	1	7
新日本製鉄	鉄鋼	0	0	2	2	1	0	2	0	0	0	7
鐘淵化学工業	化学	0	0	0	0	0	3	1	0	2	0	6

(3) 湿式処理

　図1.3.3-3に湿式処理の出願人数と出願件数の推移を示す。グラフでは1990～99年のみを示す。

　湿式処理では、1990～97年まで出願人数、出願件数ともに増加した。98年をピークとして出願人数は減少したが、出願件数は安定している。

図1.3.3-3 湿式処理の出願人数と出願件数の推移

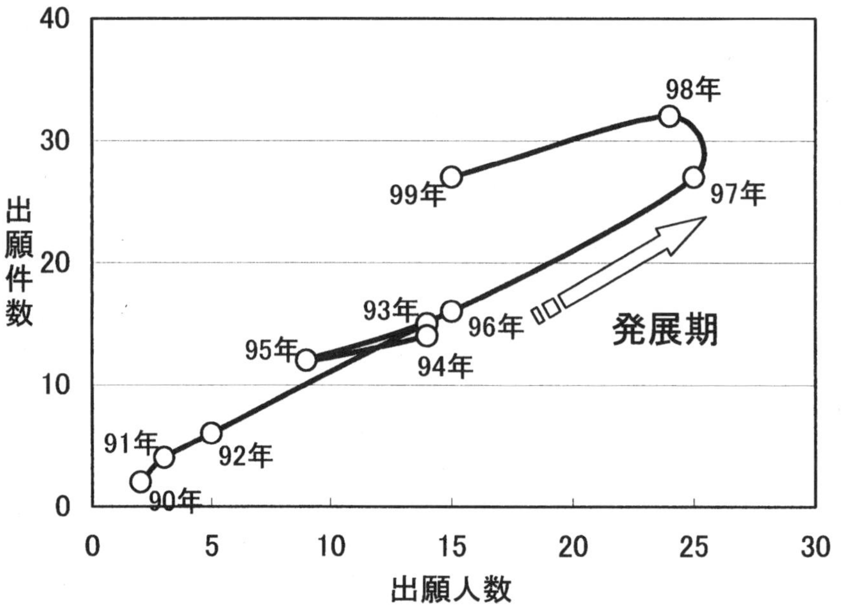

　表1.3.3-3に湿式処理の主要出願人の出願状況を示す。

　この技術では、三菱重工業、千代田化工建設の出願が多い。両社ともに1997年以降の出願が多く、特に千代田化工建設は、12件全部が97～99年に集中的に出願している。

　鉄鋼業では、新日本製鉄の出願が多い。

表1.3.3-3 湿式処理の主要出願人の出願状況

企業名	業種	90年	91年	92年	93年	94年	95年	96年	97年	98年	99年	合計
三菱重工業	機械	1	0	1	1	1	0	1	0	6	5	16
千代田化工建設	機械	0	0	0	0	0	0	0	3	2	7	12
新日本製鉄	鉄鋼	1	0	0	0	0	2	0	0	2	0	6
日立造船	機械	0	0	2	0	1	0	0	1	1	0	5
タクマ	機械	0	0	0	0	0	1	0	1	1	2	5

（4）触媒反応

　図1.3.3-4に触媒反応の出願人数と出願件数の推移を示す。グラフでは1990～99年のみを示す。

　触媒反応に関する出願件数は、最高時であっても20件を割っており、出願人数が15社以下に限られている。1997年以降、出願件数は15～20件、出願人数は10～15社と安定している。

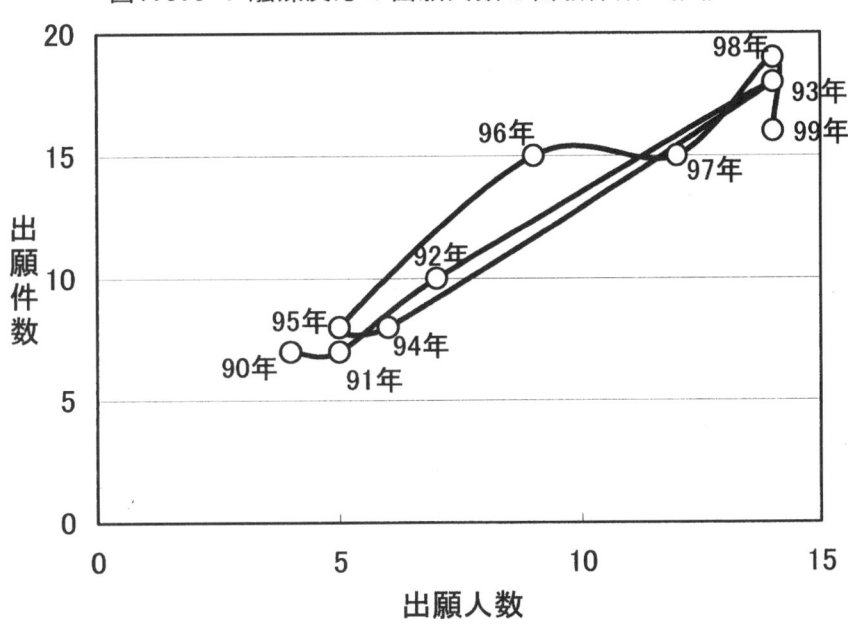

図1.3.3-4 触媒反応の出願人数と出願件数の推移

　表1.3.3-4に触媒反応の主要出願人の出願状況を示す。

　この技術は電機業の松下電器産業の出願が最も多い。松下電器産業の出願は1990～96年に、ほとんど集中している。

　次いでバブコック日立、三菱重工業、千代田化工建設など機械業の企業が多い。バブコック日立は1993年までの出願はなく、94年以降に出願が集中している。

表1.3.3-4 触媒反応の主要出願人の出願状況

企業名	業種	90年	91年	92年	93年	94年	95年	96年	97年	98年	99年	合計
松下電器産業	電機	4	0	3	3	1	0	3	0	1	0	17
バブコック日立	機械	0	0	0	0	1	4	4	2	1	1	15
三菱重工業	機械	1	1	1	2	0	0	0	0	1	1	7
千代田化工建設	機械	0	0	0	0	0	0	0	5	1	0	6
日立造船	機械	0	1	0	0	0	1	1	1	1	0	5

(5) 吸着

図1.3.3-5に吸着の出願人数と出願件数の推移を示す。グラフでは1990～99年のみを示す。

吸着は、1995～98年にかけて出願人数、出願件数とも大幅に増加した。特に97年は、出願件数で前年の3倍、出願人数でも前年の2倍と著しい増加を示した。その後98年をピークに出願人数、出願件数とも安定している。

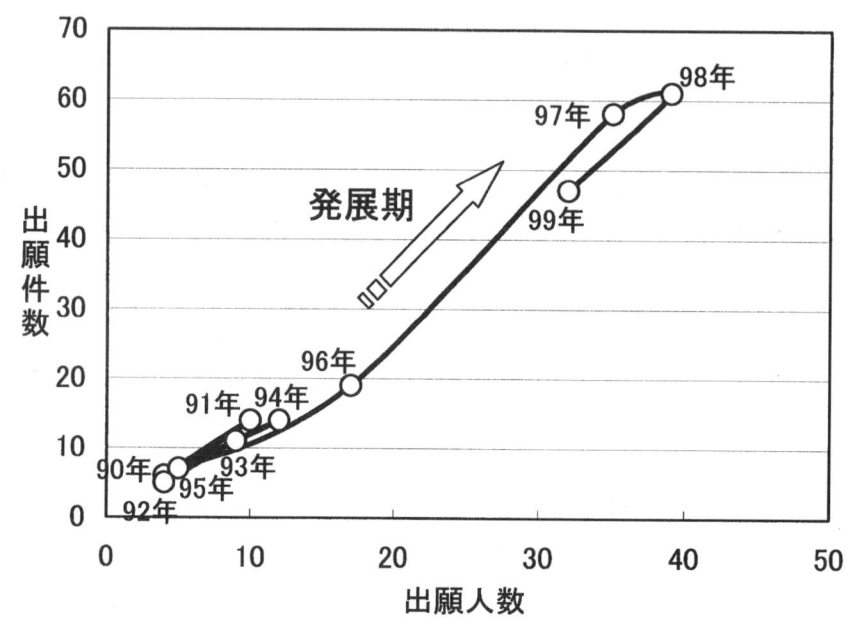

図1.3.3-5 吸着の出願人数と出願件数の推移

表1.3.3-5に吸着の主要出願人の出願状況を示す。

この技術では、機械業の住友重機械工業、日立造船の出願が多く、1997～99年で、住友重機械工業が18件、日立造船が13件の出願を行っている。

鉄鋼業では、新日本製鉄、日本鋼管の出願が多い。

化学業のミヨシ油脂は、1996年までは出願がなく、97年以降に出願が集中している。

表1.3.3-5 吸着の主要出願人の出願状況

企業名	業種	90年	91年	92年	93年	94年	95年	96年	97年	98年	99年	合計
住友重機械工業	機械	0	3	2	1	0	0	0	9	3	6	24
日立造船	機械	2	1	0	0	0	0	1	5	6	2	17
新日本製鉄	鉄鋼	0	0	0	3	1	1	1	1	4	1	12
クボタ	機械	0	2	0	1	1	2	1	0	3	1	12
日本鋼管	鉄鋼	0	2	0	0	3	0	0	0	2	2	11
石川島播磨重工業	機械	0	0	0	1	0	0	2	1	5	2	11
栗田工業	機械	0	0	0	0	0	0	2	3	2	1	9
三菱重工業	機械	1	1	0	0	1	0	0	1	2	3	9
川崎重工業	機械	0	0	0	0	1	0	0	2	0	4	8
ミヨシ油脂	化学	0	0	0	0	0	0	0	1	4	2	7

(6) 集塵

図1.3.3-6に集塵の出願人数と出願件数の推移を示す。グラフでは1990～99年のみを示す。

集塵は、最高の出願件数となった1997年においても出願件数は21件、出願人数は17社と限られている。それ以降は、出願件数が10～13件、出願人数が7～10人と少ない。

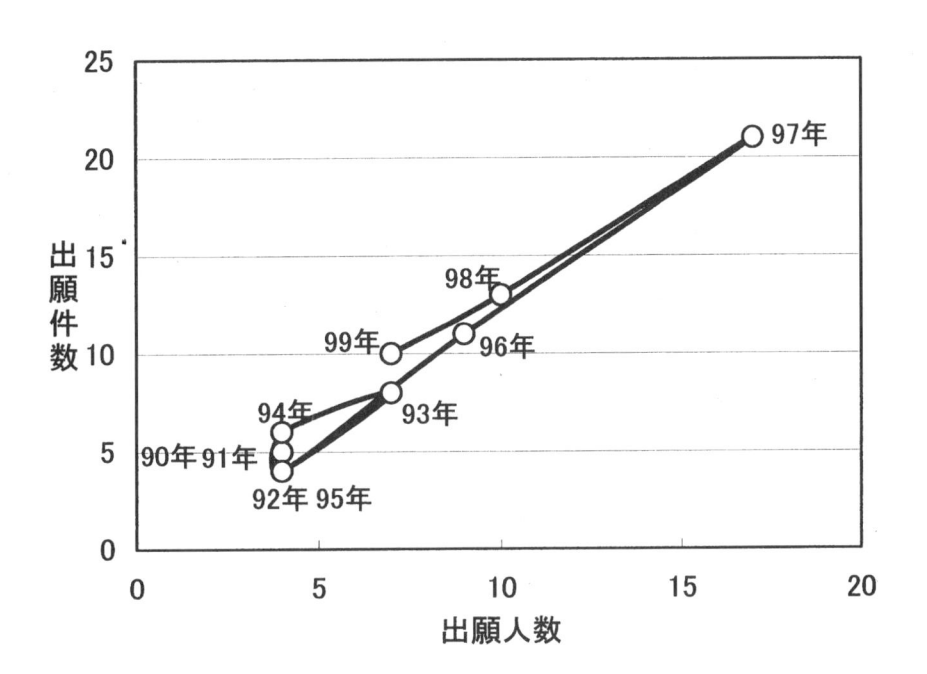

図1.3.3-6 集塵の出願人数と出願件数の推移

表1.3.3-6に集塵の主要出願人の出願状況を示す。

この技術では、鉄鋼業の日本鋼管の出願が最も多いが、日本鋼管の出願は全てが1996年以降のものである。

次いで機械業のタクマ、川崎重工業、荏原製作所、バブコック日立の出願が多い。川崎重工業は全てが1996年以降、バブコック日立は全て94年以降の出願である。

表1.3.3-6 集塵の主要出願人の出願状況

企業名	業種	90年	91年	92年	93年	94年	95年	96年	97年	98年	99年	合計
日本鋼管	鉄鋼	0	0	0	0	0	0	2	3	4	0	10
タクマ	機械	1	0	1	0	0	0	1	0	0	3	7
川崎重工業	機械	0	0	0	0	0	0	1	1	1	3	6
荏原製作所	機械	0	1	1	0	0	1	0	1	1	1	6
バブコック日立	機械	0	0	0	0	3	0	0	1	1	0	5

(7) 放電、放射線

図1.3.3-7に放電、放射線の出願人数と出願件数の推移を示す。グラフでは1990～99年のみを示す。

放電、放射線は、総体的に出願件数、出願人数とも少ない。出願件数で8件以内、出願人数でも5社までの範囲に収まっている。

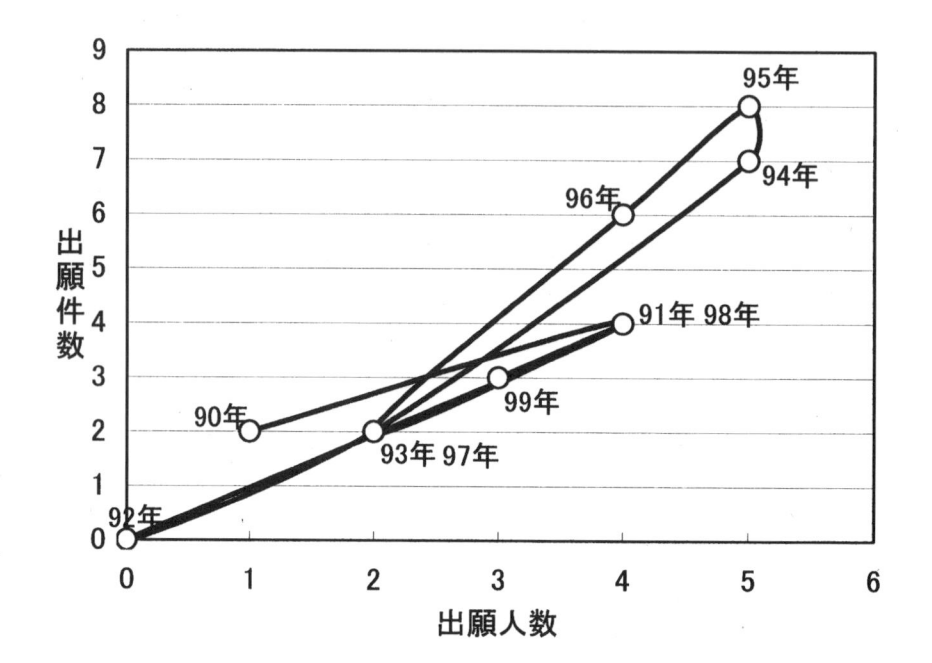

図1.3.3-7 放電・放射線の出願人数と出願件数の推移

表1.3.3-7に放電、放射線の主要出願人の出願状況を示す。

この技術では、全体の出願件数は少ないが、出願自体は特定の企業に集中している。特に東芝の出願が多い。

次いで日立造船、タクマの出願も多い。東芝、日立造船、タクマとも97年以降の出願は極めて少ない。

表1.3.3-7 放電・放射線の主要出願人の出願状況

企業名	業種	90年	91年	92年	93年	94年	95年	96年	97年	98年	99年	合計
東芝	電機	0	0	0	0	1	4	3	1	1	0	10
日立造船	機械	0	0	0	0	2	2	0	0	0	0	4
タクマ	機械	0	1	0	1	2	0	0	0	0	0	4

1.4 技術開発の課題と解決手段

1.4.1 焼却炉排ガス処理技術

図1.4.1-1に焼却炉排ガス処理技術の技術要素に対応した技術開発課題の分布を示す。

焼却炉からの有害ガス抑制技術（運転管理、二次燃焼、炉内薬剤投入）における技術開発課題は、完全燃焼による未燃ガスの抑制に集中しており、一次燃焼（主燃焼室）における完全燃焼が618件、一次燃焼後の排ガスの燃焼、すなわち二次燃焼における完全燃焼が582件となっている。

一方、排ガス処理装置での有害物質除去技術（温度管理、薬剤投入、湿式処理、触媒反応、吸着、集塵、放電、放射線）の技術開発課題は、焼却炉のものに比べ多様なものとなっている。この中でダイオキシン処理が470件と最も多く、次に多いのは、酸性ガス処理の239件である。酸性ガス特に塩化水素はダイオキシン生成の原因物質でもあるので、これは、1995年以降、ダイオキシンに対する規制が厳しくなった事と関係していると推察される。

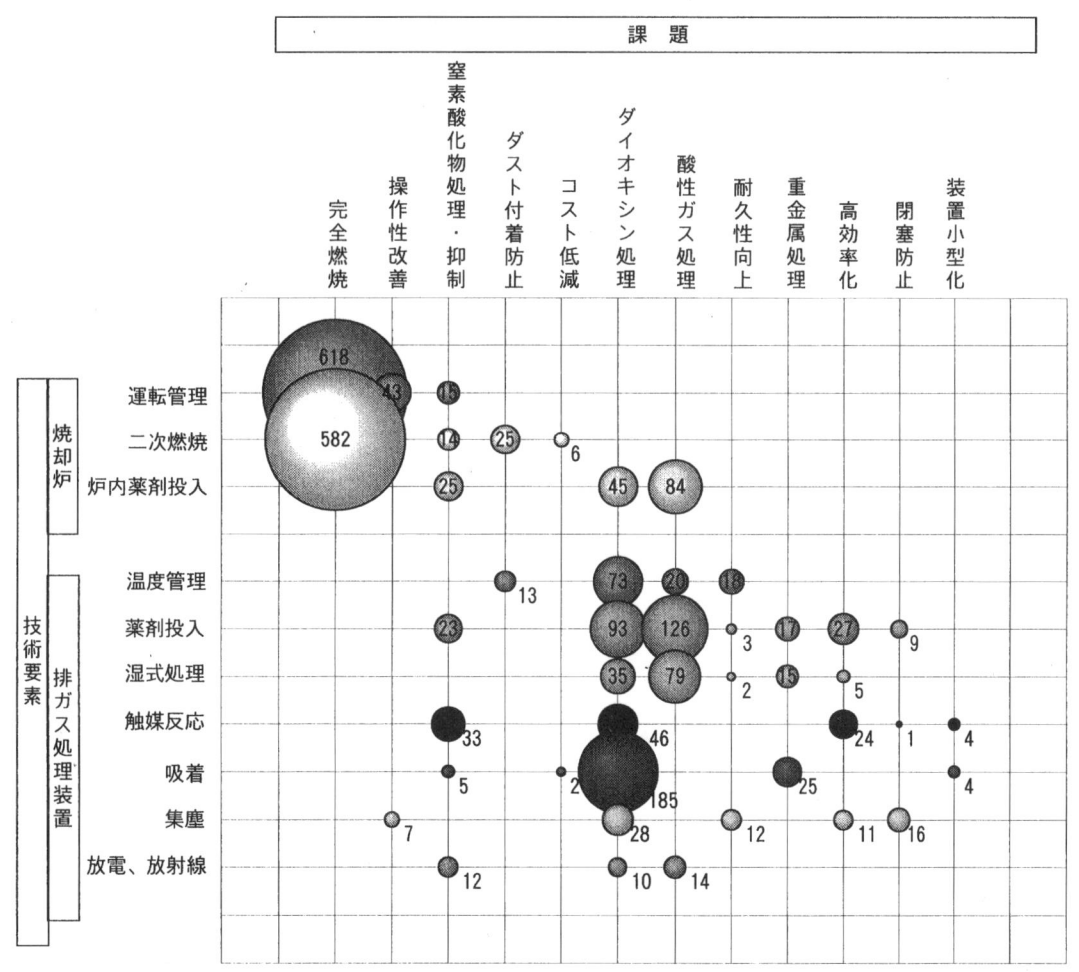

図1.4.1-1 焼却炉排ガス処理技術の技術要素と課題の分布

1991年から2001年8月公開の出願（課題「その他」を除く）

実際、1995年以降、排ガス処理装置関連の出願数が急増しており（1.3参照）、1996年のダイオキシン対策検討会発足（通産省）、1997年の都市ごみ焼却炉の改正ダイオキシン類排出指針提示（厚生省）、改正廃棄物処理法施行（厚生省）、大気汚染防止法施行などのダイオキシンに対する規制の増加と関係しているものと考えられる。

　焼却炉内の排ガス対策を詳しくみると、運転管理では、技術開発の課題は、出願のほとんどが完全燃焼による未燃ガスおよびダイオキシンの処理（図1.4.2-1参照）である。他には自動制御などの操作性改善、炉内での窒素酸化物生成抑制があるが、出願件数は少ない。

　二次燃焼でも、運転管理と同様に、出願のほとんどが完全燃焼を課題としている。次に二次燃焼時の炉内へのダスト付着防止の出願が多く、窒素酸化物生成抑制は少ない。

　炉内への薬剤投入ではアルカリ剤を使用した中和による酸性ガス処理関連の出願が最も多いが、ダイオキシン処理剤、窒素酸化物処理剤の添加に関する出願も多い。

　次に排ガス処理装置を詳しくみると、煙道の温度管理では、ダイオキシン生成温度以下に冷却することによる、ダイオキシン生成防止に関する出願が最も多い。他には、酸性ガス処理、排ガス処理装置の耐久性向上、装置へのダスト付着防止がある。

　排ガス処理装置での薬剤投入では、アルカリ物質などによる酸性ガス処理に関する出願が最も多く、ダイオキシン処理剤添加も多い。また、投入の高効率化、窒素酸化物処理、重金属処理（特に水銀）に関するものも多い。

　湿式処理も薬剤投入と同様に、酸性ガス処理に関する出願が圧倒的に多く、ダイオキシン処理、重金属処理に関するものも多い。

　触媒反応では、ダイオキシン処理に関する出願が最も多いが、窒素酸化物処理も多く、窒素酸化物処理の中では触媒による処理が最も出願件数が多い。

　吸着では、ダイオキシン処理が最も多く、次いで重金属処理が多いが、どちらも他の技術要素に比べて最も多い。

　集塵は、全体的に出願件数が少ないが、ダイオキシン処理が最も多く、集塵装置の閉塞防止、耐久性向上、集塵作業の高効率化といった課題も多い。

　放電、放射線は各種の放電手段、各種の放射線による酸性ガス、ダイオキシン、窒素酸化物の分解無害化が、いずれも出願件数が多い。この方法は、同時処理が可能であるという利点がある。

　次に、技術要素毎に各課題に対する解決手段を整理した結果を紹介する。

1.4.2 焼却炉
(1) 運転管理
　図1.4.2-1に運転管理に関する技術課題と解決手段の対応図を示す。

　最も多い課題である完全燃焼の解決手段をみると、制御法270件、炉構造257件である。計測法は86件と少ない。

　操作性改善では、制御法が32件と最も多い。窒素酸化物の抑制についても制御法が12件と最も多い。

図 1.4.2-1 運転管理に関する技術課題と解決手段の対応図

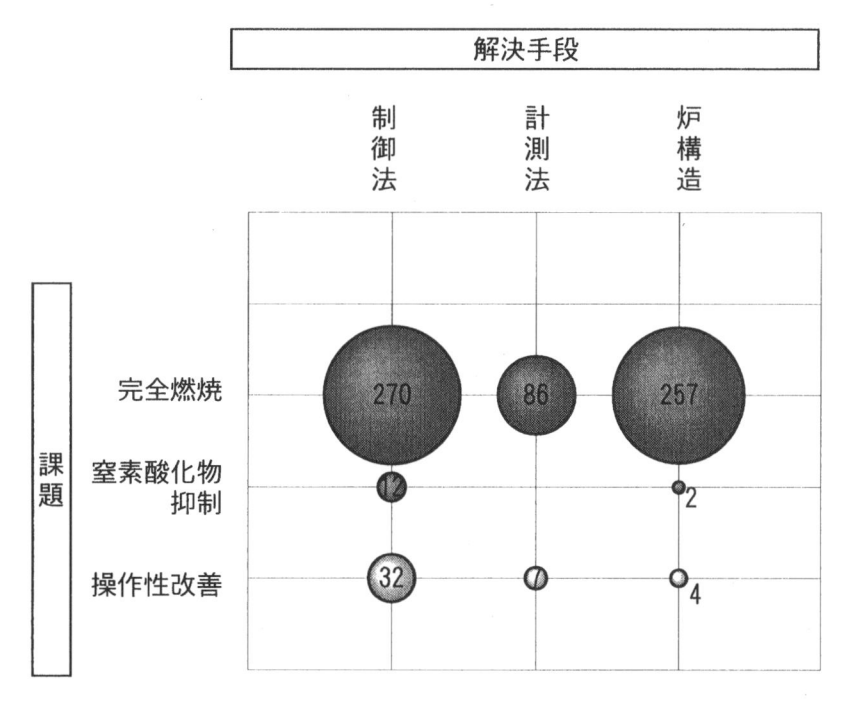

	制御法	計測法	炉構造
完全燃焼	270	86	257
窒素酸化物抑制	12		2
操作性改善	32	7	4

1991年から2001年8月公開の出願

　表1.4.2-1に運転管理に関する技術課題と解決手段の対応表を示す。
　また、表中に出願件数上位5位までの企業とその出願件数を示すが、6位以下の件数が5位と同じ場合、または1件である場合はその件数の企業は除く。
　完全燃焼をみると、空気や温度などの制御法では小型の焼却炉メーカーの松下精工が23件と最も多く出願しており、大型の焼却炉メーカーの三井造船、クボタも各17件出願している。温度、酸素濃度、一酸化炭素などの排ガス成分濃度などの計測法に関しては、大型の焼却炉メーカーの出願が多い。中でもクボタが25件と最も多く、三菱重工業も16件と多い。炉本体やバーナなどの炉構造では、三洋電機が22件（内21件は鳥取三洋電機との共願）と最も多く、クボタが12件出願している。
　窒素酸化物抑制という課題に対しては、制御法に関して、三菱重工業が流動床焼却炉に関する出願を3件、千代田化工建設が2件出願しているが、他の課題と比較して件数は少ない。
　焼却炉の運転に関する操作性改善においては、大型焼却炉メーカーの出願が多く、最も多い制御法で、川崎重工業がカラー画像を利用した燃焼判定制御、適応予測制御によるものなど10件、神戸製鋼所が流動床炉の制御に関するもの5件、荏原製作所がファジィ演算による空気供給制御など4件を出願している。

表 1.4.2-1 運転管理に関する技術課題と解決手段の対応表

課題＼解決手段	制御法	計測法	炉構造
完全燃焼	松下精工 23 件 三井造船 17 件 クボタ 17 件 日本鋼管 12 件 270	クボタ 25 件 三菱重工 16 件 日立製作所 12 件 日本鋼管 7 件 86	三洋電機 22 件 鳥取三洋電機 21 件 クボタ 12 件 日立製作所 7 件 257
窒素酸化物抑制	三菱重工 3 件 千代田化工 2 件 12	0	2
操作性改善	川崎重工 10 件 神戸製鋼 5 件 荏原製作所 4 件 32	三菱重工 2 件 クボタ 2 件 東芝 2 件 7	神戸製鋼 2 件 4

表 1.4.2-1 において件数の多い課題の完全燃焼に対する解決手段である制御法と炉構造について、細分類に展開する。

図 1.4.2-2 に完全燃焼のための制御法の課題と解決手段の対応図を示す。

課題をみると、ダイオキシン抑制のための完全燃焼が最も多く、その解決手段は、空気、温度の同時調整に関するものが 66 件と最も多い。その他はバーナによる火炎調整が 30 件、空気のみの調整が 28 件、温度のみの調整が 12 件である。

未燃ガスの抑制では、空気の調整が 34 件で最も多く、バーナの調整は 20 件ある。空気、温度の同時調整は 9 件と少ない。

煤塵抑制では、バーナの調整が 16 件と最も多く、温度の調整も 10 件と多い。

図 1.4.2-2 完全燃焼のための制御法の課題と解決手段の対応図

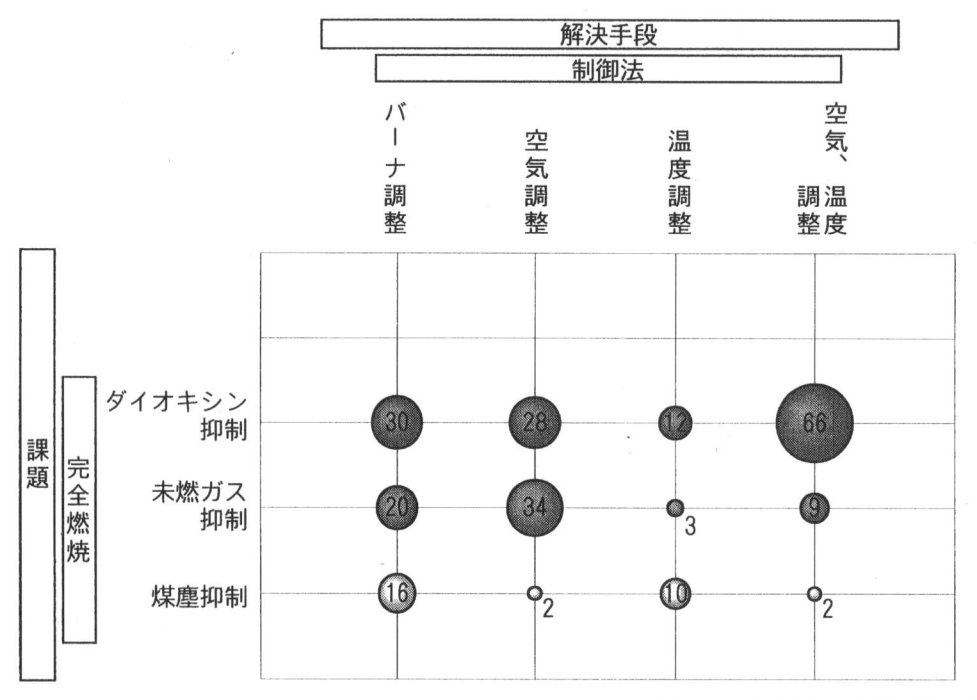

1991 年から 2001 年 8 月公開の出願

表1.4.2-2に完全燃焼のための制御法の課題と解決手段の対応表を示す。

ダイオキシン抑制に対しては、最も多い解決手段である空気、温度調整に関して松下精工が8件、日本鋼管が7件、クボタが6件出願している。次に多いバーナの調整に関しては三洋電機が鳥取三洋電機と共願で6件、三井造船が4件出願している。空気調整では荏原製作所、新日本製鉄、日立造船、三菱重工業がともに3件出願している。温度調整に関するものは少ない。

未燃ガス抑制では、最も多い空気調整に関して松下精工が7件、クボタが3件、バーナ調整では、大同特殊鋼が2件出願している。

煤塵抑制では、空気、温度の同時調整に関して三菱重工業が2件、空気調整に関して石川島播磨重工業が2件出願している。

表1.4.2-2 完全燃焼のための制御法の課題と解決手段の対応表

課題＼解決手段	制御法			
	バーナ調整	空気調整	温度調整	空気、温度調整
完全燃焼 ダイオキシン抑制	三洋電機6件 鳥取三洋電機6件 三井造船4件 クボタ2件 バブコック日立2件 30	荏原製作所3件 新日本製鉄3件 日立造船3件 三菱重工3件 28	日本碍子2件 12	松下精工8件 日本鋼管7件 クボタ6件 神戸製鋼5件 住友重機5件 66
未燃ガス抑制	大同特殊鋼2件 20	松下精工7件 クボタ3件 34	 3	松下精工5件 9
煤塵抑制	 16	石川島播磨2件 2	 10	三菱重工2件 2

図1.4.2-3に完全燃焼のための炉構造の課題と解決手段の対応図を示す。

課題をみると、未燃ガス抑制のための完全燃焼が最も多く、その解決手段は、空気の調整に関するものが80件と最も多い。次にバーナによる火炎調整が53件、温度と空気の同時調整が2件、温度の調整も2件である。

ダイオキシンの抑制では、バーナの調整が18件で最も多く、空気、温度の同時調整も10件と多い。空気調整と温度調整は少ない。

煤塵抑制では、バーナの調整が25件と最も多く、他の解決手段は少ない。

図1.4.2-3 完全燃焼のための炉構造の課題と解決手段の対応図

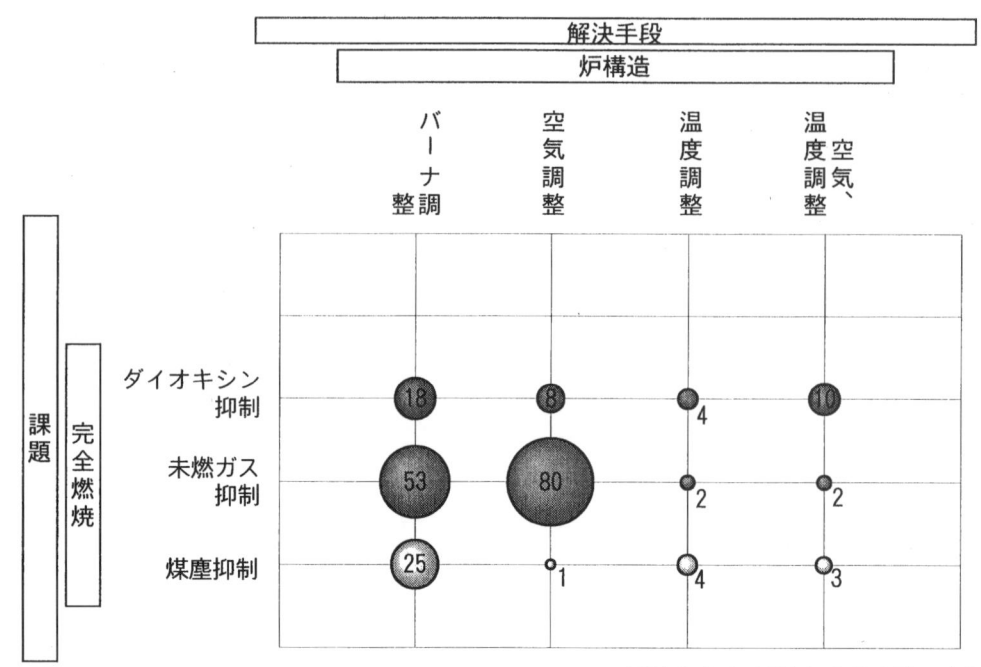

		バーナ整調	空気調整	温度調整	空気、温度調整
課題 / 完全燃焼	ダイオキシン抑制	18	8	4	10
	未燃ガス抑制	53	80	2	2
	煤塵抑制	25	1	4	3

1991年から2001年8月公開の出願

表1.4.2-3に完全燃焼のための炉構造の課題と解決手段の対応表を示す。

ダイオキシン抑制は件数が少なく、バーナの調整に関して三洋電機が鳥取三洋電機と共願で2件、空気と温度の同時調整に関してクボタが2件出願している。

未燃ガスの抑制では、バーナの調整に関して三洋電機が鳥取三洋電機と共願で12件、前島工業所が4件出願している。また空気調整に関して日立製作所などが4件、三洋電機などが2件出願している。

煤塵抑制に対しての出願については、特に目立った企業はない。

表1.4.2-3 完全燃焼のための炉構造の課題と解決手段の対応表

解決手段 課題		炉構造			
		バーナ調整	空気調整	温度調整	空気、温度調整
完全燃焼	ダイオキシン抑制	三洋電機2件 鳥取三洋電機2件 18	8	4	クボタ2件 10
	未燃ガス抑制	三洋電機12件 鳥取三洋電機12件 前島工業所4件 大東2件 53	日立製作所4件 家永一夫4件 三洋電機2件 マメトラ農機2件 80	クボタ2件 2	2
	煤塵抑制	25	1	4	3

(2) 二次燃焼

図1.4-2-4に二次燃焼に関する技術課題と解決手段の対応図を示す。

課題と解決手段を見ると、課題では完全燃焼が最も多く、その解決手段は炉構造によるものが217件と最も多い。続いて、制御法171件、空気吹込、排ガス再循環122件となっている。

ダスト付着防止に関しては、炉構造が13件であり、その他は少ない。コスト低減に関

しては、炉構造6件のみである。窒素酸化物抑制に関しては、制御法が5件で、他の解決手段はいずれも2件である。

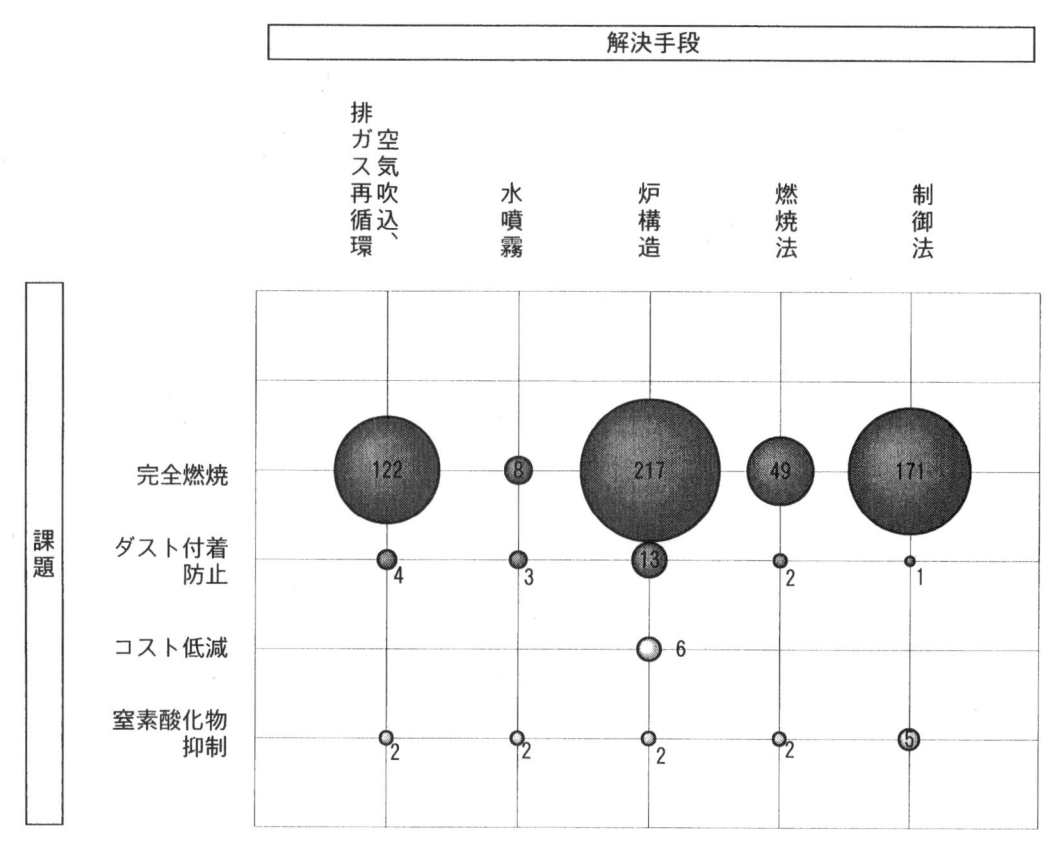

図1.4-2-4 二次燃焼に関する技術課題と解決手段の対応図

	排ガス再循環、空気吹込	水噴霧	炉構造	燃焼法	制御法
完全燃焼	122	8	217	49	171
ダスト付着防止	4	3	13	2	1
コスト低減			6		
窒素酸化物抑制	2	2	2	2	5

1991年から2001年8月公開の出願

表1.4.2-4に、二次燃焼に関する技術課題と解決手段の対応表を示す。

完全燃焼に対しては、空気吹込、排ガス再循環に関して、三菱重工業と日立造船が14件、タクマが10件、クボタが8件出願している。

制御法に関しては、クボタが40件と最も多い。三菱重工業26件、新日本製鉄14件と続いている。

炉構造に関しては、石川島播磨重工業が13件と最も多く出願しており、続いて日本碍子など4社が7件出願している。

燃焼法に関しては、タクマが6件、三洋電機が鳥取三洋電機と共願で6件出願している。

水噴霧に関する出願は少ないが、日立造船が3件、クボタが2件となっている。

表 1.4-2-4 二次燃焼に関する技術課題と解決手段の対応表

解決手段 課題	空気吹込、 排ガス再循環	水噴霧	炉構造	燃焼法	制御法
完全燃焼	三菱重工 14 件 日立造船 14 件 タクマ 10 件 クボタ 8 件 122	日立造船 3 件 クボタ 2 件 8	石川島播磨 13 件 日本碍子 7 件 荏原製作所 7 件 日本鋼管 7 件 日立造船 7 件 217	タクマ 6 件 三洋電機 6 件 鳥取三洋電機 6 件 日本鋼管 3 件 石川島播磨 3 件 49	クボタ 40 件 三菱重工 26 件 新日本製鉄 14 件 三洋電機 9 件 171
ダスト付着 防　止	 4	 3	明電舎 3 件 石川島播磨 2 件 13	日本鋼管 2 件 2	 1
コスト低減	0	0	東京瓦斯 2 件 6	0	0
窒素酸化物 抑　制	2	2	2	2	日立製作所 2 件 5

(3) 炉内薬剤投入

図 1.4.2-5 に炉内薬剤投入に関する技術課題と解決手段の対応図を示す。

課題と解決手段をみると、課題では酸性ガス処理が最も多い。その解決手段は、薬剤の種類に関するものが 35 件で最も多く、投入の制御が 24 件、薬剤の投入法が 23 件となっている。

ダイオキシン処理に対する解決手段では、薬剤の種類に関するものが 26 件で最も多く、投入の制御が 15 件であり、薬剤の投入法が 4 件と少ない。

窒素酸化物処理に対する解決手段では、投入の制御が 12 件と最も多く、薬剤の種類に関するものは 8 件であり、薬剤の投入法は 4 件と少ない。

図 1.4.2-5 炉内薬剤投入に関する技術課題と解決手段の対応図

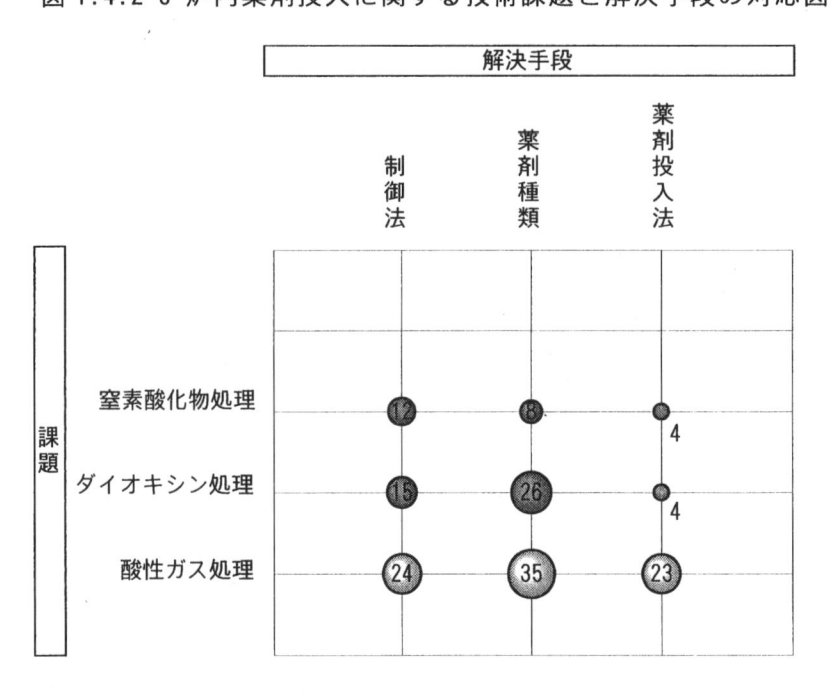

1991 年から 2001 年 8 月公開の出願

表1.4.2-5に炉内薬剤投入に関する技術課題と解決手段の対応表を示す。

酸性ガス処理に対しては、制御法に関して三菱重工業が13件、明電舎が5件出願している。薬剤種類に関しては、日立造船が8件、明電舎が5件、薬剤投入法では川崎重工業が8件出願している。

ダイオキシン処理に対しては、制御法に関して明電舎が7件、日本鋼管が3件出願している。薬剤種類に関しては、日本鋼管、用瀬電機などが5件、薬剤投入法では日本鋼管が2件出願している。

窒素酸化物処理に対しては、制御法に関してバブコック日立が6件、日本鋼管が2件出願している。薬剤種類に関しては、三菱重工業などが2件、薬剤投入法では三井造船が2件出願している。

表1.4.2-5 炉内薬剤投入に関する技術課題と解決手段の対応表

解決手段 課題	制御法	薬剤種類	薬剤投入法
窒素酸化物処理	バブコック日立6件 日本鋼管2件 12	三菱重工2件 タクマ2件 日立造船2件 大阪市2件 8	三井造船2件 4
ダイオキシン処理	明電舎7件 日本鋼管3件 15	日本鋼管5件 前田信秀5件 用瀬電機5件 明電舎3件 26	日本鋼管2件 4
酸性ガス処理	三菱重工13件 明電舎5件 川崎重工2件 24	日立造船8件 明電舎5件 三菱重工4件 35	川崎重工8件 日立造船4件 23

1.4.3 排ガス処理装置
(1) 温度管理

図1.4.3-1に煙道の温度管理に関する技術課題と解決手段の対応図を示す。

課題と解決手段をみると、課題ではダイオキシン処理が最も多く、その解決手段では、温度管理が39件と最も多く、水噴霧による冷却に関するものが16件、温度の制御法に関するものが6件、ダイオキシン生成時に触媒として働く飛灰の除塵との組み合わせが3件ある。

排ガス処理装置の耐久性向上という課題に対しては、装置を腐食しない温度に保つなどの、温度管理が10件、水噴霧が6件、酸素などの排ガス成分濃度によって温度を変化させたりする温度制御が2件ある。

酸性ガス処理には、温度管理が8件、水噴霧と温度の制御が各4件の出願がある。

図1.4.3-1 温度管理に関する技術課題と解決手段の対応図

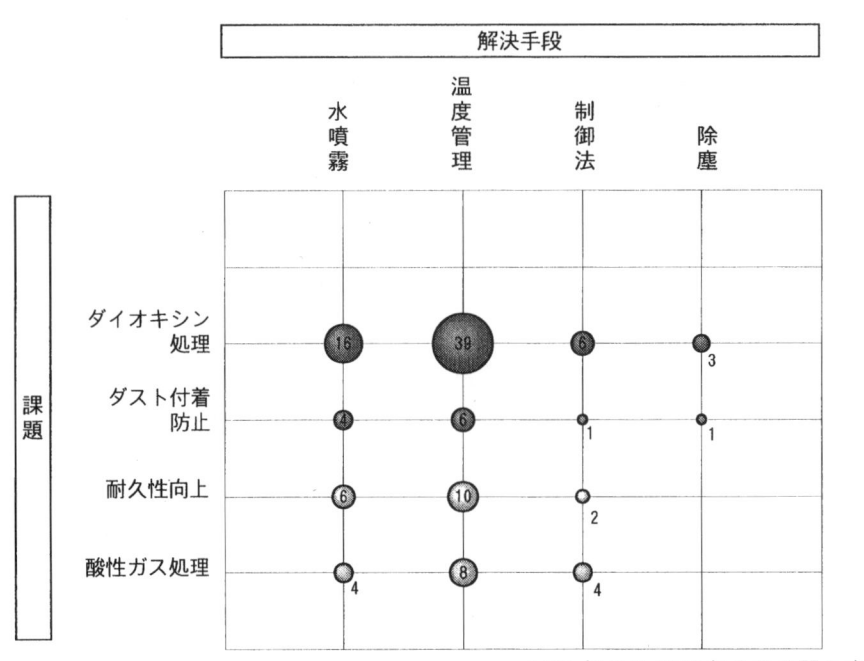

1991年から2001年8月公開の出願

表1.4.3-1に温度管理に関する技術課題と解決手段の対応表を示す。

ダイオキシン処理に対しては、クボタが水噴霧、日立製作所が温度管理、三井造船が制御法をいくつか出願し、冷却などにより、ダイオキシンが合成される温度領域にある時間を短縮するような技術を開発している。

ガス冷却塔などの装置の耐久性向上に対しては、噴霧した水を完全に蒸発させ、装置の腐食を防止することが重要な技術課題である。これに関連して、日本鋼管が水噴霧に関して3件、制御法に関して2件出願している。また、温度管理に関して三菱重工業が4件出願している。三洋電機も鳥取三洋電機との共願で、水噴霧による小型炉の耐久性向上に関して、2件出願している。

酸性ガス処理に対しては、温度管理に関して、三菱重工業が3件出願している。

ダストの付着防止に対しては、温度管理に関して神戸製鋼所とキンセイ産業が各2件出願している。

表1.4.3-1 温度管理に関する技術課題と解決手段の対応表

解決手段 課題	水噴霧	温度管理	制御法	除塵
ダイオキシン処理	クボタ4件 加藤憲治2件 16	日立製作所4件 39	三井造船3件 6	3
ダスト付着防止	4	神戸製鋼2件 キンセイ産業2件 6	1	1
耐久性向上	日本鋼管3件 三洋電機2件 鳥取三洋電機2件 6	三菱重工4件 クボタ2件 10	日本鋼管2件 2	0
酸性ガス処理	4	三菱重工3件 8	4	0

（2）薬剤投入（排ガス処理装置）

図1.4.3-2に排ガス処理装置での薬剤投入に関する技術課題と解決手段の対応図を示す。

課題をみると、ダイオキシン処理と酸性ガス処理が多いが、ダイオキシン処理では、薬剤種類が81件とほとんどであり、二段集塵が8件となっている。

酸性ガス処理では、解決手段は処理薬剤の種類に関するものが74件と最も多く、薬剤の吹込み位置などの薬剤吹込法が30件、吹込量の調整などのの制御法が11件、二段集塵との組み合わせが7件となっている。

重金属処理も、薬剤種類に関するものがほとんどである。

窒素酸化物処理は、薬剤種類に関するものが15件と最も多く、制御法5件、吹込法3件である。

図1.4.3-2 薬剤投入（排ガス処理装置）に関する技術課題と解決手段の対応図

課題 \ 解決手段	薬剤種類	吹込法	制御法	二段集塵
ダイオキシン処理	81	3	1	8
重金属処理	14	1		2
窒素酸化物処理	15	3	5	
酸性ガス処理	74	30	11	7
高効率化	1	15	2	5
閉塞防止	2	3	3	
耐久性向上		1		1

1991年から2001年8月公開の出願

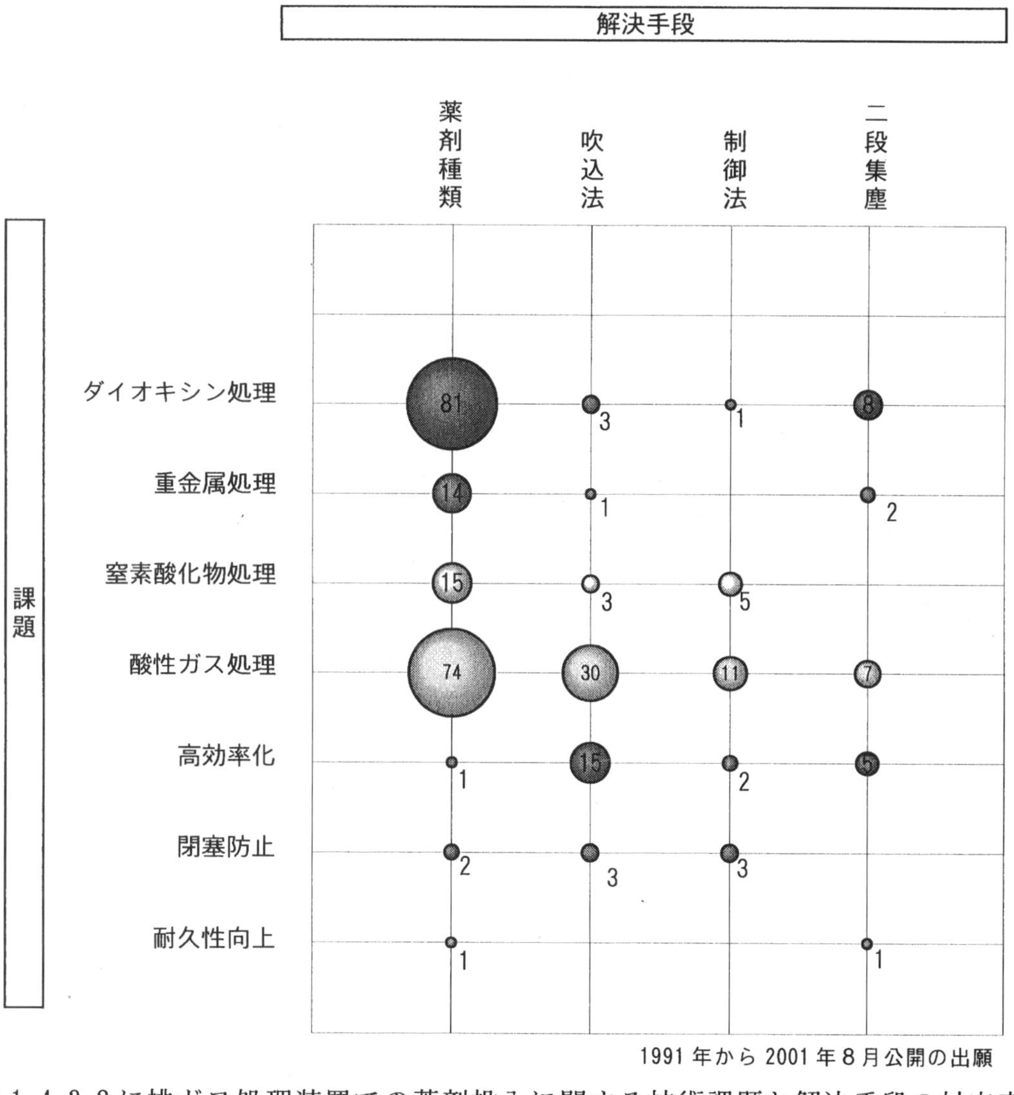

表1.4.3-2に排ガス処理装置での薬剤投入に関する技術課題と解決手段の対応表を示す。

ダイオキシン処理という課題に対しては、その発生原因となる塩素ガスを除去するための薬剤の種類に関して、明電舎が最も多い30件、栗田工業が5件、奥多摩工業が4件出願している。また、吹込法に関して日本鋼管が2件、二段集塵に関して三菱重工業が4件、

日本鋼管が3件出願している。

酸性ガス処理に対しては、薬剤種類に関して、奥多摩工業が7件、石川島播磨重工業が6件出願しており、吹込法、制御法、二段集塵に関しては、バブコック日立がいずれも、最も多く出願している。

重金属処理に関しては薬剤の種類に関して、日本鋼管、三菱重工業、新日本製鉄などの大型焼却炉メーカーとともに、奥多摩工業も2件出願している。

窒素酸化物処理に対しては、薬剤種類に関して新日本製鉄が日鉄プラント設計との共願で2件、吹込法と制御法に関して、三菱重工業が各2件出願している。

有害ガス除去の高効率化に対しては吹込法に関して日本鋼管が7件、日立造船が6件出願している。日本鋼管は制御法に関して2件、二段集塵に関しても3件出願している。

件数は少ないが、閉塞防止に対しては、神戸製鋼所が薬剤種類に関して2件出願している。

表1.4.3-2 薬剤投入（排ガス処理装置）に関する技術課題と解決手段の対応表

課題 \ 解決手段	薬剤種類	吹込法	制御法	二段集塵
ダイオキシン処理	明電舎30件 栗田工業5件 奥多摩工業4件 81	日本鋼管2件 3	 1	三菱重工4件 日本鋼管3件 8
重金属処理	日本鋼管2件 三菱重工2件 新日本製鉄2件 奥多摩工業2件 14	 1	 0	 2
窒素酸化物処理	新日本製鉄2件 日鉄プラント設計2件 15	三菱重工2件 3	三菱重工2件 5	 0
酸性ガス処理	奥多摩工業7件 石川島播磨6件 明電舎4件 クボタ4件 日立造船4件 74	バブコック日立4件 日立造船2件 日本碍子2件 30	バブコック日立6件 11	バブコック日立2件 7
高効率化	 1	日本鋼管7件 日立造船6件 15	日本鋼管2件 2	日本鋼管3件 5
閉塞防止	神戸製鋼2件 2	3	3	0
耐久性向上	1	0	0	1

(3) 湿式処理

図1.4.3-3に湿式処理に関する技術課題と解決手段の対応図を示す。

課題と解決手段をみると、酸性ガス処理を課題とするものが最も多く、解決手段では、薬剤種類に関するものが40件と最も多い。薬剤の量や濃度などの制御法が22件、湿式処理装置の改良に関するものが13件ある。

ダイオキシン処理という課題では、薬剤種類に関するものが18件、制御法が9件、装置の改良は4件である。

重金属処理では解決手段のほとんど（12件）が薬剤種類に関するものである。耐久性向上、高効率化という課題に関するものは出願が少ない。

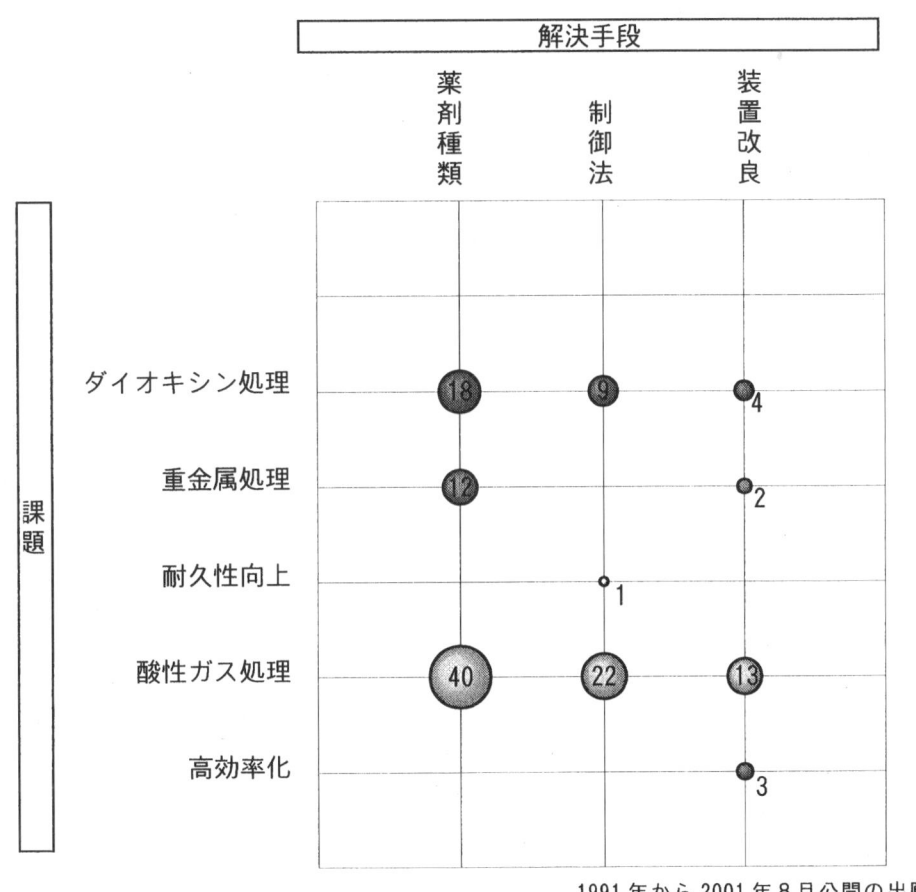

図1.4.3-3 湿式処理に関する技術課題と解決手段の対応図

	薬剤種類	制御法	装置改良
ダイオキシン処理	18	9	4
重金属処理	12		2
耐久性向上		1	
酸性ガス処理	40	22	13
高効率化			3

1991年から2001年8月公開の出願

表1.4.3-3に湿式処理に関する技術課題と解決手段の対応表を示す。

酸性ガス処理に対する薬剤種類に関して千代田化工建設が5件、三菱重工業と新日本製鉄が4件、住友重機械工業など3社が2件出願している。また、制御法に関して三菱重工業が9件出願している。

ダイオキシン処理に対しては、薬剤種類に関して千代田化工建設が5件、三菱重工業が2件、制御法に関して千代田化工建設が2件出願している。

重金属処理、特に水銀処理に対しては、薬剤種類に関して、日本鋼管など3社が各2件出願している。

表1.4.3-3 湿式処理に関する技術課題と解決手段の対応表

課題＼解決手段	薬剤種類	制御法	装置改良
ダイオキシン処理	千代田化工5件 三菱重工2件 18	千代田化工2件 9	4
重金属処理	日本鋼管2件 川崎重工2件 鐘淵化学2件 12	0	2
耐久性向上	0	1	0
酸性ガス処理	千代田化工5件 三菱重工4件 新日本製鉄4件 住友重機2件 フォンロール2件 徳山曹達2件 40	三菱重工9件 22	13
高効率化	0	0	3

(4) 触媒反応

図1.4.3-4に触媒反応に関する技術課題と解決手段の対応図を示す。

触媒による排ガスの無害化の課題をみると、ダイオキシン処理が最も多く、それに対する解決手段では触媒の種類と形状に関するものが24件と最も多い。その他は、触媒反応の制御法11件、触媒反応器の構造が7件である。

窒素酸化物処理に関するものも多く、触媒の種類と形状に関するものが11件、反応器構造が10件、制御法8件である。

高効率化に関しては、反応器構造が14件と最も多い。

装置の小型化、反応器の閉塞防止という課題に関するものは少ない。

図 1.4.3-4 触媒反応に関する技術課題と解決手段の対応図

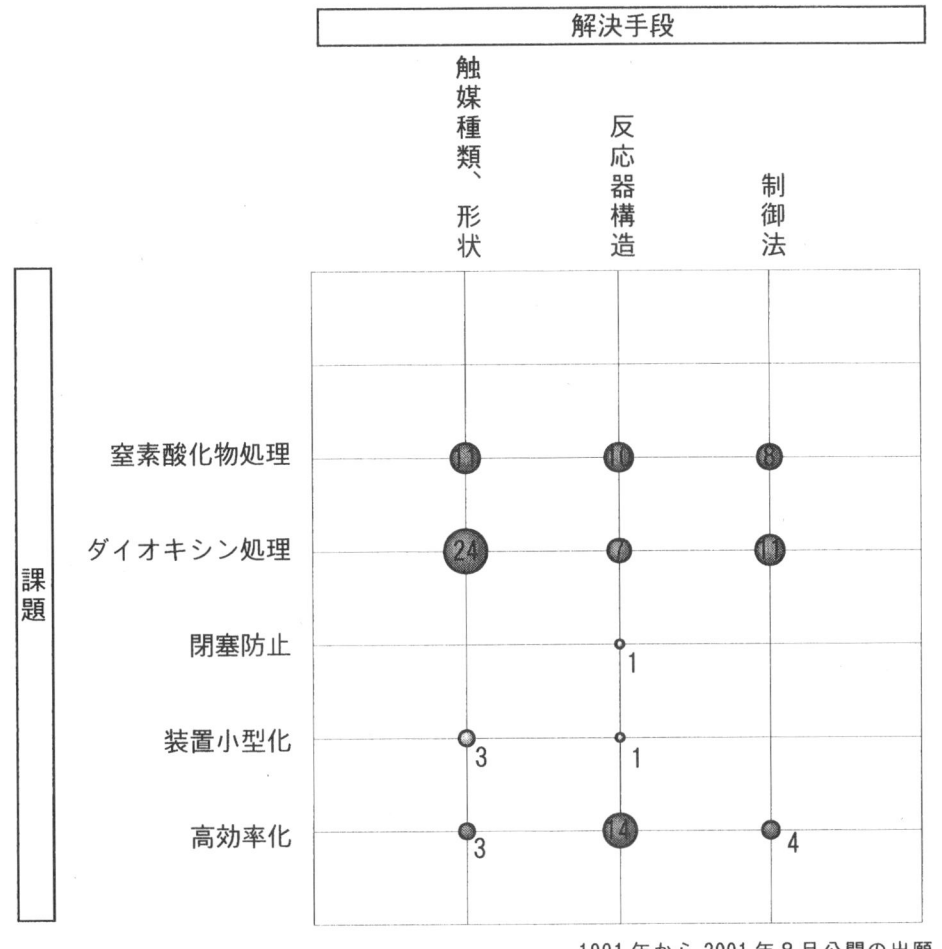

	触媒種類、形状	反応器構造	制御法
窒素酸化物処理	11	11	8
ダイオキシン処理	24	7	11
閉塞防止		1	
装置小型化	3	1	
高効率化	3	12	4

1991年から2001年8月公開の出願

表1.4.3-4に触媒反応に関する技術課題と解決手段の対応表を示す。

ダイオキシン処理という課題に対しては、触媒種類、形状に関して、三井石油化学が3件、千代田化工建設など3社が2件出願している。反応器構造に関しては大阪瓦斯が2件、制御法に関しては千代田化工建設が3件、バブコック日立が2件出願している。

窒素酸化物処理に対しては、バブコック日立の出願が多く、触媒種類、形状、反応器構造、制御法各3件の出願がある。その他、堺化学が触媒種類、形状2件、三菱重工業が反応器構造に3件、住友重機械工業が制御法に関して2件出願している。

高効率化に対し、松下電器産業が反応器構造に関して12件、制御法に関しても4件出願している。触媒種類、形状に関しては神戸製鋼所が2件出願している。

装置の小型化に対しては、触媒種類、形状に関して、タクマが3件出願している。

表 1.4.3-4 触媒反応に関する技術課題と解決手段の対応表

課題\解決手段	触媒種類、形状	反応器構造	制御法
窒素酸化物処理	バブコック日立3件 堺化学2件 11	三菱重工3件 バブコック日立3件 クボタ2件 10	バブコック日立3件 住友重機2件 8
ダイオキシン処理	三井石油化学3件 千代田化工2件 日立造船2件 ヤマダインダストリー2件 24	大阪瓦斯2件 7	千代田化工3件 バブコック日立2件 11
閉塞防止	0	1	0
装置小型化	タクマ3件 3	 1	 0
高効率化	神戸製鋼2件 3	松下電器12件 14	松下電器4件 4

(5) 吸着

図 1.4.3-5 に吸着に関する技術課題と解決手段の対応図を示す。

吸着に関する課題と解決手段をみると、課題ではダイオキシン処理が最も多く、解決手段ではダイオキシン処理のための吸着剤の種類に関するものが 77 件で最も多い。次に、吸着剤の再生法に関するものが 41 件ある。吸着剤の吹込法、吸着装置の制御法、二段集塵、吸着反応塔の構造に関する出願も多い。

重金属処理という課題では、吸着剤の種類に関するものが 19 件とほとんどである。

窒素酸化物処理、装置の小型化、集塵機のコスト低減という課題に関するものは少ない。

図 1.4.3-5 吸着に関する技術課題と解決手段の対応図

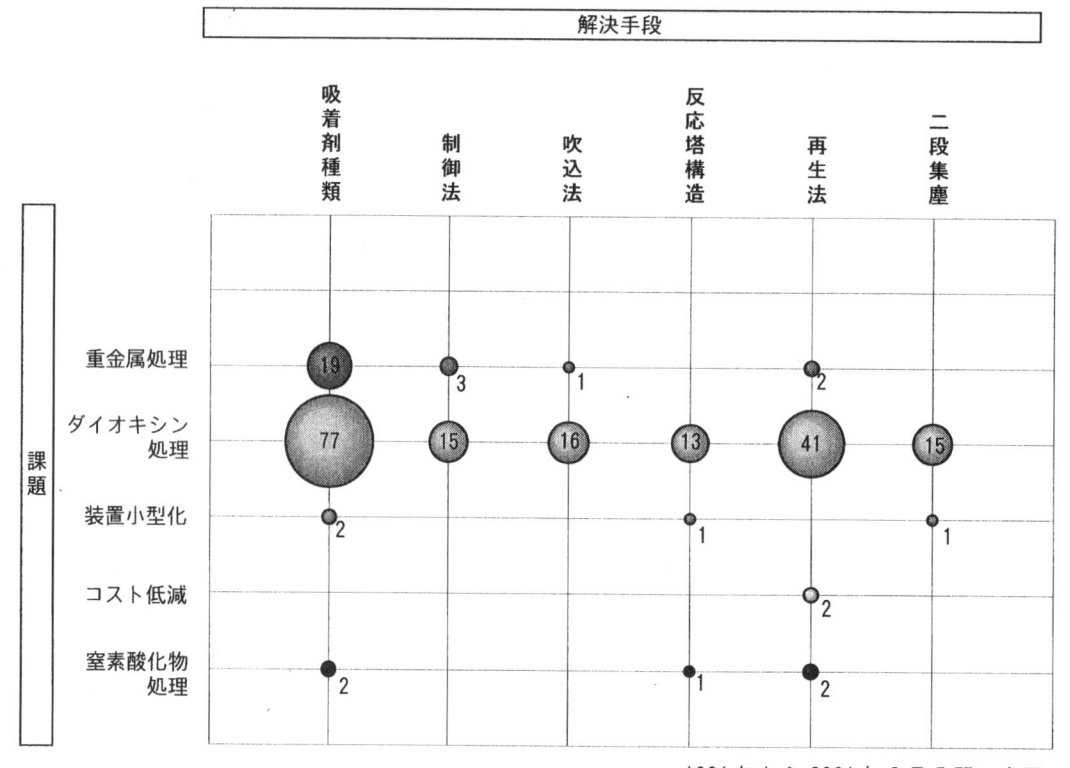

課題\解決手段	吸着剤種類	制御法	吹込法	反応塔構造	再生法	二段集塵
重金属処理	19	3	1		2	
ダイオキシン処理	77	15	16	13	41	15
装置小型化	2			1		1
コスト低減					2	
窒素酸化物処理	2			1	2	

1991年から2001年8月公開の出願

表1.4.3-5に吸着に関する技術課題と解決手段の対応表を示す。

ダイオキシン処理に対して、吸着剤種類については栗田工業が7件、日立造船など3社が5件出願している。

吸着剤再生法に関しては住友重機械工業が13件出願している。制御法に関しても住友重機械工業が最も多い6件を出願している。二段集塵に関しては、プランテックが6件出願している。吸着剤の吹込法に関しては新日本製鉄が4件、反応塔の構造に関しては三菱重工業から4件の出願がある。

重金属処理に対して、吸着剤種類についてはミヨシ油脂が5件、日本鋼管、日立造船が2件出願している。制御法では、三菱重工業が2件を出願している。

表1.4.3-5 吸着に関する技術課題と解決手段の対応表

解決手段 課題	吸着剤種類	制御法	吹込法	反応塔構造	再生法	二段集塵
重金属処理	ミヨシ油脂5件 日本鋼管2件 日立造船2件 19	三菱重工2件 3	 1	 0	 2	 0
ダイオキシン処理	栗田工業7件 日立造船5件 石川島播磨5件 三浦工業5件 77	住友重機6件 日本鋼管4件 15	新日本製鉄4件 クボタ3件 栗田工業2件 大同特殊鋼2件 16	三菱重工4件 13	住友重機13件 日立造船6件 41	プランテック6件 川崎重工2件 クボタ2件 15
装置小型化	2	0	0	1	0	1
コスト低減	0	0	0	0	2	0
窒素酸化物処理	2	0	0	1	2	0

(6) 集塵

図1.4.3-6に集塵に関する技術課題と解決手段の対応図を示す。

課題と解決手段をみると、集塵に関する技術の出願は、ダイオキシン処理という課題に関する出願が最も多く、その解決手段としては高温状態での集塵機を用いる方法が12件と最も多く、集塵機の制御法が4件、濾布が3件である。

集塵機の閉塞防止に対する解決手段は高温集塵が5件、集塵機の制御法、払落し方法が3件である。

集塵機の耐久性向上に対する解決手段は、高温集塵が8件とほとんどである。

集塵の高効率化では、制御法に関するものが5件と最も多い。

図 1.4.3-6 集塵に関する技術課題と解決手段の対応図

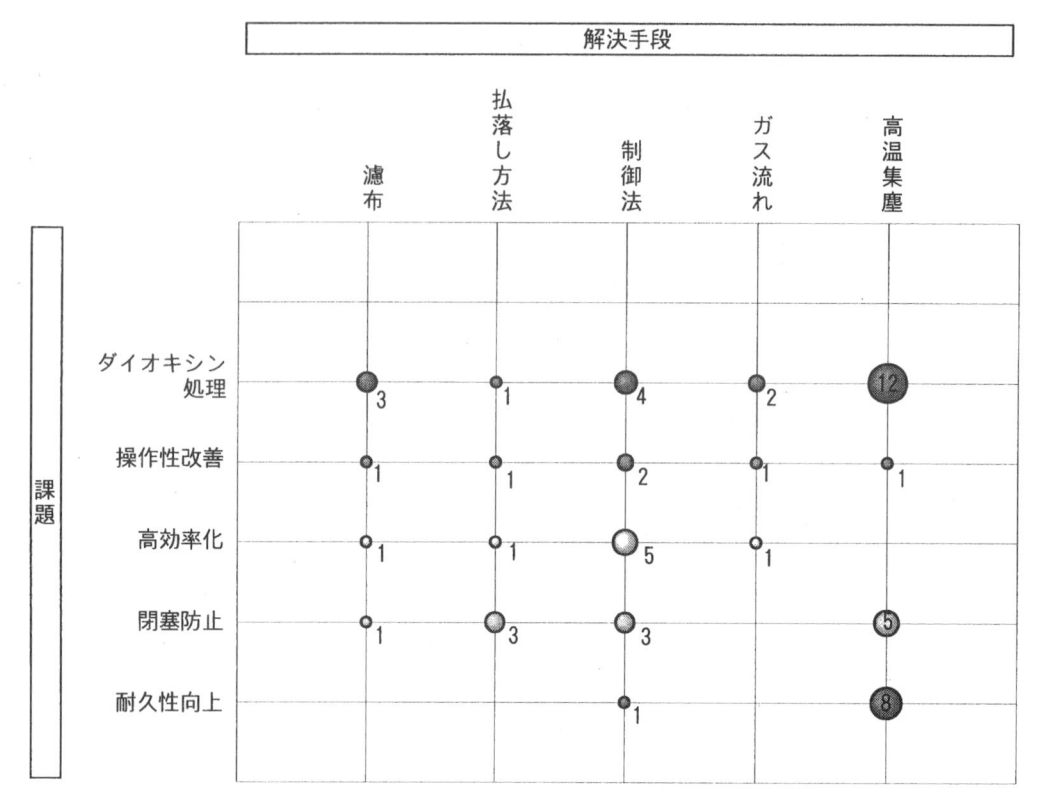

1991 年から 2001 年 8 月公開の出願

　表 1.4.3-6 に集塵に関する技術課題と解決手段の対応表を示す。
　ダイオキシン処理のための高温集塵では、川崎重工業が排ガス中の飛灰の集塵など4件、三菱重工業がダイオキシン分解用フィルタを用いた排ガス処理方法など2件を出願している。制御法に関してはエービービーが2件、濾布に関しては荏原製作所が2件出願している。
　集塵機の耐久性向上という課題に対しては、日本鋼管が高温集塵に関して、4件出願している。
　集塵の高効率化に対しては、日本碍子が制御法に関する技術を2件出願している。

表 1.4.3-6 集塵に関する技術課題と解決手段の対応表

課題＼解決手段	濾布	払落し方法	制御法	ガス流れ	高温集塵
ダイオキシン処理	荏原製作所2件 3	 1	エービービー2件 4	 2	川崎重工4件 バブコック日立2件 三菱重工2件 12
操作性改善	1	1	2	1	1
高効率化	1	1	日本碍子2件 5	1	0
閉塞防止	1	3	3	0	5
耐久性向上	0	0	1	0	日本鋼管4件 8

(7) 放電、放射線

図1.4.3-7に放電、放射線に関する技術課題と解決手段の対応図を示す。

課題と解決手段をみると、放電、放射線による排ガス処理に関する技術開発課題は、酸性ガス、ダイオキシン、窒素酸化物の分解無害化に関するものだが、その解決手段はほとんどが放電、放射線の種類に関するものであり、特に酸性ガスの処理が14件と最も多いが、窒素酸化物処理（10件）、ダイオキシン処理（9件）も多い。

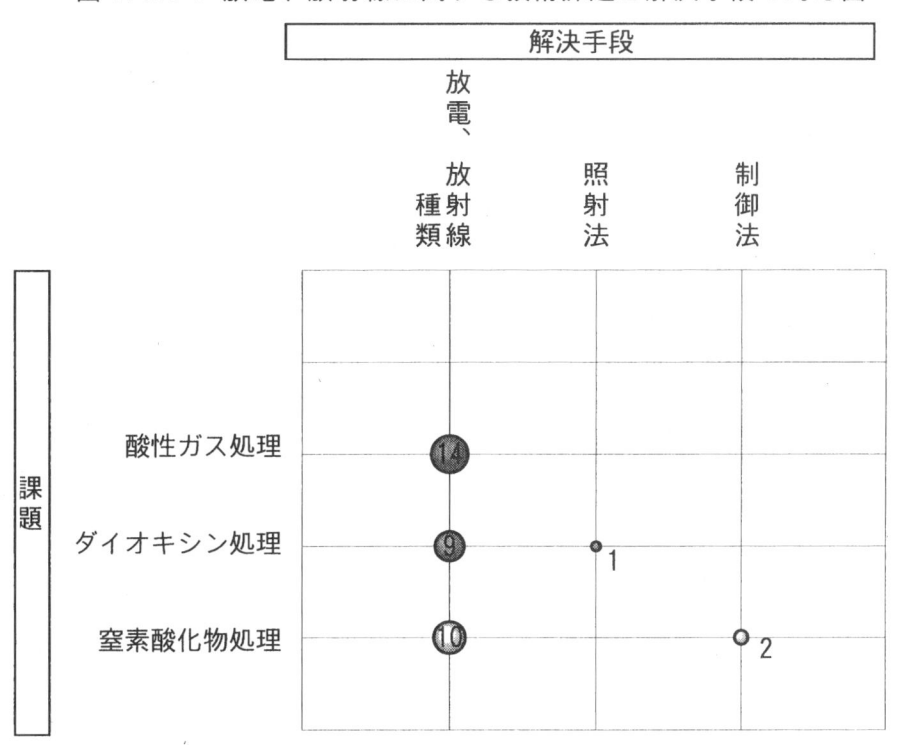

図1.4.3-7 放電、放射線に関する技術課題と解決手段の対応図

1991年から2001年8月公開の出願

表1.4.3-7に放電、放射線に対する技術課題と解決手段の対応表を示す。

東芝が放電、放射線の種類に関する解決手段に、多数出願している。

最も出願数の多い酸性ガス処理では、東芝が硫黄酸化物と窒素酸化物の同時処理装置を中心に6件、日立造船はプラズマ法に関して3件出願している。

また、窒素酸化物処理に関しては、東芝が窒素酸化物除去装置に関して、3件出願している他、松下電器産業も2件、タクマもパルス・コロナ放電による亜酸化窒素処理など2件を出願している。

表1.4.3-7 放電、放射線に関する技術課題と解決手段の対応表

課題＼解決手段	放電、放射線種類	照射法	制御法
酸性ガス処理	東芝6件 日立造船3件 日本鋼管2件 住友重機2件 日本原子力研究所2件 14	0	0
ダイオキシン処理	9	1	0
窒素酸化物処理	東芝3件 松下電器2件 タクマ2件 10	0	2

2. 主要企業等の特許活動

2.1 三菱重工業
2.2 日本鋼管
2.3 クボタ
2.4 日立造船
2.5 タクマ
2.6 明電舎
2.7 バブコック日立
2.8 三洋電機
2.9 石川島播磨重工業
2.10 川崎重工業
2.11 荏原製作所
2.12 新日本製鉄
2.13 日立製作所
2.14 神戸製鋼所
2.15 住友重機械工業
2.16 三井造船
2.17 東芝
2.18 千代田化工建設
2.19 日本碍子
2.20 松下電器産業

> 特許流通
> 支援チャート

2. 主要企業等の特許活動

> 高度な技術を有する企業群が互いに競い合って、焼却炉排ガス処理技術の開発は活発に行われ、環境改善のためのより良い技術が数多く生み出されている

　本章では、1章で採り上げた 2,675 件の焼却炉排ガス処理技術に関する特許のうち、権利存続中または係属中の特許 2,135 件を対象として、出願件数の多い企業について、企業毎に企業概要、技術移転事例、主要製品・技術の分析を行う。企業概要中の技術・資本提携関係、関連会社、主要製品については、焼却炉排ガス処理技術に関係のあるものに限定した。

　なお、選定した各社の保有特許リストを紹介するが、その中で読み込み作業の結果、登録特許を中心に、技術内容に特徴のある特許を代表的特許として選定し、その特許の概要（必要な場合は図面も）を紹介する。共願の特許には番号の後ろに*印をつけ、主要 50 社との共願の場合は添付資料の企業リスト中の企業番号を記載する。また、開放の用意がある特許には、〇印をつける。なお、主要企業各社が保有する特許に対し、ライセンスできるかどうかは、各企業の状況により異なる。

　表 2-1 に主要 20 社の選定理由を挙げる。

表 2-1 主要 20 社の選定理由

No	企業名	出願件数	選定理由
1	三菱重工業	134	テーマ全体で出願件数の多い企業
2	クボタ	118	テーマ全体で出願件数の多い企業
3	日本鋼管	108	テーマ全体で出願件数の多い企業
4	日立造船	80	テーマ全体で出願件数の多い企業
5	明電舎	62	テーマ全体で出願件数の多い企業
6	バブコック日立	60	テーマ全体で出願件数の多い企業
7	三洋電機	58	テーマ全体で出願件数の多い企業
8	タクマ	58	テーマ全体で出願件数の多い企業
9	川崎重工業	52	テーマ全体で出願件数の多い企業
10	新日本製鐵	51	テーマ全体で出願件数の多い企業
11	日立製作所	49	運転管理技術において出願件数が多い企業
12	石川島播磨重工業	49	二次燃焼技術において出願件数が多い企業
13	荏原製作所	45	集塵技術において出願件数が多い企業
14	住友重機械工業	43	吸着技術において出願件数が多い企業
15	神戸製鋼所	41	温度管理技術において出願件数が多い企業
16	三井造船	38	温度管理技術において出願件数が多い企業
17	千代田化工建設	28	湿式処理、触媒による処理技術において出願件数が多い企業
18	東芝	28	放電、放射線による処理技術において出願件数が多い企業
19	日本碍子	24	テーマ全体で出願件数が多く、各技術要素でも平均して出願件数が多い企業
20	松下電器産業	15	触媒による処理技術において出願件数が多い企業

2.1 三菱重工業

2.1.1 企業の概要
表 2.1.1-1 に三菱重工業の企業概要を示す。

表 2.1.1-1 三菱重工業の企業概要

1)	商号	三菱重工業株式会社
2)	設立年月日	1950年（昭和25年）1月11日
3)	資本金	265,455（百万円 2001年3月）
4)	従業員	37,934人
5)	事業内容	船舶・海洋、原動機、機械・鉄構造物、航空・宇宙、中量産品その他
6)	技術・資本提携関係	マルチン（独）＝廃棄物焼却プラント コンバッション・エンジニアリング（米）＝脱硝装置の技術供与 フィンメカニカ（伊）＝排煙脱硫装置の技術供与
7)	事業所	本社/東京　支社/大阪、名古屋、福岡、札幌、広島、仙台、富山、高松　営業所/新潟、那覇　造船所/長崎、神戸、下関　製作所・工場/横浜、広島、高砂
8)	関連会社	長菱設計、西菱エンジニアリング、三菱重工環境エンジニアリング、菱日エンジニアリング、中菱エンジニアリング
9)	業績推移		売上高（百万円）	経常利益（百万円）	当期利益（百万円）
		1997年3月期　2,733,765　192,677　110,670 1998年3月期　2,653,292　120,579　83,579 1999年3月期　2,479,148　44,183　23,262 2000年3月期　2,453,825　-91,044　-126,586 2001年3月期　2,637,734　46,516　15,087
10)	主要製品	廃棄物処理・排煙脱硫・排ガス処理装置等各種環境装置、三菱-マルチンごみ焼却炉
11)	主な取引先	官公庁ほか
12)	技術移転窓口	—

2.1.2 技術移転事例
表 2.1.2-1、表 2.1.2-2 に三菱重工業の技術導入例および技術供与例を示す。

・技術導入

表 2.1.2-1 三菱重工業の技術導入例

相手先	国名	内容
マンネスマンデマーグ	ドイツ	キルン式直接溶融技術を技術導入した。キルン式直接溶融炉は廃棄物をバーナであぶり、1,200℃の高温状態で溶融する技術。 （1998/12/11の日経産業新聞より）
住友金属工業	日本	「住友金属式シャフト炉型ガス化溶融炉技術」の技術導入に合意した。廃プラスチックやシュレッダーダスト、汚染土壌の処理もできるシャフト炉型ガス化溶融炉の独自技術で、ダイオキシン発生を抑制できる。契約期間は10年で、三菱重工業が同社に対し技術料を支払う。これにより、同社は自社営業と三菱重工業という複数のチャンネルを持つことになり同技術の早期の市場参入が可能となるほか、三菱重工業も、商品力を強化することができる。 （2001/6/27の日本経済新聞朝刊より）

・技術供与

表 2.1.2-2 三菱重工業の技術供与例

相手先	国名	内容
三星重工業	韓国	都市ごみ焼却技術を供与する。三菱重工業としてはこの分野で初めての海外向け技術供与となる。供与するのはごみ焼却炉技術と公害防止などの周辺技術。日本では主としてドイツのマルチン社から技術を導入した方式の炉を販売しているが、契約地域上の問題から同社に供与するのはこれとは別方式の独自開発炉になる見込み。しかしマルチン炉も導入後に独自の改良を重ねていることから事実上別方式に近くなっている。このためマルチン炉の改良型も韓国に供与できるようマルチン側と交渉する。 (1985/1/17の日経産業新聞より)
エレックス	スイス	ごみ焼却炉の排ガス脱硝装置の製造技術を供与した。供与する技術はごみ焼却炉から発生する排ガス中にアンモニアを噴霧する従来の脱硝システムに比べ、脱硝効率が格段に高く、窒素酸化物濃度を10ppm以下に抑えられる脱硝技術。 (1988/10/13の日刊工業新聞より)
エナージー・ウント・フェルファーレンス・テクニック	ドイツ	ごみ焼却炉の排ガス脱硝装置の製造技術を供与した。供与する技術はごみ焼却炉から発生する排ガス中にアンモニアを噴霧する従来の脱硝システムに比べ、脱硝効率が格段に高く、窒素酸化物濃度を10ppm以下に抑えられる脱硝技術。 (1988/10/13の日刊工業新聞より)
ジマーリング・グラーツ・パウカー（SGP）	オーストリア	ごみ焼却炉の排ガス脱硝装置の製造技術を供与した。供与する技術はごみ焼却炉から発生する排ガス中にアンモニアを噴霧する従来の脱硝システムに比べ、脱硝効率が格段に高く、窒素酸化物濃度を10ppm以下に抑えられる脱硝技術。既に、同技術をスイスとドイツの2社に供与しており、今回は3件目。 (1988/10/15の日経産業新聞より)

2.1.3 焼却炉排ガス処理技術に関連する製品・技術

表 2.1.3-1 に三菱重工業の製品例を示す。

表 2.1.3-1 三菱重工業の製品例（1/2）

製品名	概要
都市ごみ焼却設備	複雑な性状の廃棄物を完全焼却し、バグフィルタ入口の排ガスの低温化・粉末活性炭の吹き込み、さらに必要に応じて触媒脱硝装置・活性炭吸着塔を組み合わせて、ダイオキシン類をはじめとする各種有害物質の抑制処理、高効率エネルギー回収、各種自動化システム等が採用された最新鋭のストーカ式ごみ焼却設備である。 （三菱重工業のHP (http://www.mhi.co.jp/indexj.html) より）
三菱マルチンごみ焼却炉	独自の逆送式ストーカを採用し、強力な撹拌燃焼により、あらゆる種類のごみを効率よく完全に焼却できる。大型プラントもコンパクトに配置することが可能である。各種の自動化システムを採用し、大幅な省力化と運転操作の容易化を実現している。 （三菱重工業のHP (http://www.mhi.co.jp/indexj.html) より）

表 2.1.3-1 三菱重工業の製品例 (2/2)

製品名	概要
排ガス処理装置	排ガスはまず減温塔に導かれ、水噴霧により150～200℃に調温される。排ガス中の塩化水素濃度が非常に高い場合には、消石灰のスラリを噴霧することも可能である。次に粉体供給装置から消石灰と特殊反応助剤が供給され、塩化水素などの酸性物質と接触し、一次中和反応が起きる。次に噴射された薬品を含むガスは、乾式バグフィルタに導かれ、濾布表面上での除塵過程で二次中和反応が進行して、塩化水素、硫黄酸化物が高効率に除去される。一方、排ガス中の窒素酸化物は、200℃まで再加熱された後に、反応集塵装置の後半に設けられた触媒脱硝部でガス中に噴霧されるアンモニアにより還元され、無害な水と窒素に分解される。 （三菱重工業のHP（http://www.mhi.co.jp/indexj.html）より）
シャフト炉型ガス化溶融炉	住友金属工業からシャフト炉型ガス化溶融技術を導入した。 同方式は他社シャフト炉に比べコークスを使用せず環境負荷が小さい点などが特長である。 新たにシャフト炉型ガス化溶融炉を加えることによりラインアップの充実を図り、あらゆるニーズに対応可能となった。 （三菱重工業のHP（http://www.mhi.co.jp/indexj.html）より）
熱分解ガス化溶融炉（チャー非回収型）	三菱熱分解ガス化溶融システム「チャー非回収型」は、循環砂量制御によるガス化炉の安定化と独自の脱塩システムによる高効率発電を特長とした「チャー回収型」をベースに、主に中小型炉向として開発を行ったもので、 ・ダイオキシン類低減 ・排ガス量低減 ・有価物回収 ・灰の直接溶融 を同時に実現した。 これで先に認証取得の「チャー回収型」と併せ、全てのニーズに対応できる体制が整い、「チャー非回収型」は一般計画用、「チャー回収型」は高効率発電計画用として期待されている。 （三菱重工業のHP（http://www.mhi.co.jp/indexj.html）より）

2.1.4 技術開発課題対応保有特許の概要

図 2.1.4-1 に三菱重工業の焼却炉排ガス処理技術の技術要素と課題の分布を示す。

図 2.1.4-1 三菱重工業の技術要素と課題の分布

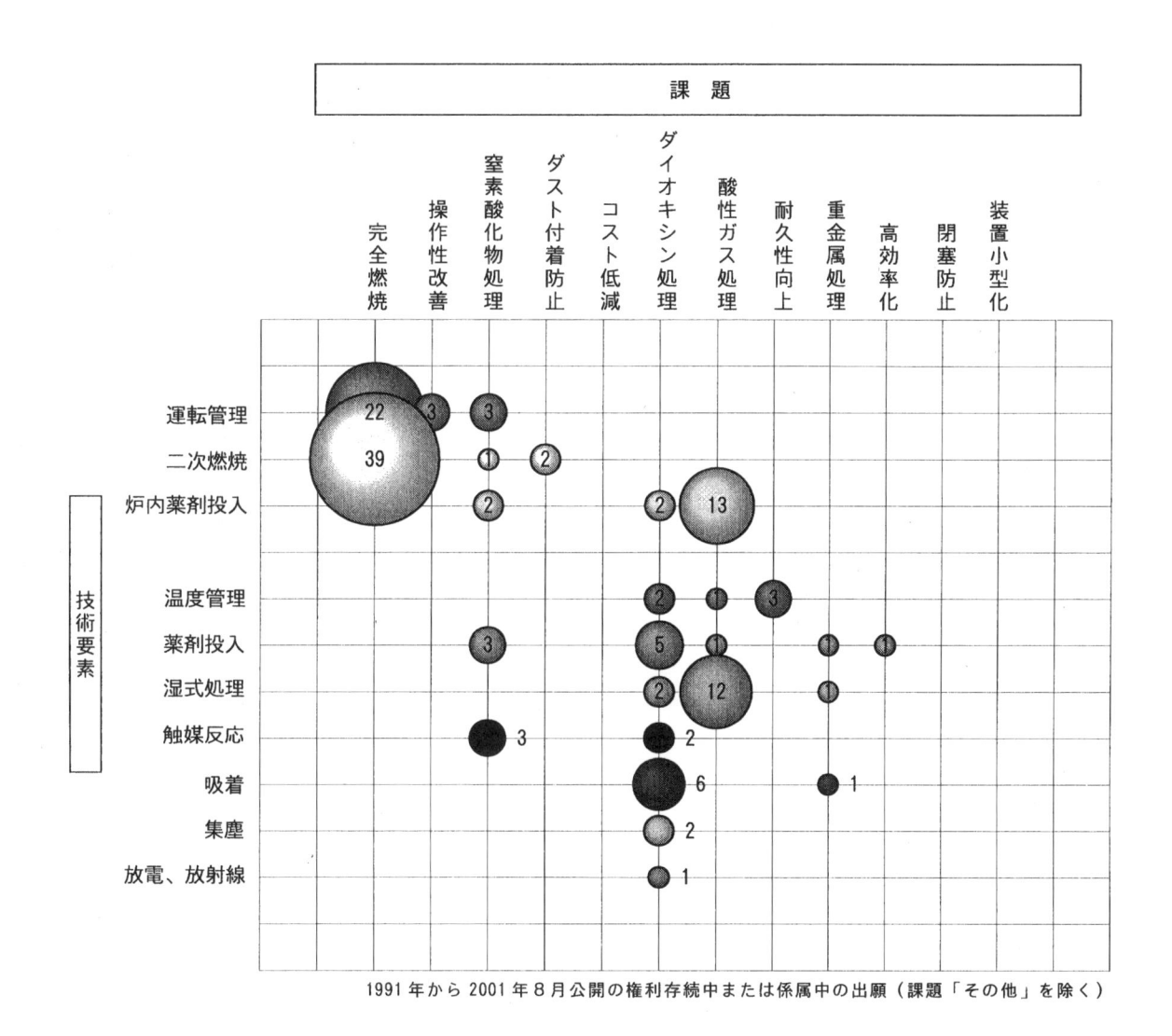

1991年から2001年8月公開の権利存続中または係属中の出願（課題「その他」を除く）

技術要素と課題別に出願件数が多いのは、下記のようになる。

　　　　二次燃焼：　　　　　　完全燃焼
　　　　運転管理：　　　　　　完全燃焼
　　　　炉内薬剤投入：　　　　酸性ガス処理
　　　　湿式処理：　　　　　　酸性ガス処理

表 2.1.4-1 に三菱重工業の焼却炉排ガス処理技術の課題対応保有特許を示す。出願取下げ、拒絶査定の確定、権利放棄、抹消、満了したものは除かれている。

○：開放の用意がある特許

表2.1.4-1 三菱重工業の焼却炉排ガス処理技術の課題対応保有特許（1/11）

技術要素	課題	解決手段	特許no.	特許分類（IPC）	発明の名称（概要）	
運転管理	窒素酸化物処理	制御法	特開平7-110122	F23G5/50ZAB	流動床燃焼装置	
			特開2001-208319	F23G5/30ZAB	廃棄物流動層式焼却炉	
			特開平9-33020	F23G5/30ZAB	流動床燃焼装置	
	操作性改善	制御法	特許2891636	F23G5/00ZAB	廃棄物焼却炉用水噴射ノズルの操作装置	
		計測法	特開平10-339420	F23G5/50	燃焼炉の燃焼制御方法とそのシステム	
			特開平11-94228	F23G5/50ZAB	焼却装置と該焼却装置の運転方法	
	完全燃焼	制御法	特開平8-327032	F23G5/00,109	廃棄物焼却炉 表面に複数の燃焼空気供給孔を有する炉底火格子を有し、煙突入口部に複数の多孔性輻射変換体を取り付けた	
			特開平10-332120	F23G5/50ZAB	ごみ焼却炉	
			特開平10-253029	F23G5/44ZAB	焼却炉	
			特開平11-309340	B01D53/70	有害塩素化合物の処理方法	
			特開平8-110027	F23G5/50	ごみ焼却炉の燃焼制御方法	
			特開平10-19222	F23G5/30ZAB	流動層燃焼炉	
			特開平11-82967	F23G5/30ZAB	流動床燃焼装置	
		計測法	特開平11-325427	F23G5/14	燃焼炉における燃焼制御方法及び燃焼炉	
			特開2001-124739	G01N27/62ZAB	ダイオキシン類分析装置及び燃焼制御システム	
			特開平11-14027	F23G5/50	焼却炉における燃焼制御方法	

○：開放の用意がある特許

表2.1.4-1 三菱重工業の焼却炉排ガス処理技術の課題対応保有特許 (2/11)

技術要素	課題	解決手段	特許no.	特許分類（IPC）	発明の名称（概要）	
運転管理	完全燃焼	計測法	特開平11-63453	F23G5/50ZAB	ごみ焼却炉における燃焼制御方法とその装置	
			特開平10-132247	F23G5/50ZAB	産業廃棄物焼却炉投入管理方法	
			特開2001-33018	F23G5/50ZAB	燃焼炉の燃焼制御方法とその装置	
			特開2000-274675	F23N5/08	燃焼炉の燃焼方法及び燃焼装置	
			特開平9-159133	F23G5/50ZAB	燃焼装置	
			特開平10-73218	F23G5/14ZAB	焼却器	
			特許3129415	F23G5/50ZAB	廃棄物焼却炉の運転制御方法	
			特開平10-300038	F23G5/14ZAB	廃棄物焼却炉	
			特許2977227	D21C11/12	回収ボイラの燃焼制御方法及び燃焼監視方法	
			特許2836901	D21C11/12	回収ボイラの燃焼制御方法	
			特許2971279	D21C11/12	回収ボイラの燃焼制御方法	
			特開2000-18542	F23G5/50ZAB	循環流動層ボイラにおける流動床炉温度制御方法とその制御装置	
二次燃焼	窒素酸化物処理	制御法	特開平10-185136	F23G5/027ZAB	有機系廃棄物焚流動床燃焼装置	
	完全燃焼	制御法	特許2607692	F23G5/16ZAB	焼却装置 燃焼室の後流で複数の多孔質セラミック板により区画され、内部にバーナを有する再燃焼室と、誘引ファンと空気ダクトを有する	
			特開平9-79537	F23G5/027ZAB	廃棄物の焼却熱を利用した過熱蒸気製造装置	

○：開放の用意がある特許

表2.1.4-1 三菱重工業の焼却炉排ガス処理技術の課題対応保有特許（3/11）

技術要素	課題	解決手段	特許no.	特許分類（IPC）	発明の名称（概要）	
二次燃焼	完全燃焼	制御法	特開平9-79538	F23G5/027ZAB	廃棄物の焼却熱を利用した過熱蒸気製造装置	
			特開平9-79535	F23G5/027	廃棄物の焼却熱を利用した過熱蒸気製造装置	
			特開平9-79539	F23G5/027ZAB	廃棄物の焼却熱を利用した過熱蒸気製造装置	
			特開平9-79540	F23G5/027ZAB	廃棄物の焼却熱を利用した過熱蒸気製造装置	
			特開平9-79541	F23G5/027ZAB	廃棄物の焼却熱を利用した過熱蒸気製造装置	
			特開平9-79542	F23G5/027ZAB	廃棄物の焼却熱を利用した過熱蒸気製造装置	
			特開平9-79543	F23G5/027ZAB	廃棄物の焼却熱を利用した過熱蒸気製造装置	
			特開平9-79544	F23G5/027ZAB	廃棄物の焼却熱を利用した過熱蒸気製造装置	
			特開平10-89648	F23G5/30ZAB	廃棄物の焼却装置と該廃棄物の焼却熱を利用した過熱蒸気製造装置	
			特開平9-79545	F23G5/027ZAB	廃棄物の焼却熱を利用した過熱蒸気製造装置	
			特開平9-79536	F23G5/027ZAB	廃棄物の焼却熱を利用した過熱蒸気製造装置	
			特開平10-89650	F23G5/46ZAB	廃棄物の焼却熱を利用した過熱蒸気製造方法とその装置	
			特開平10-89640	F23G5/027ZAB	廃棄物の焼却装置と該廃棄物の焼却熱を利用した過熱蒸気製造装置	
			特開2000-205534	F23G5/16ZAB	ダイオキシン類の再生成抑制方法および再生成抑制装置	
			特開平9-42638	F23G5/44ZAB	焼却器	
			特開平9-42635	F23G5/16ZAB	廃棄物の焼却装置	
			特許3089236	F23G5/16ZAB	廃棄物焼却炉	
			特開平10-82515	F23G7/00,103	ＣａＳ酸化・チャー燃焼装置	
			特開平10-227435	F23J1/08	燃焼溶融炉	
			特開平9-42634(*)	F23G5/16ZAB	廃棄物の焼却炉	

○：開放の用意がある特許

表2.1.4-1 三菱重工業の焼却炉排ガス処理技術の課題対応保有特許（4/11）

技術要素	課題	解決手段	特許no.	特許分類（IPC）	発明の名称（概要）
二次燃焼	完全燃焼	制御法	特開平8-303735 (*)	F23G5/24ZAB	溶融燃焼装置
		炉構造	特開平8-110019	F23G5/00,109	焼却炉 傾斜した火格子を有する第1燃焼室をはじめ、あわせて4つの燃焼室により未燃物質を完全燃焼させる
			特開平11-337033	F23G5/30ZAB	流動床焼却炉
			特開平11-337047	F23J15/08	炉及びその炉における排ガス処理方法
			特開平10-325519	F23G5/14ZAB	廃棄物の焼却炉
			特許2989594	F23G5/00,109	廃棄物焼却炉
		空気吹込、排ガス再循環	特許2941785	F23G5/30ZAB	流動層焼却炉の運転方法とその焼却炉 流動層下方より流動化用の1次空気を吹き込み、粒子が吹き上げられる領域に、2次空気を吹き込み砂層温度などを制御する
			特開平11-190509	F23G5/14ZAB	ごみ焼却炉
			特開平9-236231	F23G5/48ZAB	廃棄物の焼却熱を利用した過熱蒸気製造装置
			特開2001-221420	F23G7/00,104	汚泥循環流動層炉
			特開平11-237015	F23G5/14	燃焼炉及びその燃焼促進方法

○：開放の用意がある特許

表2.1.4-1 三菱重工業の焼却炉排ガス処理技術の課題対応保有特許（5/11）

技術要素	課題	解決手段	特許no.	特許分類（IPC）	発明の名称（概要）	
二次燃焼	完全燃焼	空気吹込、排ガス再循環	特許3030016	F23G5/30ZAB	流動層焼却炉の運転方法とその焼却炉	
			特開平8-42829	F23G7/06ZAB	ごみ焼却炉の2次空気吹込み方法	
			特開平8-14523	F23G5/50ZAB	焼却装置及びその制御方法	
			特開平10-246412	F23G5/16ZAB	廃棄物焼却炉	
		燃焼法	特開平10-110918	F23G5/027ZAB	廃棄物焼却炉	
			特開平8-303734(*)	F23G5/16ZAB	未燃チャーを含む燃焼ガスのバーナ	
	ダスト付着防止	水噴霧	特開平11-304137	F23J1/00	灰溶融炉の排ガス処理方法及び灰溶融炉	
		炉構造	特開2001-124321	F23G5/44	ボイラ付廃棄物焼却炉	
炉内薬剤投入	窒素酸化物処理	薬剤種類	特開2001-215012	F23J15/00	燃焼炉及び燃焼炉内脱硝方法	
		制御法	特開平8-166119	F23J15/00	窒素酸化物制御装置	
	酸性ガス処理	薬剤種類	特許3004557(*)	F23G5/48ZAB	都市ごみ焼却プラントの運転方法 単体の硫黄、硫黄酸化物、硫酸塩、硫化物および有機硫黄化合物のうち1種以上を加える	
		制御法	特開平10-235319	B09B3/00	塩素を含む廃棄物の処理方法	
			特開平9-155320	B09B3/00	金属を含む有機系廃棄物の処理装置	
			特開2001-107058	C10G1/10	廃プラスチックの熱分解油化方法	
			特開平7-324721	F23G7/00,103	燃焼灰の処理方法	
			特許2862105	F23D14/22	ガスタービン用燃焼器ノズル	
			特開平11-33355	B01D53/68	燃焼排ガスの脱塩素方法及び脱塩素装置	
			特開2001-108222	F23G5/46ZAB	廃棄物の燃焼発電方法	

○：開放の用意がある特許

表2.1.4-1 三菱重工業の焼却炉排ガス処理技術の課題対応保有特許（6/11）

技術要素	課題	解決手段	特許no.	特許分類（IPC）	発明の名称（概要）	
炉内薬剤投入	酸性ガス処理	制御法	特開平10-9553	F23J1/00	燃焼溶融システム	
			特開平10-169943	F23G5/48ZAB	廃棄物の燃焼方法	
			特開平11-159715	F23G5/00,115	廃棄物溶融システム	
			特開平11-276851	B01D53/68	塩化水素、二酸化硫黄の除去装置	
			特許3132870(*)	F23C10/00	ガス化燃焼方法	
	ダイオキシン処理	薬剤種類	特開平11-190505	F23G5/00ZAB	ダイオキシン類等未燃分低減剤及びこれを使用した燃焼処理方法	
		制御法	特開2000-205525	F23G5/00ZAB	低公害燃焼方法及びそれに用いる装置 高温燃焼により発生する塩素ガスを塩化水素ガスに変換し、ダイオキシンの生成を抑制剤を炉内に供給する	
温度管理	耐久性向上	温度管理	特開平9-236230	F23G5/48ZAB	廃棄物の焼却熱を利用した過熱蒸気製造方法とその装置	
			特開平9-236221	F23G5/027ZAB	廃棄物の焼却熱を利用した過熱蒸気製造装置	
			特開平9-236232	F23G5/48ZAB	廃棄物の焼却熱を利用した過熱蒸気製造装置	
	酸性ガス処理	温度管理	特許2744666	F23J15/00	流動床燃焼炉内燃焼排ガス中の亜酸化窒素の低減方法	
	ダイオキシン処理	除塵	特開平10-216555	B03C3/01	廃棄物焼却排ガスの処理方法	
		温度管理	特開平11-169665	B01D53/70	ダイオキシン分解装置	

○：開放の用意がある特許

表2.1.4-1 三菱重工業の焼却炉排ガス処理技術の課題対応保有特許（7/11）

技術要素	課題	解決手段	特許no.	特許分類（IPC）	発明の名称（概要）	
薬剤投入	窒素酸化物処理	制御法	特開2001-129354(*)	B01D53/56	脱硝装置、燃焼装置及びその運転制御方法	
		吹込法	特許3100191	B01D53/94	排煙脱硝装置 アンモニアまたはその前駆物質を気化器で噴霧、蒸発させ脱硝触媒層上流煙道のノズルにより噴出させる	
			特許2948272	D21C11/12	ソーダ回収ボイラ排ガスのNOx低減装置	
	重金属処理	薬剤種類	特許2809366	B01D53/64	排ガス中の有害金属の捕集方法及び捕集灰の処理方法 消石灰、炭酸カルシウム、酸化カルシウムのうち1種以上、反応助剤、珪酸カルシウムを添加しバグフィルタで捕集する	
	酸性ガス処理	薬剤種類	特開平10-230127	B01D53/40	排ガス処理方法	
	高効率化	吹込法	特開平9-900	B01F3/06	粉体と気体の混合装置	
	ダイオキシン処理	薬剤種類	特開2000-430	B01D53/70	ダイオキシン類抑制方法、排ガス処理方法及び処理装置	

○：開放の用意がある特許

表 2.1.4-1 三菱重工業の焼却炉排ガス処理技術の課題対応保有特許（8/11）

技術要素	課題	解決手段	特許no.	特許分類（IPC）	発明の名称（概要）	
薬剤投入	ダイオキシン処理	二段集塵	特開 2001-137657	B01D53/70	排ガス処理装置及び処理方法 煤塵を集塵する前段バグフィルタと、中和剤により脱硫、脱塩するとともに集塵する後段バグフィルタを有する	
			特開 2001-137634	B01D46/02	排ガス処理装置及び処理方法	
			特開平 8-131775	B01D53/94	乾式排ガス処理方法	
			特開平 8-206426	B01D 46/02	ごみ焼却炉用排ガス処理装置	
湿式処理	重金属処理	薬剤種類	特開 2001-129596	C02F9/00,503	排水処理方法とその装置	
	酸性ガス処理	薬剤種類	特開平 8-47619	B01D53/68	排ガス処理方法	
			特許 3197041	F23G7/12	塩化ビニル樹脂含有廃棄物の処理装置	
			特開平 7-49113	F23G7/00ZAB	イオン交換樹脂の燃焼方法および燃焼炉	
			特開 2001-165418	F23G5/027ZAB	廃棄物燃焼システム	
		制御法	特開平 9-225432	B09B3/00	塩素含有プラスチック廃棄物の処理方法	
			特開平 10-332117	F23G5/027ZAB	塩化ビニル樹脂含有廃棄物の処理装置	
			特開 2000-84346	B01D53/34	灰溶融炉排ガス処理用スクラバ排水の再利用方法とその排水処理装置	
			特開平 11-347351	B01D53/50	排煙脱硫装置	
			特開平 11-347350	B01D53/50	排煙脱硫装置	
			特開 2001-65832	F23G5/027ZAB	廃棄物処理システム及び廃棄物処理方法	

○：開放の用意がある特許

表 2.1.4-1 三菱重工業の焼却炉排ガス処理技術の課題対応保有特許（9/11）

技術要素	課題	解決手段	特許no.	特許分類（IPC）	発明の名称（概要）
湿式処理	酸性ガス処理	制御法	特開平 11-333253	B01D53/68	焼却設備の排煙処理装置
			特開平 11-333254	B01D53/68	焼却設備の排煙処理装置
	ダイオキシン処理	薬剤種類	特開 2001-129559	C02F1/58	排水処理システム 排ガスを冷却、飛灰除去した後、スクラバにより有害物を液相に移行させ無害化する
			特開 2000-202234	B01D53/34ZAB	排煙処理装置
触媒反応	窒素酸化物処理	反応器構造	特開平 5-309233	B01D53/36,101	触媒脱硝装置 ハニカム状に整形した触媒の上流側に整流格子を設置した
			特開平 7-16431	B01D53/94	排煙脱硝装置
		触媒種類、形状	特許 2634279	F23G7/06ZAB	ＮＯｘ含有ガスの燃焼方法

表 2.1.4-1 三菱重工業の焼却炉排ガス処理技術の課題対応保有特許 (10/11)

○:開放の用意がある特許

技術要素	課題	解決手段	特許no.	特許分類(IPC)	発明の名称(概要)	
触媒反応	ダイオキシン処理	反応器構造	特開 2001-137663	B01D53/86ZAB	排ガス処理装置及び処理方法 排ガス中の煤塵を集塵と脱塩、脱硫を同時に行い、触媒を担持したバグフィルタにより有害物質を処理する	
		制御法	特開 2000-51648	B01D53/50	排ガス処理装置及び処理方法	
吸着	重金属処理	制御法	特許 2994789	B01D53/64	燃焼排ガス中の水銀除去方法 120～300℃の煙道中に10～300メッシュに調整した炭素粉末を一定量噴射し、水銀、水銀化合物を無害化する	
	ダイオキシン処理	反応塔構造	特開 2001-113124	B01D53/70	排ガス処理装置及び処理方法 第1の吸着剤によるダスト除去層の後流に有害物質を吸着する第2の吸着剤層を有する	
			特開 2001-113125	B01D53/70	排ガス処理装置及び処理方法	
			特開平 10-192649	B01D53/68	排ガス処理方法	
			特開 2000-5563	B01D53/70	汚染成分含有ガスの処理方法	
		吸着剤種類	特開 2000-15092	B01J20/18	排ガス処理用吸着剤、排ガス処理方法及び装置	
			特開 2000-325735	B01D53/32	プラズマ処理用吸着体、該吸着体を用いた有害物質の分解装置及び分解方法	

○：開放の用意がある特許

表 2.1.4-1 三菱重工業の焼却炉排ガス処理技術の課題対応保有特許（11/11）

技術要素	課題	解決手段	特許 no.	特許分類（IPC）	発明の名称（概要）
集塵	ダイオキシン処理	高温集塵	特開 2000-157813	B01D39/20	フィルタ及びそれを用いた排ガス処理装置 無機系繊維の表面にモリブデン、アンチモン、亜鉛、バリウムのうち1種以上を含有するクロマイト層を有する
			特開 2001-65840	F23G5/44ZAB	ごみ焼却設備における燃焼ガス処理方法
放電、放射線	ダイオキシン処理	照射法	特開 2000-126542	B01D53/32	プラズマ排ガス処理設備及びガス反応促進設備

2.1.5 技術開発拠点と研究者

図2.1.5-1に焼却炉排ガス処理技術の三菱重工業の出願件数と発明者数を示す。発明者数は明細書の発明者を年次毎にカウントしたものである。

三菱重工業の開発拠点：

No.	都道府県名	事業所・研究所
1	広島県	広島研究所
2	長崎県	長崎研究所
3	東京都	三菱重工業本社
4	神奈川県	横浜研究所
5	神奈川県	横浜製作所
6	長崎県	長崎造船所
7	兵庫県	高砂研究所
8	兵庫県	神戸造船所

図 2.1.5-1 三菱重工業の出願件数と発明者数

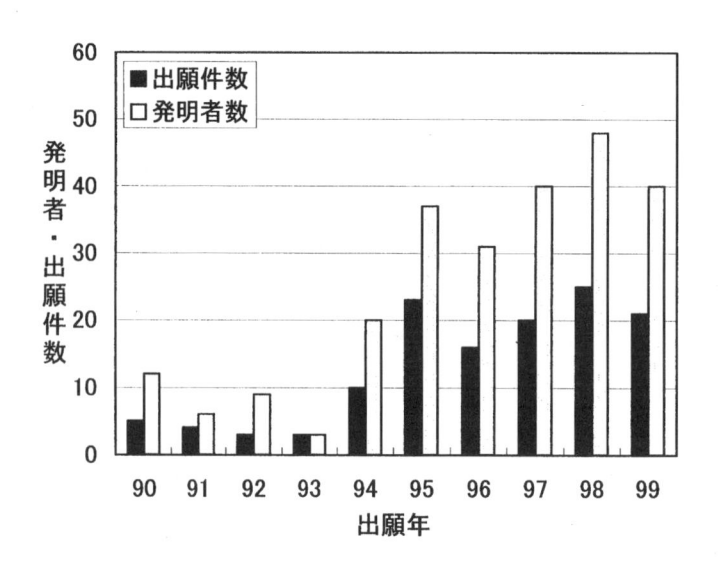

2.2 日本鋼管

2.2.1 企業の概要

表2.2.1-1に日本鋼管の企業概要を示す。

表2.2.1-1 日本鋼管の企業概要

1)	商号	日本鋼管株式会社		
2)	設立年月日	1912年（明治45年）6月8日		
3)	資本金	233,731（百万円　2001年3月）		
4)	従業員	10,702人		
5)	事業内容	鉄鋼事業、総合エンジニアリング事業、総合都市開発事業、情報システム事業、総合リサイクル事業、その他		
6)	技術・資本提携関係	フェルント・エコロジィ・システムズ（デンマーク）＝塵芥焼却プラントの設計・建設技術、有毒ガス除去装置 進道総合建設（韓国）＝ストーカタイプ焼却炉（NKK水平火格子）および周辺技術		
7)	事業所	本社/東京　鶴見事業所		
8)	関連会社	エヌケーケープラント建設、日本鋼管環境サービス、奥多摩工業		
9)	業績推移		売上高（百万円）	経常利益（百万円）	当期利益（百万円）
		1997年3月期	1,185,043	34,270	16,220
		1998年3月期	1,112,052	29,922	11,107
		1999年3月期	1,013,636	-27,764	-50,342
		2000年3月期	990,762	23,433	3,324
		2001年3月期	1,010,190	47,451	1,526
10)	主要製品	環境エンジニアリング		
11)	主な取引先	丸紅、エヌケーケートレーディング、三菱商事		
12)	技術移転窓口	知的財産部 企画管理グループ　川崎市川崎区南渡田町1-1 TEL.044-322-6345		

2.2.2 技術移転事例

表2.2.2-1、表2.2.2-2に日本鋼管の技術導入例および技術供与例を示す。

・技術導入

表2.2.2-1 日本鋼管の技術導入例（1/2）

相手先	国名	内容
三井物産	日本	「WKV式ダイオキシン除去システム」のサブライセンス契約を結んだ。同システムはダイオキシン類の排ガス中の濃度を世界的に最も厳しい規制値である1 Nm^{3}当たり0.1ng以下（毒性換算値）まで除去できるもの。ドイツのエンジニアリング会社であるWKV社の技術で、三井物産はWKV社とライセンス契約を結んでいる。WKV社の技術は褐炭を原料として作った特殊活性炭を独特の吸着塔に使用するもので、排ガスと吸着剤が効率よく接触するため除去効率が高く、連続処理が可能で、活性炭を移動させるため連続処理できるのが特徴。 （1994/4/13の日刊工業新聞より）

表2.2.2-1 日本鋼管の技術導入例 (2/2)

相手先	国名	内容
ノエルKRC	ドイツ	水冷火格子技術を用いた新型ストーカ式ごみ焼却炉の技術導入をした。水冷技術は中空鋳物火格子と加圧水循環を特徴にしている。直接火格子内部を冷却する構造のため、冷却効果が高い。中空構造でシンプルであり、他の水冷火格子に比べ製造コストが安いといった特徴があり、火格子の寿命は従来の空冷と比べ倍以上の4年以上にもなる。 （2000/8/4の日刊工業新聞より）

・技術供与

表2.2.2-2 日本鋼管の技術供与例

相手先	国名	内容
エヌイーユー・プロセス・インターナショナル	フランス	ごみ焼却炉の排ガス処理装置に関する技術を供与する。排ガス中の塩素や硫黄酸化物を消石灰と反応させて除去する技術。日本鋼管の半乾式排ガス処理装置は、水分を多く含んだ霧状の消石灰を排ガスと反応させる方式で硫黄酸化物など有害ガスの吸着率が高い。気化熱で300℃近くある排ガス温度を大幅に下げる効果もあり、水蒸気の発生を抑え白煙防止機器が不要となるなどの特徴がある。 （1990/12/6の日経産業新聞より）
進道綜合建設	韓国	産業廃棄物や、一般廃棄物の処理を目的とした「NKK式流動床ごみ焼却炉」および塩化水素、硫黄酸化物などの酸性有毒ガス除去装置である「NKK・LIMAR（リマール）」に関する一連の環境関連技術を供与した。日本鋼管が環境関連技術を韓国に供与するのは今回が初めて。技術共与期間は10年。日本鋼管が供与した流動床炉技術は、汚泥などの低発熱量廃棄物から廃プラスチックなどの発熱量の高いごみまで広範囲なごみ質に対応できる。一方、有害ガス除去装置のNKK・LIMARは、高い除去効率、低廉な維持管理費といった特徴をもつ。同技術はデンマークやフランスなどに技術輸出されている。 （1994/4/6の鉄鋼新聞より）
フェルント・エコロジー・システム	デンマーク	流動床式ごみ焼却炉に関する技術を供与した。同社にはすでにごみ焼却炉用の排ガス処理設備「リマール」の技術を輸出している。日本鋼管がごみ焼却炉の技術を供与するのは韓国の進道綜合建設に続いて2件目となる。 フェルント社からはすでに1970年にストーカ炉の技術を導入している。 （1995/1/26の日刊工業新聞より）

2.2.3 焼却炉排ガス処理技術に関連する製品・技術

表2.2.3-1に日本鋼管の製品例を示す。

表2.2.3-1 日本鋼管の製品例 (1/2)

製品名	概要
NKK高温ガス化直接溶融炉	幅広いごみに対応。コークス投入により均質で重金属の含まれない良質なスラグが得られ、さらに炉内の高温還元雰囲気はダイオキシンの発生を防止する。高いスラグ化率が得られる。画期的な連続出滓方式により、従来の間欠出滓に比べて運転が容易。 （日本鋼管のHP（http://www.nkk.co.jp/）より）

表2.2.3-1 日本鋼管の製品例（2/2）

製品名	概要
NKK二回流式ハイパー火格子焼却炉	火格子は、可動火格子と固定火格子で構成され、可動と固定が交互に横列に配置されている。それぞれの火格子は、ごみの流れ方向に上向き20度で取り付けられ、炉床としては水平に設置される。可動火格子が固定火格子の上を斜め上向きに往復運動することによって、ごみの送りと撹拌・燃焼用空気の通気が効果的に行われ、ごみの燃焼状態を良好にしている。燃焼用空気の供給を、乾燥、燃焼、後燃焼ゾーンに分割し、各ゾーンでの最適な空気量制御により良好な燃焼が得られる。 （日本鋼管のHP（http://www.nkk.co.jp/）より）
NKK流動床式汚泥焼却炉	汚泥ケーキを炉内に均一散布投入。炉内温度を自由に制御。短時間で能率よく炉を昇温する始動バーナ。燃焼ガス中の酸素分圧が低いので、窒素酸化物の発生量が少なく、さらに、集塵機や吸収塔でダスト、硫黄酸化物、塩化水素などを除去するので排ガスは無公害となる。 （日本鋼管のHP（http://www.nkk.co.jp/）より）

2.2.4 技術開発課題対応保有特許の概要

図2.2.4-1に日本鋼管の焼却炉排ガス処理技術の技術要素と課題の分布を示す。

図2.2.4-1 日本鋼管の技術要素と課題の分布

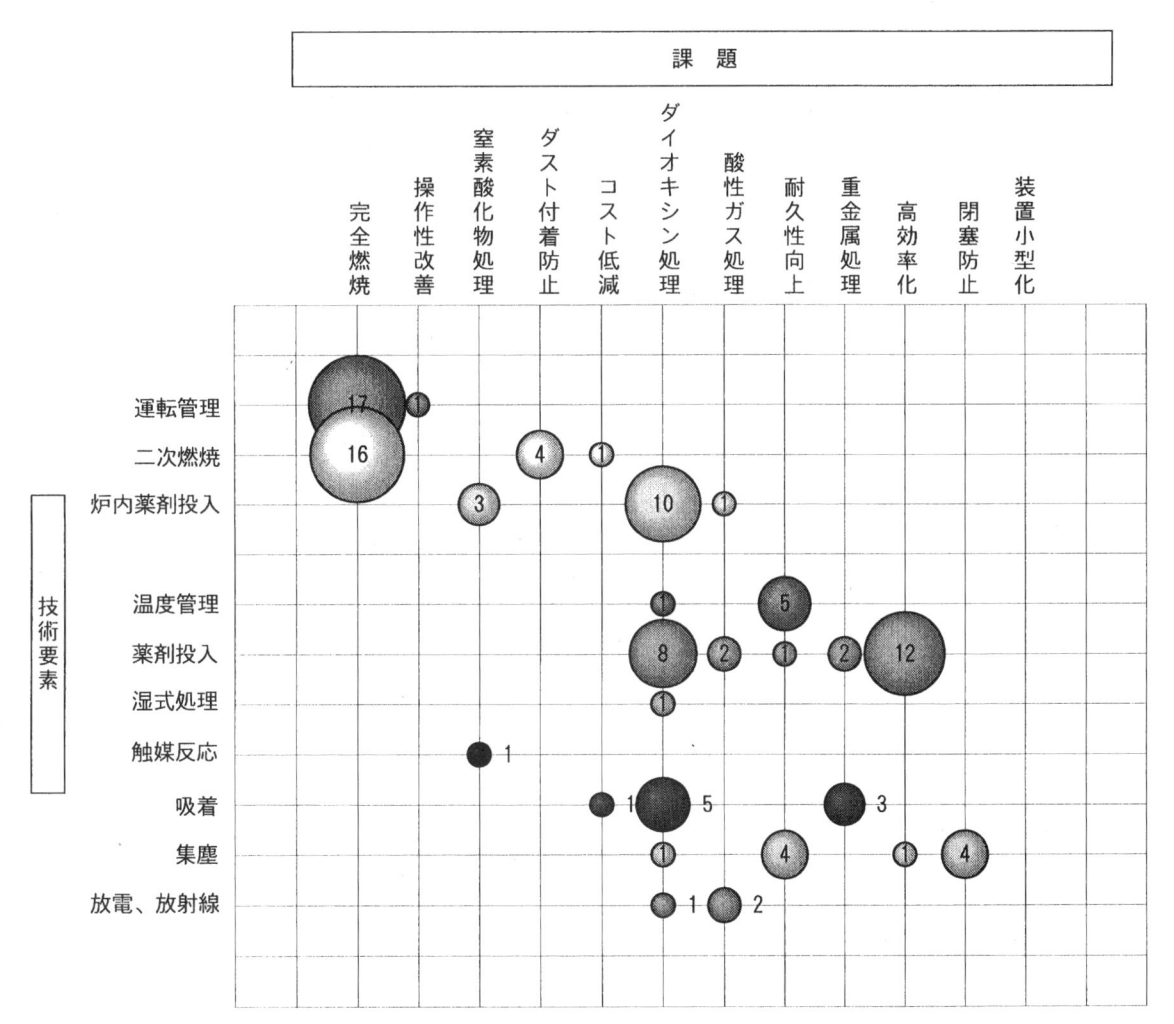

1991年から2001年8月公開の権利存続中または係属中の出願（課題「その他」を除く）

技術要素と課題別に出願件数が多いのは、下記のようになる。
　　　　運転管理：　　　　　　完全燃焼
　　　　二次燃焼：　　　　　　完全燃焼
　　　　薬剤投入：　　　　　　高効率化
　　　　炉内薬剤投入：　　　　ダイオキシン処理

　表2.2.4-1に日本鋼管の焼却炉排ガス処理技術の課題対応保有特許を示す。出願取下げ、拒絶査定の確定、権利放棄、抹消、満了したものは除かれている。

○：開放の用意がある特許

表2.2.4-1 日本鋼管の焼却炉排ガス処理技術の課題対応保有特許（1/9）

技術要素	課題	解決手段	特許no.	特許分類（IPC）	発明の名称（概要）	
運転管理	操作性改善	制御法	特開 2000-39130	F23G5/50ZAB	運転支援装置付きごみ焼却炉	
	完全燃焼	制御法	特許 2768145	F23G5/00,115	廃棄物溶融装置の操業方法 炉内の空塔速度と平均流動化速度の比率および炉頂排ガスの酸化度が一定の値になるように操業する	
			特開平 10-82514	F23G5/24ZAB	廃棄物焼却灰の溶融方法	
			特開平 9-49623	F23G5/50ZAB	ごみ焼却炉の燃焼制御装置及びその方法	
			特開平 9-60830	F23G5/00,115	廃棄物ガス化溶融炉およびその溶融炉を用いる廃棄物のガス化溶融方法	
			特開平 9-273730	F23G5/50ZAB	ごみ焼却炉排ガス中未燃焼成分の抑制方法	
			特開平 9-49624	F23G5/50ZAB	ごみ焼却炉の燃焼制御装置及びその方法	
			特開平 9-273733	F23G5/50ZAB	ごみ焼却炉の燃焼制御方法	
			特開平 10-68514	F23G5/50ZAB	ごみ焼却炉の燃焼制御方法	

表2.2.4-1 日本鋼管の焼却炉排ガス処理技術の課題対応保有特許 (2/9)

○：開放の用意がある特許

技術要素	課題	解決手段	特許no.	特許分類（IPC）	発明の名称（概要）	
運転管理	完全燃焼	制御法	特開平10-61932	F23G5/50ZAB	ごみ焼却炉の燃焼制御方法	
			特開平10-148319	F23G5/50ZAB	ごみ焼却炉の排ガス中のNOx及び未燃成分の抑制方法	
			特開平10-141631	F23G5/50ZAB	ごみ焼却炉の排ガス中のNOx及び未燃成分の抑制方法	
			特許2768146	F23G5/00,115	廃棄物溶融炉の操業方法	
		計測法	特開平11-72219	F23G5/50ZAB	ダイオキシン類の発生を抑制したごみ焼却装置および方法並びにガス成分測定装置 炉内での一酸化炭素とクロロベンゼンの発生量を測定しダイオキシンの発生を抑制する	
			特開平11-72220	F23G5/50ZAB	ダイオキシン類の発生を抑制するごみ焼却装置および方法	
			特開平11-237023	F23G5/50ZAB	焼却装置	
			特開平10-220727	F23G5/50ZAB	ダイオキシン類の発生を抑制するごみ焼却装置およびごみ焼却制御装置ならびにごみ焼却方法	
			特開2001-208323	F23G5/50ZAB	ダイオキシン類の発生を抑制したごみ焼却装置および方法並びにガス成分測定装置	
二次燃焼	コスト低減	炉構造	特開2000-88223	F23G5/16ZAB	廃棄物処理炉	
	完全燃焼	制御法	特開平10-267245	F23G5/50ZAB	ごみ焼却炉の燃焼制御方法およびその装置	
		炉構造	特許3052737	F23G5/00,109	燃焼ガスの混合方法 燃焼室の出口付近に、燃焼ガスを分岐するための障壁を設け上流側と下流側の流量を制御し燃焼ガスを混合する	
			特許2701618	F23G5/00 ZAB	有害ガス抑制ごみ焼却炉	
			特許3092470	F23G5/00,109	二回流式ごみ焼却炉	

○：開放の用意がある特許

表2.2.4-1 日本鋼管の焼却炉排ガス処理技術の課題対応保有特許（3/9）

技術要素	課題	解決手段	特許no.	特許分類（IPC）	発明の名称（概要）	
二次燃焼	完全燃焼	炉構造	特開平 8-5047	F23G7/00ZAB	燃焼ガスの混合方法	
			特開 2001-108220	F23G5/44ZAB	廃棄物焼却炉	
			特開 2000-88222	F23G5/14ZAB	廃棄物処理炉	
			特許 3062415(*)	F23G5/50ZAB	焼却灰溶融炉の炉内圧制御装置	
		空気吹込、排ガス再循環	特開平 11-218314	F23G5/44ZAB	廃棄物焼却炉 少なくとも2つの気体吹き込み口から炉内に吹き込まれる吹き込み口毎の流量が周期的に変動する	
			特開平 11-211044	F23G5/44ZAB	高温気体吹込みによる焼却炉の燃焼方法	
			特開 2001-182922	F23G5/44ZAB	ごみ焼却炉における二次燃焼用空気吹き込み方法および装置	
			特開 2001-50523	F23G5/30ZAB	廃棄物焼却炉内への2次燃焼用空気導入方法	
		燃焼法	特開平 11-63447	F23G5/16ZAB	廃棄物焼却炉	
			特開平 11-94220	F23G5/20ZAB	ロータリーキルン式ごみ焼却炉	
			特開 2000-346327	F23G5/50	二回流式廃棄物焼却炉及びその運転方法	
		その他	特開 2000-320813	F23G5/00,115	溶融炉排ガスの処理方法	
	ダスト付着防止	炉構造	特開 2000-220817	F23J1/00	含塵排ガス燃焼処理装置	
		空気吹込、排ガス再循環	特開 2000-193224	F23G7/06ZAB	含塵排ガス燃焼処理装置	
		燃焼法	特開 2000-193225	F23G7/06,101	含塵排ガス燃焼処理装置	

○：開放の用意がある特許

表2.2.4-1 日本鋼管の焼却炉排ガス処理技術の課題対応保有特許 (4/9)

技術要素	課題	解決手段	特許 no.	特許分類(IPC)	発明の名称(概要)	
二次燃焼	ダスト付着防止	燃焼法	特開 2000-193226	F23G7/06,101	含塵排ガス燃焼処理装置	
炉内薬剤投入	窒素酸化物処理	薬剤種類	特許 3058019	F23C10/00	亜酸化窒素の低減方法　流動床式燃焼装置で、粒径74μm〜710μmの低揮発性炭素材を炉内に供給する	
		制御法	特公平 7-71619	B01D53/56	排ガス脱硝制御装置　排ガス中の窒素成分量を検出し、設定値との偏差量に対して所定の制御演算を行い、吹き込み量を決定する	
			特開 2000-356333	F23G5/50	ごみ焼却炉における排ガス脱硝制御方法	
	酸性ガス処理	薬剤種類	特開平 11-63444	F23G5/027ZAB	廃棄物ガス化炉の操業方法	
	ダイオキシン処理	薬剤投入法	特開 2001-59606	F23G5/00ZAB	廃棄物の焼却方法及びその設備	
			特開平 10-300031	F23G5/00ZAB	塩素系有機化合物の低減方法	
		薬剤種類	特開平 10-9550	F23G7/06ZAB	廃棄物焼却炉からのダイオキシン類生成抑制方法	
			特開平 10-288318	F23G5/00ZAB	塩素系有機化合物の低減方法	
			特開平 10-176824	F23J15/00	ダイオキシン類の低減方法	
			特開 2000-291922	F23G5/02ZAB	廃棄物の処理方法及びその装置	
			特開 2000-346329	F23G7/00,104	廃棄物処理方法および装置	
		制御法	特開 2000-291930	F23G5/50ZAB	廃棄物の処理方法及びその装置	
			特開 2000-291932	F23G5/50ZAB	ごみ固形燃料の処理方法及びその装置	

○：開放の用意がある特許

表2.2.4-1 日本鋼管の焼却炉排ガス処理技術の課題対応保有特許（5/9）

技術要素	課題	解決手段	特許no.	特許分類（IPC）	発明の名称（概要）	
炉内薬剤投入	ダイオキシン処理	制御法	特開2000-291931	F23G5/50ZAB	廃棄物の処理方法及びその装置	
温度管理	耐久性向上	制御法	特開平10-274411	F23J15/06	ごみ焼却炉の集塵装置の温度制御方法 集塵装置入口の排ガス温度を計測し、排ガス冷却装置の水噴霧量を操作する	
			特開平10-305206	B01D51/10	ごみ焼却炉の集塵装置の温度制御方法	
		水噴霧	特開平10-216449	B01D51/10	減温塔の水噴霧方法および装置	
			特開平10-216450	B01D51/10	減温塔の水噴霧方法	
			特開平10-216451	B01D51/10	減温塔の水噴霧方法	
	ダイオキシン処理	温度管理	特開平10-122527	F23G5/027ZAB	廃棄物ガス化炉の排ガス処理方法	
薬剤投入	耐久性向上	薬剤種類	特開平11-347359（*44）	B01D53/70	廃棄物焼却炉からのダイオキシン類の生成防止方法	
	重金属処理	薬剤種類	特許2733156(*)	B01D53/64	排ガス中の水銀の除去方法 集塵装置に導入前に排ガス中のガス状、イオン状の水銀と反応する薬剤をガスクーラ内に噴霧する	

70

○:開放の用
意がある特許

表2.2.4-1 日本鋼管の焼却炉排ガス処理技術の課題対応保有特許 (6/9)

技術要素	課題	解決手段	特許no.	特許分類(IPC)	発明の名称（概要）	
薬剤投入	重金属処理	薬剤種類	特開平10-165763	B01D53/64	ごみ焼却飛灰の安定化処理方法	
	酸性ガス処理	制御法	特開2000-317264	B01D53/68	排ガス中の有害成分除去方法および排ガス処理装置	
		吹込法	特開2001-219030	B01D53/68	廃棄物焼却炉の排ガス処理方法	
	高効率化	二段集塵	特開平10-8117	C21C1/02,103	廃棄物焼却排ガスからの製鋼用脱硫剤の製造方法	
			特開平10-329	B01D53/40	廃棄物焼却排ガスの処理方法	
			特開平10-8118	C21C1/02,103	廃棄物焼却排ガスからの製鋼用脱硫剤の製造方法	
		制御法	特開平10-296046	B01D53/40	排ガス中酸性成分の除去方法	
			特開平10-296052	B01D53/70	排ガスの処理方法	
		吹込法	特開平9-225235	B01D46/02	ろ過式集塵装置	
			特開2000-317263	B01D53/68	排ガス処理方法および装置	
			特開平9-225236	B01D46/02	ろ過式集塵装置	
			特開平10-216463	B01D53/34	消石灰と吸着剤の噴霧方法及び装置	
			特開平10-216469	B01D53/40	消石灰と吸着剤の噴霧方法及び装置	
			特開平10-328531	B01D53/70	ろ過式集塵装置	
			特開平10-296051	B01D53/70	ろ過式集塵装置	

表2.2.4-1 日本鋼管の焼却炉排ガス処理技術の課題対応保有特許 (7/9)

○：開放の用意がある特許

技術要素	課題	解決手段	特許no.	特許分類（IPC）	発明の名称（概要）	
薬剤投入	ダイオキシン処理	薬剤種類	特開 2000-300949	B01D53/70	排ガス処理方法 800℃以下の排ガス中にアンモニア水、アンモニアガス、ピリジンおよびアミノ基を有する化合物などを吹き込む	
			特開 2000-202240	B01D53/70	塩素化有機化合物の分解方法	
			特開 2000-356339	F23J15/00	廃棄物の焼却方法及びその設備	
		二段集塵	特開 2000-262854	B01D53/70	排ガス処理方法および装置	
			特開 2000-246058	B01D53/70	排ガス処理方法および装置	
			特開 2000-262853	B01D53/70	排ガス処理方法および装置	
		吹込法	特開平 10-216464	B01D53/34	粉末反応剤の噴霧方法	
			特開平 10-216470	B01D53/40	粉末反応剤の噴霧方法及び装置	
湿式処理	ダイオキシン処理	薬剤種類	特開 2000-279756	B01D53/70	排ガス処理方法及び処理設備 排ガスを洗浄液で洗浄し酸性ガスを中和し、減温減湿した液体中のダイオキシンを活性炭と接触させて処理する	

○：開放の用意がある特許

表2.2.4-1 日本鋼管の焼却炉排ガス処理技術の課題対応保有特許 (8/9)

技術要素	課題	解決手段	特許no.	特許分類(IPC)	発明の名称（概要）	
触媒反応	窒素酸化物処理	制御法	特開2000-237536	B01D53/56	焼却炉の排ガス脱硝装置 温度測定器と窒素酸化物測定器と2つの除去剤供給量制御手段からなる無触媒脱硝装置	
吸着	重金属処理	制御法	特開平8-131771	B01D53/64	排ガスからの有価金属分別回収方法	
		吸着剤種類	特許2560931	B01D53/70	排ガス中の有害物質の除去方法 排ガス中の重金属を耐熱性キレート剤との気液接触反応により無害化する	
			特開平8-131769	B01D53/64	排ガスの処理方法およびその装置	
	コスト低減	再生法	特開2000-229211	B01D46/30	活性炭吸着塔の除塵装置及びその運転方法	
	ダイオキシン処理	制御法	特開平11-221441	B01D53/70	ごみ焼却炉におけるダイオキシン類の排出制御装置および方法 ダイオキシン濃度を測定し、温度調整、活性炭の供給量調整のうち少なくとも1つを行う	
			特開2001-79345	B01D53/70	排ガス処理方法	
			特開2001-208333	F23J15/00	ごみ焼却炉におけるダイオキシン類の排出制御装置および方法	
			特開2000-304236	F23G5/50ZAB	排ガス中のダイオキシン類を抑制するごみ焼却装置	

○：開放の用意がある特許

表2.2.4-1 日本鋼管の焼却炉排ガス処理技術の課題対応保有特許（9/9）

技術要素	課題	解決手段	特許no.	特許分類（IPC）	発明の名称（概要）	
吸着	ダイオキシン処理	吸着剤種類	特開平11-197454	B01D53/70	加熱発生ガスの処理方法	
集塵	閉塞防止	払落し方法	特開平9-248413	B01D46/04,104	パルスジェット式バグフィルター及びその運転方法	
		高温集塵	特開平11-132429	F23G5/44ZAB	ごみ焼却炉のダスト除去装置	
		その他	特開平11-141832	F23G5/027ZAB	廃棄物ガス化装置	
			特開平11-57362	B01D46/02	廃棄物溶融炉等の排ガス処理方法	
	耐久性向上	高温集塵	特開2000-161622	F23G5/027ZAB	廃棄物の処理方法及び装置 廃棄物を不完全燃焼または部分酸化を行い可燃性ガスを生成し、450～650℃で除塵する	
			特開2000-161638	F23G7/06ZAB	廃棄物の処理方法及び装置	
			特開2000-161637	F23G7/06ZAB	廃棄物の処理方法及び装置	
			特開2000-161623	F23G5/027ZAB	廃棄物の処理方法及び装置	
	高効率化	制御法	特開平10-5536	B01D53/40	反応バグフィルターシステム及びその運転方法	
	ダイオキシン処理	高温集塵	特開2001-212430	B01D53/70	廃棄物焼却炉の排ガス処理方法及びその設備	
放電、放射線	酸性ガス処理	放電・放射線種類	特開平8-117547(*)	B01D53/32ZAB	電子ビーム照射による排ガス処理方法	
			特公平5-21609(*14)	B01D53/34,134	ごみ燃焼排ガス中の有害ガス除去方法	
	ダイオキシン処理	放電・放射線種類	特開2000-24458	B01D53/70	有害ポリハロゲン化化合物の分解方法及び分解装置	

2.2.5 技術開発拠点と研究者

　図2.2.5-1に焼却炉排ガス処理技術の日本鋼管の出願件数と発明者数を示す。発明者数は明細書の発明者を年次毎にカウントしたものである。
　日本鋼管の開発拠点：

No.	都道府県名	事業所・研究所
1	東京都	日本鋼管本社

図 2.2.5-1 日本鋼管の出願件数と発明者数

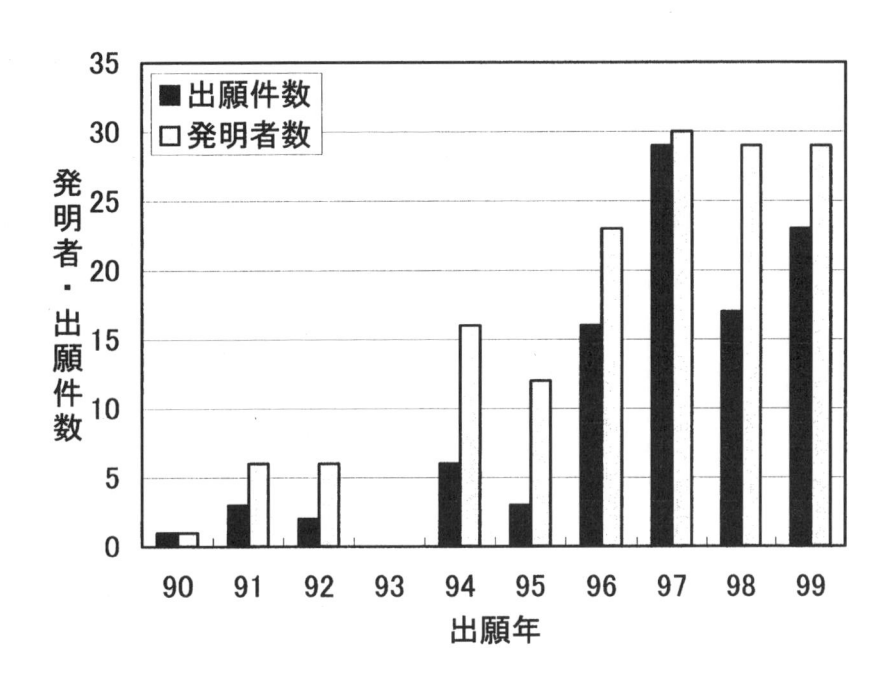

2.3 クボタ

2.3.1 企業の概要
表2.3.1-1にクボタの企業概要を示す。

表2.3.1-1 クボタの企業概要

1)	商号	株式会社　クボタ
2)	設立年月日	1930年（昭和5年）12月22日
3)	資本金	78,156（百万円　2001年3月）
4)	従業員	12,346人
5)	事業内容	内燃機器関連事業、産業機器関連事業、住宅関連事業
6)	技術・資本提携関係	ビービーピーエンバイロンメント（独）＝大型焼却プラント向焼却設備とボイラ設備に関する技術 ルルギ　エントゾルグング（独）＝廃棄物の溶融炉製造法及び販売権 石川島播磨重工業＝熱分解ガス化溶融炉を共同開発
7)	事業所	本社/東京　工場/
8)	関連会社	クボタ環境サービス
9)	業績推移	売上高（百万円）　経常利益（百万円）　当期利益（百万円） 1997年3月期　　835,533　　　　　35,797　　　　　18,027 1998年3月期　　791,002　　　　　38,925　　　　　17,821 1999年3月期　　743,019　　　　　18,822　　　　　 8,474 2000年3月期　　736,314　　　　　23,069　　　　　13,981 2001年3月期　　704,462　　　　　30,736　　　　-34,953
10)	主要製品	ごみ焼却・溶融プラント、産業廃棄物処理プラント、粗大ごみ・不燃ごみ破砕プラント、廃棄物リサイクルプラント、破砕超微粉砕設備
11)	主な取引先	丸紅アメリカ、全農、丸紅
12)	技術移転窓口	知的財産部　環境知財グループ　大阪市浪速区敷津東1-2-47　TEL.06-6648-3265

2.3.2 技術移転事例
表2.3.2-1、表2.3.2-2にクボタの技術導入例及び技術供与例を示す。

・技術導入

表2.3.2-1 クボタの技術導入例

相手先	国名	内容
石川島播磨重工業	日本	次世代型のごみ処理施設である熱分解ガス化溶融炉を共同開発する。同社の熱分解キルンの技術を技術導入し、クボタの回転式表面溶融炉技術を技術供与する。これを組み合わせて、廃棄物を極めて安定した燃焼でガス化溶融し、ダイオキシン発生濃度も規制値以下を完全にクリアするシステムの実用化を目指す。 （1997/7/17の日経産業新聞より）

・技術供与

表2.3.2-2 クボタの技術供与例

相手先	国名	内容
エムエル	ドイツ	1992年9月に廃棄物表面溶融炉に関する技術を供与した。同技術の供与は国内外を含めて初めてとなる。 （1992/11/26の日本経済新聞朝刊より）

2.3.3 焼却炉排ガス処理技術に関連する製品・技術

表2.3.3-1にクボタの製品例を示す。

表2.3.3-1 クボタの製品例

製品名	概要
インテリジェント燃焼制御システム	ごみ質の変動に応じて、燃焼の安定化と目標焼却量の達成、さらには一酸化炭素、窒素酸化物の低減など、燃焼制御には多くの制御目標がある。クボタのICCシステムは、人工知能技術の応用により、プロセス値や炉内画像から現在の燃焼パターンを総合判断し、状況に応じた制御パターンへ自動的にシフト。炉の安全操業とクリーン燃焼を可能にする。 （クボタのHP (http://www.kubota.co.jp/) より）
燃え切り点の監視・制御	ごみの燃え切り点を安定させることは、灰の熱灼減量の低減とともに、燃焼排ガスの完全燃焼化や炉の長寿命化のためにも重要である。クボタでは、炉内監視用テレビの画像処理によってごみの燃え切り点を検出し、自動燃焼制御システムにフィードバックすることにより適正な燃え切り点を維持する。 （クボタのHP (http://www.kubota.co.jp/) より）
自動立ち上げ・自動立ち下げ	焼却炉およびボイラ、タービンなど安定した状態で立ち上げ・立ち下げするためには、勘と熟練とすばやい判断が必要である。クボタ方式では、CRT画面との対話形式で作業をすすめることができ、工程管理が簡単である。しかも重要なステップではブレークポイントを設けてあるので、前ステップまでの作業をチェックしながら工程を進めることができる。 （クボタのHP (http://www.kubota.co.jp/) より）

2.3.4 技術開発課題対応保有特許の概要

図2.3.4-1にクボタの焼却炉排ガス処理技術の技術要素と課題の分布を示す。

図2.3.4-1 クボタの技術要素と課題の分布

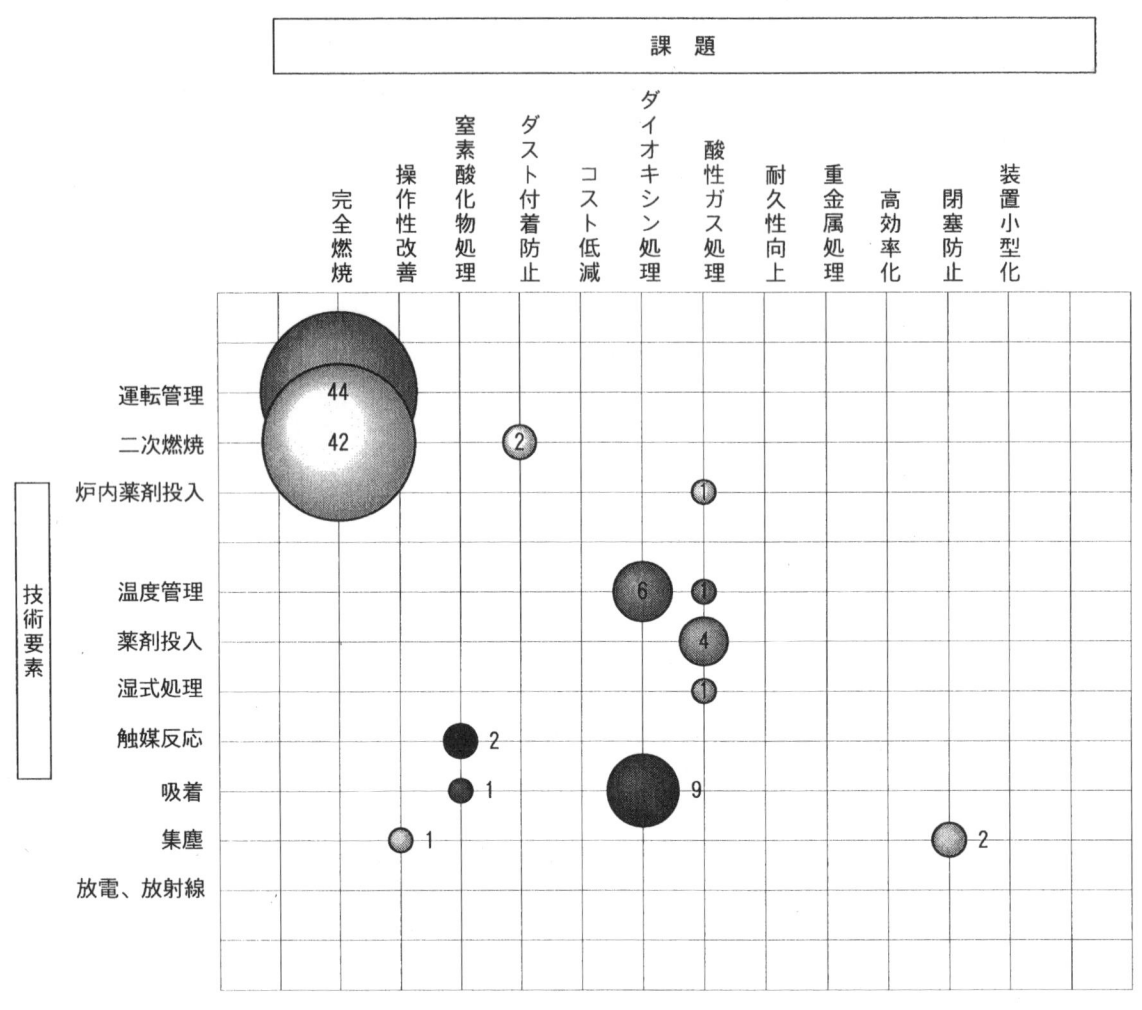

技術要素＼課題	操作性改善	完全燃焼	窒素酸化物処理	ダスト付着防止	コスト低減	ダイオキシン処理	酸性ガス処理	耐久性向上	重金属処理	高効率化	閉塞防止	装置小型化
運転管理		44										
二次燃焼		42				2						
炉内薬剤投入							1					
温度管理						6	1					
薬剤投入							4					
湿式処理							1					
触媒反応			2									
吸着			1			9						
集塵	1											2
放電、放射線												

1991年から2001年8月公開の権利存続中または係属中の出願（課題「その他」を除く）

技術要素と課題別に出願件数が多いのは、下記のようになる。

   運転管理：   完全燃焼
   二次燃焼：   完全燃焼
   吸着　　：   ダイオキシン処理
   温度管理：   ダイオキシン処理

表2.3.4-1にクボタの焼却炉排ガス処理技術の課題対応保有特許を示す。出願取下げ、拒絶査定の確定、権利放棄、抹消、満了したものは除かれている。

○：開放の用意がある特許

表2.3.4-1 クボタの焼却炉排ガス処理技術の課題対応保有特許（1/9）

技術要素	課題	解決手段	特許no.	特許分類（IPC）	発明の名称（概要）	
運転管理	完全燃焼	炉構造	特開平10-89645(*)	F23G5/24ZAB	竪型溶融炉	
			特開平10-110917(*)	F23G5/00,115	竪型溶融炉	
			特開平11-51342(*)	F23G5/24ZAB	廃棄物熱分解溶融炉	
			特開平10-89642	F23G5/20ZAB	ロータリキルン	
			特開平11-82998	F23L13/00	ごみ焼却施設	
			特許2889117	F23G5/50ZAB	ゴミ焼却炉	
			特開2001-65844	F23J1/00	焼却灰の球状化方法およびその装置	
			特開2000-18537	F23G5/24ZAB	竪型溶融炉	
			特許3096623	F23G5/24ZAB	溶融炉	
			特開平8-240305	F23G5/00,109	ゴミ焼却炉	
			特開平8-247424	F23G5/04ZAB	ゴミ焼却炉の空冷壁構造	
		制御法	特開平11-101421	F23G5/50ZAB	ゴミ焼却炉の給塵速度制御方法及びゴミ焼却炉	
			特開平11-82951	F23G5/00,115	廃棄物溶融炉における高効率溶融法	
			特許2635467	F23G5/50ZAB	焼却炉の燃焼制御方法	
			特開2000-337616	F23G5/00,115	可燃性廃棄物の溶融処理方法及び溶融処理炉	
			特開2001-173924	F23G5/44	ゴミ焼却炉及びその運転方法	
			特開平9-229329	F23G5/20ZAB	ロータリキルン	
			特開平11-237020	F23G5/50ZAB	廃棄物溶融炉の燃焼制御装置及び燃焼制御方法	
			特開平7-332641	F23G5/50ZAB	ゴミ焼却炉	
			特開平7-332642	F23G5/50ZAB	ゴミ焼却炉	
			特開2000-297912	F23G5/027	廃棄物処理設備の操業方法及び廃棄物処理設備	
			特許2624912	F23G5/50ZAB	焼却炉の燃焼制御装置	

○：開放の用意がある特許

表2.3.4-1 クボタの焼却炉排ガス処理技術の課題対応保有特許（2/9）

技術要素	課題	解決手段	特許no.	特許分類（IPC）	発明の名称（概要）	
運転管理	完全燃焼	計測法	特許 3106099	F23G5/50ZAB	ゴミ焼却炉の燃焼監視装置 燃焼火炎から輻射される赤外線エネルギーを検出するセンサと入射赤外線を選択するフィルタ手段と燃焼状態を示すデータを出力する演算装置を有する	
			特許 2516278	F23G5/50ZAB	焼却炉の燃焼状況診断装置 燃焼状態データを出力するニューラルネットワークと燃焼傾向データを推論出力するエキスパートシステムにより構成された燃焼状態診断装置	
			特許 2889831	F23G5/50ZAB	ゴミ焼却設備	
			特開 2001-75635	G05B23/02	プラントの運転支援装置	
			特開 2001-74223	F23G5/50ZAB	焼却炉の運転制御方法	
			特開平 10-47634	F23G5/50ZAB	ゴミ焼却炉の燃焼制御装置	
			特開平 10-47633	F23G5/50ZAB	ゴミ焼却炉の燃焼制御装置	
			特開平 9-33023	F23G5/44ZAB	ゴミ焼却炉の投入装置	
			特開平 9-4827	F23G5/00,110	ゴミ焼却炉におけるゴミ厚推定方法	

○：開放の用意がある特許

表2.3.4-1 クボタの焼却炉排ガス処理技術の課題対応保有特許（3/9）

技術要素	課題	解決手段	特許no.	特許分類（IPC）	発明の名称（概要）	
運転管理	完全燃焼	計測法	特開平11-108328	F23G5/50ZAB	排ガスセンサの異常検出方法及びゴミ焼却炉	
			特開平11-108326	F23G5/50	排ガスセンサの異常検出方法及びゴミ焼却炉	
			特開平10-153493	G01K3/00	排ガスの温度推定方法	
			特開平10-160142	F23G5/44ZAB	排ガス性状推定システム及び運転訓練システム	
			特開平10-292911	F23G5/50ZAB	ゴミ焼却炉のゴミ燃焼量推定方法及び模擬焼却炉	
			特開平10-292910	F23G5/50ZAB	ゴミ焼却炉のゴミ残量推定方法及び模擬焼却炉	
			特開平8-121757	F23N5/08	燃焼制御装置	
			特開平8-285241	F23G5/00,109	ゴミ焼却炉	
			特開2001-108208	F23G5/00,115	廃棄物溶融炉の燃焼制御方法及び燃焼制御装置	
			特公平7-54171	F23G5/50ZAB	燃焼状態診断装置	
			特開平10-2531	F23G5/50ZAB	ゴミ焼却炉に於けるゴミ質判断方法及びゴミ質判断装置	
			特開平11-51351	F23G5/50ZAB	表面溶融炉の炉内温度回復制御方法およびその装置	
			特開平11-51352	F23G5/50ZAB	表面溶融炉の状態遷移による制御方法およびその装置	
二次燃焼	完全燃焼	制御法	特開2000-74342(*)	F23G5/027ZAB	炭化型ガス化溶融炉	
			特開2000-104911	F23G5/50ZAB	表面溶融炉の画像処理による制御方法およびその装置	
			特許2633127	F23G5/00ZAB	焼却炉におけるＣＯ低減方法およびその装置	
			特許3023948	F23G5/50ZAB	下水汚泥流動床式焼却装置	
			特開2000-55333	F23G5/50ZAB	ゴミ焼却炉の二次燃焼制御装置	
			特開2000-28123	F23G5/50ZAB	ゴミ焼却炉の二次燃焼制御装置	
			特許2702636	F23G5/50ZAB	ゴミ焼却装置	
			特開平11-108325	F23G5/50	ゴミ焼却炉及びその燃焼制御方法	

○：開放の用意がある特許

表2.3.4-1 クボタの焼却炉排ガス処理技術の課題対応保有特許（4/9）

技術要素	課題	解決手段	特許no.	特許分類（IPC）	発明の名称（概要）	
二次燃焼	完全燃焼	制御法	特開平11-108327	F23G5/50ZAB	ゴミ焼却炉及びその燃焼制御方法	
			特開平10-318516	F23G5/50	ゴミ焼却設備	
			特開平9-159134	F23G5/50ZAB	流動床式焼却炉	
			特開平9-4833	F23G5/50ZAB	ゴミ焼却炉	
			特開平8-285242	F23G5/00,109	ゴミ焼却炉	
			特開平8-334217	F23G5/00,110	ゴミ焼却炉の燃焼制御装置	
			特開平8-261436	F23G7/04,602	ゴミ焼却装置	
			特開平9-33026	F23G7/06ZAB	ゴミ焼却炉の燃焼制御装置	
			特開平9-33017	F23G5/00,109	ゴミ焼却炉	
			特開平9-189413	F23J15/06	廃棄物焼却炉の排ガス制御装置	
			特許2733201	F23G5/16ZAB	ゴミ焼却装置	
			特許3041206	F23N5/08	燃焼制御装置	
			特開平8-110020	F23G5/00,109	ゴミ焼却炉	
			特開平7-332640	F23G5/50ZAB	ゴミ焼却炉	
			特開平10-61930	F23G5/50ZAB	ゴミ焼却炉及びゴミ焼却炉の燃焼制御方法	
			特開平11-257638	F23G5/50ZAB	ゴミ焼却炉の二次燃焼制御装置	
			特開平11-72215	F23G5/50ZAB	焼却炉の燃焼制御方法	
			特開平10-318519	F23G5/50ZAB	溶融炉の温度制御方法および制御装置	
			特開平10-318520	F23G5/50ZAB	二次燃焼室温度制御方法および制御装置	
			特開平10-325528	F23G5/50	表面溶融炉の燃焼制御方法および制御装置	
			特開平10-332123	F23G5/50ZAB	表面溶融炉における汚泥供給制御方法および制御装置	

○：開放の用意がある特許

表2.3.4-1 クボタの焼却炉排ガス処理技術の課題対応保有特許 (5/9)

技術要素	課題	解決手段	特許no.	特許分類(IPC)	発明の名称（概要）	
二次燃焼	完全燃焼	制御法	特開平10-110920	F23G5/027ZAB	廃棄物処理設備および廃棄物処理設備の操業方法	
			特許2771724	F23G5/44ZAB	都市ゴミ焼却装置	
		水噴霧	特許2755539	F23G5/50ZAB	ごみ焼却炉の燃焼制御方法	
		炉構造	特開平10-325518	F23G5/14ZAB	焼却炉	
			特開平8-312928	F23G5/00,115	プラズマ溶融炉	
			特開平10-89657	F23J1/00	廃棄物処理設備	
			特開平9-60834	F23G5/30ZAB	流動床式焼却炉	
		空気吹込、排ガス再循環	特許2690208	F23G5/50ZAB	焼却炉におけるCO制御方法 工業用テレビカメラで撮像、画像処理し、二次燃焼室の明るさと色度の少なくとも一方を検出し一酸化炭素濃度を求め供給空気量を決定する	
			特許3052967	F23L9/00	焼却炉の二次空気供給装置	
			特開平10-325521	F23G5/16ZAB	焼却炉	
			特開2000-130719	F23G5/00	焼却炉の燃焼制御装置	
			特開平9-60835	F23G5/30ZAB	流動床式焼却炉	

○：開放の用意がある特許

表2.3.4-1 クボタの焼却炉排ガス処理技術の課題対応保有特許 (6/9)

技術要素	課題	解決手段	特許no.	特許分類(IPC)	発明の名称(概要)	
二次燃焼	完全燃焼	バーナ設置	特許3210859	F23L9/02	ゴミ焼却炉の二次燃焼ガス供給機構 二次燃焼ガスにより燃焼反応する領域をノズルによるガス供給方向に沿って遠近方向で分散化させるようにガス流速を異ならせる	
	ダスト付着防止	炉構造	特許3164755	F23G5/00,109	焼却炉の空冷壁構造	
		空気吹込、排ガス再循環	特開2001-201025	F23G5/18ZAB	ゴミ焼却炉	
炉内薬剤投入	酸性ガス処理	薬剤種類	特公平7-114957	B01J19/00ZAB	浸出水カルシウム含有汚泥の焼成方法 カルシウム塩を含有する汚泥を濃縮し脱水ケーキを成形し、焼却炉排ガス中の塩化水素と反応させる	
	その他	制御法	特許2562222	F23G5/04	溶融炉における燐の飛散防止方法	
温度管理	酸性ガス処理	水噴霧	特開平8-159424	F23G5/00ZAB	水噴霧機構の構造	

○：開放の用意がある特許

表2.3.4-1 クボタの焼却炉排ガス処理技術の課題対応保有特許 (7/9)

技術要素	課題	解決手段	特許no.	特許分類(IPC)	発明の名称（概要）
温度管理	ダイオキシン処理	水噴霧	特許3212489	F23J15/04	低温域ガス減温塔 冷却水噴霧ノズルを内塔の周方向に沿って等間隔に設け、冷却水噴霧ノズルのノズル口を内塔の壁面付近に設ける
			特開平9-33179	F28C3/08	低温域ガス減温塔
			特開平9-33031	F23J15/04	低温域ガス減温塔
			特開平11-37449	F23J15/06	排ガス減温塔
		温度管理	特開平11-82989	F23J15/08	ごみ焼却施設
			特開平10-196931	F23J15/06	都市ゴミ焼却設備
薬剤投入	酸性ガス処理	薬剤種類	特開平10-202056	B01D53/68	廃棄物処理設備 アルカリ土類金属供給装置と別にアルカリ金属供給装置を設ける
			特開平10-103640 (*)	F23G5/16ZAB	廃棄物熱分解処理設備
		二段集塵	特開平10-73221	F23G5/20ZAB	廃棄物処理システム

○：開放の用意がある特許

表2.3.4-1 クボタの焼却炉排ガス処理技術の課題対応保有特許（8/9）

技術要素	課題	解決手段	特許no.	特許分類（IPC）	発明の名称（概要）	
薬剤投入	酸性ガス処理	吹込法	特開平9-133338	F23J15/04	低温域ガス減温塔内の酸性ガスの中和方法	
湿式処理	酸性ガス処理	装置改良	特開平11-104437	B01D53/34ZAB	循環配管酸洗浄型排煙処理塔 吸収液循環配管系に酸洗浄液を供給する洗浄液循環配管系を接続する	
触媒反応	窒素酸化物処理	反応器構造	特開平6-170164	B01D53/36,101	脱硝用バグフィルター	
			特開平5-212242	B01D53/36,101	排ガス脱硝装置	
吸着	窒素酸化物処理	反応塔構造	特開平9-842	B01D46/02	濾過具	
	ダイオキシン処理	反応塔構造	特許3053045	B01D53/50	流体浄化装置	
		二段集塵	特開平9-29046	B01D53/10	吸着剤を利用した排ガス処理方法	
		吹込法	特許3090839	B01D53/70	排ガス処理方法 排ガス中の有害物質や臭気を吸着した活性コークスを剥離粉砕により再生させ、集塵器の上流で排ガス中に吹き込みダイオキシンを吸着させる	
			特開2001-208306	F23G5/00,115	廃棄物溶融処理設備	
			特開平11-276849	B01D53/56	燃焼排ガス中有害物質の除去方法および除去装置	
		再生法	特開平10-28834	B01D53/70	廃棄物処理炉の排ガス処理設備	

○：開放の用意がある特許

表2.3.4-1 クボタの焼却炉排ガス処理技術の課題対応保有特許（9/9）

技術要素	課題	解決手段	特許no.	特許分類（IPC）	発明の名称（概要）
吸着	ダイオキシン処理	吸着剤種類	特開2001-137638(*13)	B01D50/00,501	溶融排ガス処理方法
			特開2000-117054(*13)	B01D53/70	排ガス中ダイオキシン類の除去方法
			特開2000-130726	F23G5/44ZAB	廃棄物焼却処理設備
	その他	吸着剤種類	特許2650795(*)	B01D53/68	ごみ焼却排ガス中の乾式塩化水素除去方法
集塵	閉塞防止	払落し方法	特開平7-328379	B01D53/38	脱臭装置の集塵機
		高温集塵	特開平11-264525	F23G5/027ZAB	廃棄物処理システムおよび廃棄物処理システムの操業方法 廃棄物を乾留したガス流路の上流端部にバグフィルタを設置する
	操作性改善	高温集塵	特開平10-263507	B09B3/00	気化物分離装置

2.3.5 技術開発拠点と研究者

図2.3.5-1に焼却炉排ガス処理技術のクボタの出願件数と発明者数を示す。発明者数は明細書の発明者を年次毎にカウントしたものである。

クボタの開発拠点：

No.	都道府県名	事業所・研究所
1	大阪府	久宝寺工場
2	大阪府	クボタ大阪本社
3	大阪府	新淀川環境プラントセンター
4	東京都	東京本社
5	兵庫県	技術開発研究所
6	大阪府	枚方製造所

図2.3.5-1 クボタの出願件数と発明者数

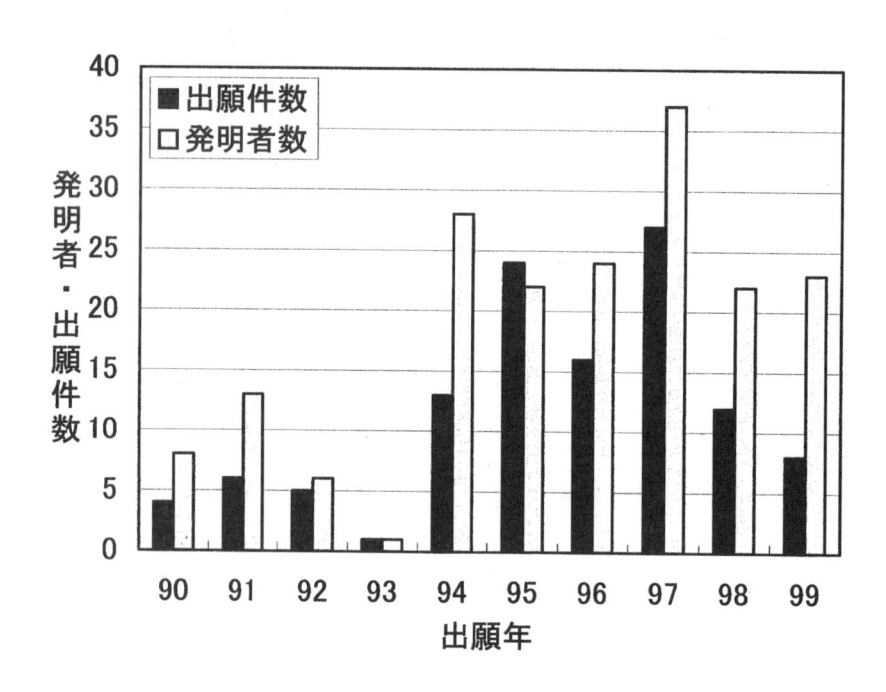

2.4 日立造船

2.4.1 企業の概要

表2.4.1-1に日立造船の企業概要を示す。

表2.4.1-1 日立造船の企業概要

1)	商号	日立造船株式会社
2)	設立年月日	1934年（昭和9年）5月29日
3)	資本金	50,294（百万円　2001年3月）
4)	従業員	2,551人
5)	事業内容	環境装置・プラント、船舶・海洋、鉄構造物・建機・物流、機械・原動機、その他
6)	技術・資本提携関係	日本デ・ロール＝塵芥焼却装置（フォン・ロール社の技術に基く）の工業所有権の実施権の設定・技術情報の提供・製造権および販売権の許諾 ソシエテ・ジェネラル・プール・レ・テクニーク・ヌーベル社（仏）＝TRU（超ウラン元素）放射性廃棄物用の熱分解式焼却炉の工業所有権の実施権の設定・技術情報の提供・製造権および販売権の許諾 WKVインジェニーアビュロー社（独）＝ダイオキシン除去用活性コークス塔の工業所有権の実施権の設定・技術情報の提供・製造権および販売権の許諾 ジェネヴェ社（仏）＝排ガス清浄化システムの技術情報の提供・製造権および販売権の許諾
7)	事業所	本社/東京　技術研究所/大阪　工場/有明
8)	関連会社	日立造船富岡機械、アタカ工業、ニチゾウテック、アイメックス、エイチイーシー、日立造船メカニカル、日立造船プラント、ニチゾウ技術サービス、関西サービス、日神サービス、日立造船プラント技術サービス、ファブテック、日立造船中国工事、エコテクノス
9)	業績推移		売上高（百万円）	経常利益（百万円）	当期利益（百万円）
		1997年3月期　　502,612　　30,070　　15,042 1998年3月期　　465,365　　7,016　　1,019 1999年3月期　　394,825　　-17,486　　-24,973 2000年3月期　　358,572　　3,101　　1,610 2001年3月期　　336,118　　3,021　　-21,946
10)	主要製品	都市ごみ焼却施設、産業廃棄物処理施設、エネルギー回収システム
11)	主な取引先	三井物産、住友商事、丸紅、日商岩井、伊藤忠商事
12)	技術移転窓口	技術管理部　知的財産グループ　大阪市住之江区南港北1-7-89 TEL.06-6569-0059

2.4.2 技術移転事例

表2.4.2-1に日立造船の技術導入例を示す。

・技術導入

表 2.4.2-1 日立造船の技術導入例

相手先	国名	内容
LAB	フランス	丸紅と共同でごみ焼却炉から出る重金属やダイオキシン対策に有効な排ガス処理システムを技術導入した。従来は別々に処理していた排ガス中の煤塵捕集と塩化水素など有害物質の処理を同時に行うので、設置面積が半分で済む。EDV法と呼ぶ処理システムは除塵塔、ベンチュリー集塵機、硫黄酸化物を除去する吸収塔、湿式の電気集塵機（EP）などで構成する。 （1988/9/27の日経産業新聞）
フォンロール	スイス	ストーカ炉式のガス炉と溶融炉の中間に循環流動床炉を設置したガス化溶融炉をすでに技術導入している。 （1997/8/20の日刊工業新聞より）
三井造船	日本	都市ごみ焼却炉の技術で提携した。三井造船の持つキルン式ガス化溶融炉と、日立造船が持つストーカ式焼却炉の技術をクロスライセンスする。 （2000/6/15の日刊工業新聞より）

2.4.3 焼却炉排ガス処理技術に関連する製品・技術

表 2.4.3-1 に日立造船の製品例を示す。

表2.4.3-1 日立造船の製品例

製品名	概要
流動床ガス化溶融炉	高温燃焼によりダイオキシン類の発生を徹底的に抑制し、煙突出口からの排出濃度を目標0.01ng/Nm³以下とする。 排ガス中の塩化水素、窒素酸化物などの有害ガス成分の排出濃度の抑制とともに、排ガス量を従来炉の70％程度まで削減し、汚染物質 排出総量を大幅に低減する。 （日立造船のHP http://www.hitachizosen.co.jp/index-j.html）より）
排ガス処理設備	調温塔において、排ガス温度を減温調整後、消石灰・特殊助剤を吹き込み、バグフィルタにおいて、煤塵の除去と同時に塩化水素、硫黄酸化物、水銀およびダイオキシン類の除去を行う。 バグフィルタにて処理された排ガスは、昇温され触媒脱硝装置にて、窒素酸化物および、ダイオキシン類の除去を行う。 （日立造船のHP http://www.hitachizosen.co.jp/index-j.html）より）
ごみ焼却施設	日立造船は、ごみの完全燃焼システムや、関連機器等の自動化・省力化を積極的に推進する。 （日立造船のHP http://www.hitachizosen.co.jp/index-j.html）より）
横型往復動火格子と水冷式側壁を持つ焼却炉の構造	ごみは、クレーン・バケットによって納入ホッパに投入され、給塵装置によって炉内に供給される。炉内に供給されたごみは、乾燥火格子上で乾燥され、燃焼火格子との間にある段差で落下反転し、燃焼火格子上を順次燃焼しながら下方へ移送されていく。そして、最後に後燃焼火格子上で完全に焼却され、灰となって灰出し装置へと落下していく。 （日立造船のHP http://www.hitachizosen.co.jp/index-j.html）より）
火格子	ごみの連続的な移送、および解きほぐしができる。目こぼれ（落塵）がない。自己洗浄能力がある。火格子ブロック温度の過昇防止が図れる。火格子全体に渡って均一な空気の供給ができる。 （日立造船のHP http://www.hitachizosen.co.jp/index-j.html）より）

2.4.4 技術開発課題対応保有特許の概要

図2.4.4-1に日立造船の焼却炉排ガス処理技術の技術要素と課題の分布を示す。

図2.4.4-1 日立造船の技術要素と課題の分布

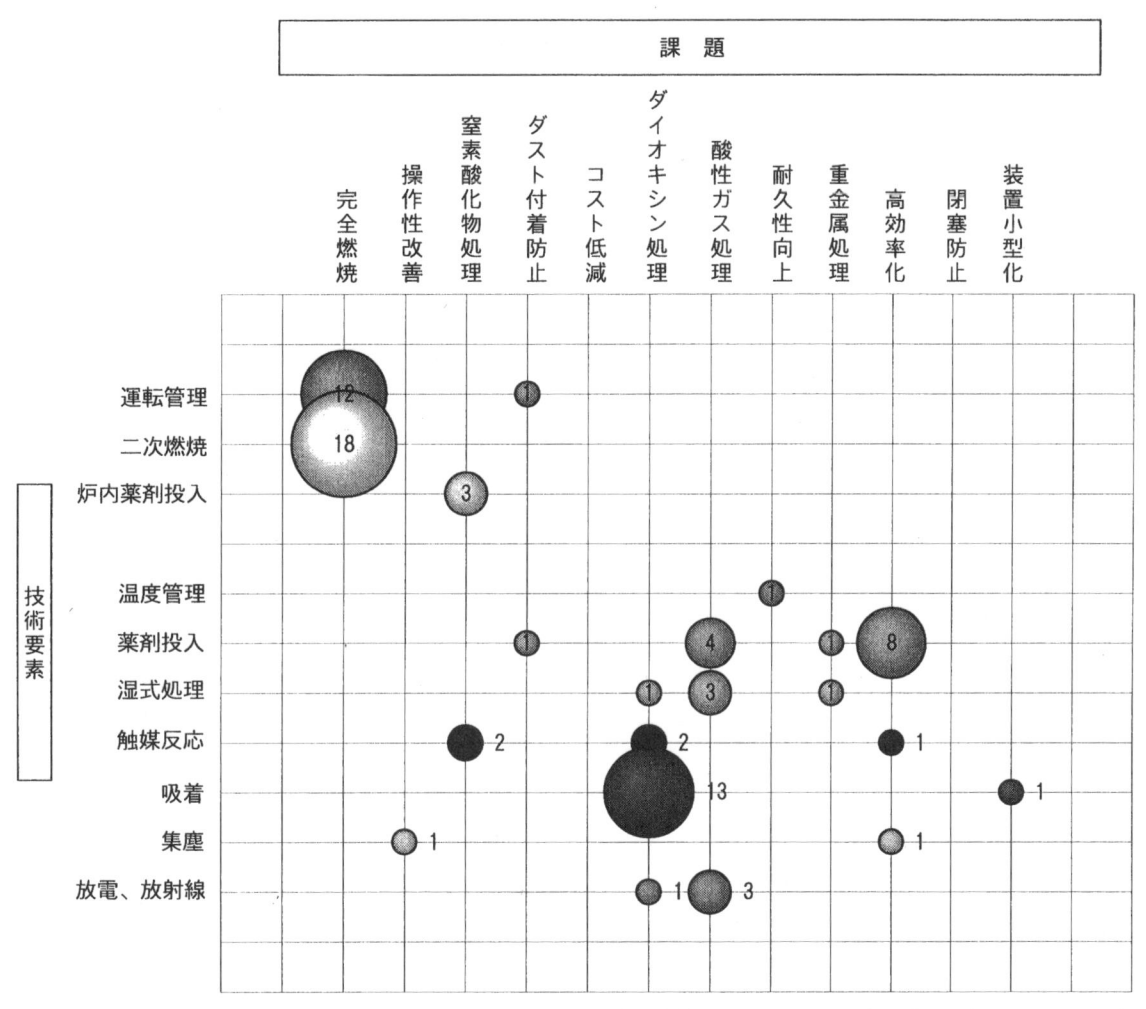

1991年から2001年8月公開の権利存続中または係属中の出願（課題「その他」を除く）

技術要素と課題別に出願件数が多いのは、下記のようになる。

　　　二次燃焼　：　　　　　完全燃焼
　　　吸着　　　：　　　　　ダイオキシン処理
　　　運転管理　：　　　　　完全燃焼
　　　薬剤投入　：　　　　　高効率化

表2.4.4-1に日立造船の焼却炉排ガス処理技術の課題対応保有特許を示す。出願取下げ、拒絶査定の確定、権利放棄、抹消、満了したものは除かれている。

○：開放の用意がある特許

表2.4.4-1 日立造船の焼却炉排ガス処理技術の課題対応保有特許 (1/8)

技術要素	課題（IPC）	解決手段	特許no.	特許分類	発明の名称（概要）	
運転管理	完全燃焼	炉構造	特許 2795599	F23G5/30ZAB	流動床式焼却炉	
			特開 2000-282061	C10J3/00	廃棄物からの燃料ガス製造装置および方法	
			特開平 8-189618	F23G5/00,109	ごみ焼却炉における燃焼空気予熱方法および装置	
		制御法	特公平 7-9287 (*12)	F23G5/50ZAB	固形燃焼装置の燃焼制御方法 炉温、燃料層厚などに基くファジー演算によりごみ質傾向などを推定し、ごみ層厚、火格子速度の制御量を補正して燃焼を安定化させる	
			特開 2000-97423	F23G5/50ZAB	廃棄物供給装置および供給方法	
			特開平 10-73228	F23G7/12ZAB	焼却設備および焼却設備における燃焼方法	
			特開平 11-264532	F23G5/50ZAB	流動床式焼却炉設備および流動床式焼却炉設備の燃焼制御方法	
			特許 3034418	F23G5/20ZAB	回転式焼却炉	
			特開 2000-274623	F23G5/027ZAB	ガス化溶融炉	
		計測法	特開平 11-51353	F23G5/50ZAB	ごみ焼却炉の燃焼診断装置および燃焼制御装置	
		その他	特開平 10-160148	F23G7/12ZAB	焼却設備	
			特開 2000-274632	F23G5/30ZAB	ガス化溶融炉	
二次燃焼	完全燃焼	制御法	特開平 11-173524	F23G5/30ZAB	流動床式燃焼炉および炉内における層温度制御方法	

○：開放の用意がある特許

表 2.4.4-1 日立造船の焼却炉排ガス処理技術の課題対応保有特許（2/8）

技術要素	課題（IPC）	解決手段	特許 no.	特許分類	発明の名称（概要）
二次燃焼	完全燃焼	水噴霧	特許 2527655	F23G5/50ZAB	ごみ焼却炉 一次燃焼室内に渦流を発生させるためのノズルは、吹き出し口が一定方向を向き、空気、水、水蒸気、不活性ガスなどを吹き出す
		炉構造	特開平 11-51343	F23G5/30ZAB	流動床式焼却炉
			特開平 10-318515	F23G5/48ZAB	二次燃焼装置
			特開 2000-28118 (*)	F23G5/16ZAB	乾留ガス化焼却炉
		空気吹込、排ガス再循環	特開平 11-294740 (*8)	F23G5/50ZAB	排ガス完全燃焼制御方法および排ガス完全燃焼制御装置 排ガスと二次燃焼空気量を一定の比率で混合するとともに炉外へ排出される排ガス中の酸素濃度を一定にする
			特許 2662746	F23G5/00,109	火格子型ごみ焼却炉
			特許 2654870	F23G5/14ZAB	扇形噴霧型2次空気供給ノズルを備えたごみ焼却炉
			特開平 9-89226	F23G5/00,115	電気式灰溶融炉および電気式灰溶融炉における排ガスの燃焼方法
			特開平 9-178152	F23J1/00	電気式灰溶融炉の排ガス燃焼部構造
			特開平 9-145040	F23J1/08	電気式灰溶融炉の排ガス燃焼部構造
			特開 2000-230711	F23G7/06,101	排ガスの二次燃焼方法および二次燃焼装置

○：開放の用意がある特許

表2.4.4-1 日立造船の焼却炉排ガス処理技術の課題対応保有特許（3/8）

技術要素	課題（IPC）	解決手段	特許no.	特許分類	発明の名称（概要）
二次燃焼	完全燃焼	空気吹込、排ガス再循環	特開平11-304124	F23G5/16ZAB	ごみ焼却炉
			特開2000-74334	F23G5/00,115	ガス化灰溶融炉のスラグ排出方法および装置
		バーナー設置、燃料吹込	特開平8-178238	F23G5/24ZAB	灰溶融炉
			特開平10-196928	F23J1/00	焼却灰溶融炉
		その他	特開2000-240922	F23G5/44ZAB	廃棄物からの燃料ガス製造装置および方法
			特開2000-18530	F23G5/02ZAB	ガス化焼却設備における廃棄物供給方法および装置
	ダスト付着防止	構造・材料の改良	特開2001-227724	F23G5/20ZAB	ロータリー式溶融キルンの二次燃焼室
炉内薬剤投入	窒素酸化物処理	薬剤種類	特開平11-294724 (*8)	F23G5/00ZAB	焼却炉 二次燃焼空気の供給位置より下流側の二次燃焼ゾーンに脱硝剤を供給する
			特開平11-294742 (*8)	F23G5/50ZAB	焼却炉の燃焼制御装置
		制御法	特開平11-270814	F23G5/00ZAB	ガス化焼却設備における排ガス脱硝方法および装置

○：開放の用意がある特許

表2.4.4-1 日立造船の焼却炉排ガス処理技術の課題対応保有特許（4/8）

技術要素	課題（IPC）	解決手段	特許no.	特許分類	発明の名称（概要）	
温度管理	耐久性向上	温度管理	特開平10-160143	F23G5/48ZAB	ごみ処理施設における排ガス流路の壁面の冷却方法と冷却装置 排ガス流路の壁面を酸露点温度よりも高く、沸騰温度よりも低い冷却水で冷却する	
薬剤投入	重金属処理	二段集塵	特公平7-114922	B01D53/68	排ガス処理方法 水酸化ナトリウムを添加し、1段目のバグフィルタで集塵し、助剤を添加後水銀やダイオキシンを2段目のバグフィルタで集塵する	
	酸性ガス処理	薬剤種類	特開平11-276852	B01D53/68	都市ごみ焼却炉における脱塩方法および脱塩剤	
			特開2000-70669	B01D53/68	排ガス中のＨＣｌの除去方法およびこれに用いるＨＣｌ吸収剤	
		吹込法	特開平8-229346	B01D53/50	排ガス処理設備における乾式脱塩処理用薬剤の吹き込み装置	
			特開平10-24213	B01D53/40	焼却設備および焼却設備における排ガス処理方法	
	高効率化	二段集塵	特開平9-173742	B01D46/02	2段式集塵設備および2段式集塵設備による排ガスの除塵方法	

○:開放の用意がある特許

表2.4.4-1 日立造船の焼却炉排ガス処理技術の課題対応保有特許（5/8）

技術要素	課題（IPC）	解決手段	特許no.	特許分類	発明の名称（概要）	
薬剤投入	高効率化	吹込法	特開平10-128060	B01D53/68	脱硫・脱塩用粉末薬剤供給ノズル 軸心部に配置され、先端部に噴射口を有する内筒部とその外周に配置された外筒部を備え、粉末薬剤を高圧空気により供給する	
			特開平11-104444	B01D53/40	排ガス中の酸性ガス除去方法および装置	
			特開平11-104443	B01D53/40	排ガス中の酸性ガス除去方法および装置	
			特開平11-104442	B01D53/40	排ガス中の酸性ガス除去方法および装置	
			特開平11-104441	B01D53/40	排ガス中の酸性ガス除去方法および装置	
			特開平11-104440	B01D53/40	排ガス中の酸性ガス除去方法および装置	
		その他	特開平8-10567	B01D53/68	焼却炉の脱塩集塵装置	
	閉塞防止	吹込法	特開平11-42420	B01D53/50	脱硫装置	
	その他	吹込法	特開平9-225255	B01D53/50	有害成分除去剤の供給装置	
湿式処理	重金属処理	装置改良	特許2953889	F23G5/14ZAB	灰加熱分解装置	

○：開放の用意がある特許

表2.4.4-1 日立造船の焼却炉排ガス処理技術の課題対応保有特許（6/8）

技術要素	課題（IPC）	解決手段	特許no.	特許分類	発明の名称（概要）
湿式処理	酸性ガス処理	薬剤種類	特開平11-343364	C08J11/12ZAB	廃塩素系プラスチックの処理装置 廃プラスチック加熱分解排ガス中の塩化水素ガスを炭酸塩スラリーまたは炭酸塩含有物に吸収させる
		制御法	特開平10-216674(*)	B09B3/00	塩素含有プラスチック廃棄物の処理方法およびその装置
		その他	特開平7-204604	B09B3/00	焼却炉における飛灰処理装置
	ダイオキシン処理	その他	特許2742847	B01D53/64	高性能総合排ガス処理方法
触媒反応	窒素酸化物処理	その他	特開平9-294913	B01D53/56	排煙脱硝方法および装置 オンサイトで尿素を触媒存在下で分解してアンモニアを生成させ、還元剤として用いる
			特開平11-165043	B01D53/94	廃棄物焼却炉の排ガス処理方法
	高効率化	その他	特開2001-96131	B01D53/56	排ガス脱硝システムのアンモニア注入装置
	ダイオキシン処理	触媒種類、形状	特許2787255	B09B3/00	有機塩素化合物の熱分解方法
			特開2000-117055	B01D53/86ZAB	ダイオキシン除去方法

97

○：開放の用意がある特許

表2.4.4-1 日立造船の焼却炉排ガス処理技術の課題対応保有特許（7/8）

技術要素	課題（IPC）	解決手段	特許no.	特許分類	発明の名称（概要）	
吸着	装置小型化	吸着剤種類	特開平 11-192414	B01D53/34ZAB	活性炭利用バグフィルタによる有害物除去方法	
	ダイオキシン処理	二段集塵	特開平 11-182835	F23J15/00	ガス化焼却設備における排ガス処理方法および装置 熱分解ガスから炭素質残滓を取り出しガス化溶融炉から排出される排ガス中に吹き込んで有害物質を吸着させて集塵する	
		再生法	特開 2000-167393	B01J20/34	吸着剤付着ダストの除去方法およびその装置 使用済み吸着剤にガスを吹き付け吸着剤表面に付着したダストを除去する	
			特開平 11-114374	B01D53/70	活性炭循環バグフィルタで用いられた活性炭の再生方法	
			特開 2001-137656	B01D53/70	排ガス中のダイオキシンの処理方法	
			特開 2000-167337	B01D53/34	排ガス中の有害物質除去装置	
			特開 2000-167395	B01J20/34	排ガス中の有害物質除去用吸着剤の再生方法およびその装置	
			特開 2000-42357	B01D53/40	低温リサイクル式排ガス処理方法	
		吸着剤種類	特開 2000-189754	B01D53/70	排ガス中の有害物質除去装置、その方法および有害物質除去用活性炭	
			特開 2000-325737	B01D53/34ZAB	排ガス中の有害物除去用吸着剤およびその使用方法	

○：開放の用意がある特許

表2.4.4-1 日立造船の焼却炉排ガス処理技術の課題対応保有特許（8/8）

技術要素	課題（IPC）	解決手段	特許no.	特許分類	発明の名称（概要）	
吸着	ダイオキシン処理	吸着剤種類	特開平10-249159	B01D53/70	焼却排ガス中の有害物質除去装置	
			特開平10-249160	B01D53/70	焼却排ガス中の有害物質除去装置	
			特開平10-249158	B01D53/70	焼却排ガス中の有害物質除去装置	
		その他	特開平10-351	B01J20/02	排ガス浄化剤およびその製造方法	
集塵	操作性改善	制御法	特許3045951	F23J15/08ZAB	ごみ焼却設備 燃焼空気予熱器を迂回させた排ガスのバイパスラインを有し、粉塵の排出量を低減する	
	高効率化	ガス流れ	特開2000-210595	B04C5/04	分級性能可変サイクロン	
放電、放射線	酸性ガス処理	放電、放射線種類	特開平9-24237	B01D53/32ZAB	プラズマ法排ガス浄化装置 長さ（L）と太さ（D）の比（L/D）が3〜20の複数の放電針と金属板を有する放電電極を用いた装置	
			特開平9-24236	B01D53/32ZAB	プラズマ法排ガス浄化装置	
			特開平8-155249	B01D53/32	プラズマ法排ガス浄化装置	
	ダイオキシン処理	放電、放射線種類	特開平8-103623	B01D53/32	レーザー有害ガス分解方法およびその装置	

2.4.5 技術開発拠点と研究者

　図2.4.5-1に焼却炉排ガス処理技術の日立造船の出願件数と発明者数を示す。発明者数は明細書の発明者を年次毎にカウントしたものである。

　日立造船の開発拠点：

No.	都道府県名	事業所・研究所
1	大阪府	日立造船本社

図2.4.5-1 日立造船の出願件数と発明者数

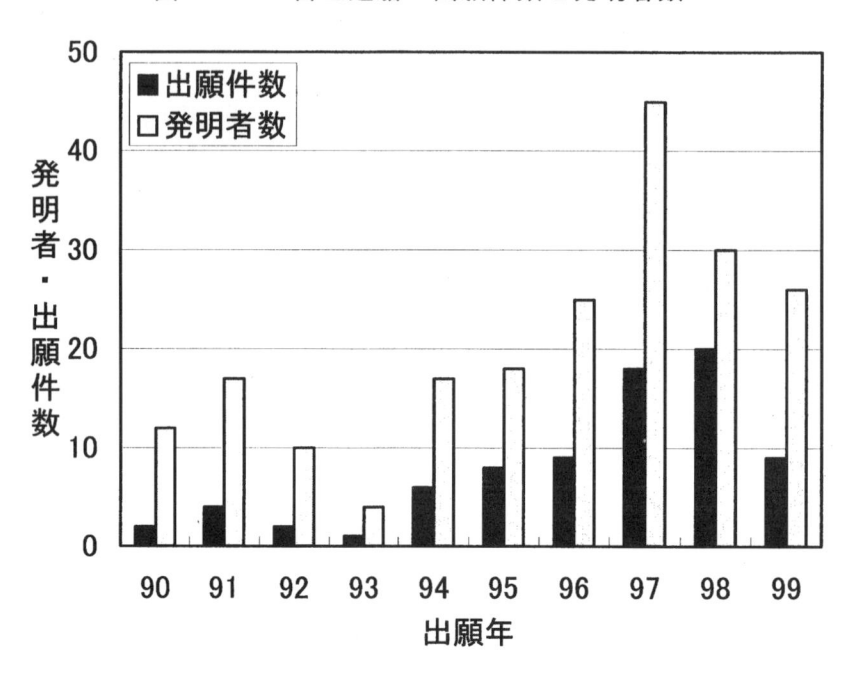

2.5 タクマ

2.5.1 企業の概要

表2.5.1-1にタクマの企業概要を示す。

表2.5.1-1 タクマの企業概要

1)	商号	株式会社　タクマ
2)	設立年月日	1938年（昭和13年）6月10日
3)	資本金	13,367（百万円　2001年3月）
4)	従業員	829人
5)	事業内容	産業機械事業、環境設備事業、運転管理事業、不動産事業
6)	技術・資本提携関係	ミヤマ＝ラディアン廃ガス処理装置の技術導入 ガーノット・スタウディンガー教授（オーストリア）＝ARA排ガス処理装置の技術導入 ゲーエスベー・ソンダルアプワル・エントゾルゲンゲ・バイエルン（独）＝液体廃棄物処理プラントおよび有害廃棄物焼却プラントの技術導入 シーメンス（独）＝廃棄物熱分解溶融システムの技術導入 オーストリアン・エナージィ・アンド・エンバイロメント・エスジーピー・ワグナー・ビロ（オーストリア）＝活性コークスによる排ガス処理システムの技術導入 デュール・エンバイロンメンタル（米）＝蓄熱脱臭装置の技術導入 サムソン・エンジニアリング（韓）＝産業廃棄物焼却プラントの技術供与 ドゥサン・ヘビィ・インダストリィーズ・アンド・コンストラクション（韓）＝都市ごみ焼却プラントの技術供与
7)	事業所	本社/尼崎　工場/播磨、京都
8)	関連会社	サンプラント、タクマ・エンジニアリング、タクマテクノス東日本、田熊プラント
9)	業績推移	<table><tr><td></td><td>売上高（百万円）</td><td>経常利益（百万円）</td><td>当期利益（百万円）</td></tr><tr><td>1997年3月期</td><td>107,680</td><td>12,329</td><td>5,617</td></tr><tr><td>1998年3月期</td><td>130,019</td><td>17,074</td><td>6,720</td></tr><tr><td>1999年3月期</td><td>74,887</td><td>5,196</td><td>3,119</td></tr><tr><td>2000年3月期</td><td>74,672</td><td>4,093</td><td>1,758</td></tr><tr><td>2001年3月期</td><td>103,409</td><td>9,364</td><td>3,659</td></tr></table>
10)	主要製品	各種ボイラ、産業廃棄物処理プラント、ごみ焼却プラント
11)	主な取引先	－
12)	技術移転窓口	技術管理部　尼崎市金楽寺町2-2-33　TEL.06-6483-2603

2.5.2 技術移転事例

表2.5.2-1、表2.5.2-2にタクマの技術導入例および技術供与例を示す。

・技術導入

表2.5.2-1 タクマの技術導入例

相手先	国名	内容
ガス技術研究所	米国	ごみ焼却時に炉から発生する窒素酸化物と一酸化炭素を半分以下に減らす技術を導入した。焼却時に発生する排ガスに天然ガスを混ぜて再燃焼させる方式で、ダイオキシンの発生量も大幅に減らすことができる。導入したのは「天然ガス・リバーン」技術。天然ガスを炉内上部に吹き込んで排ガスと混ぜ、燃焼させる仕組み。天然ガスの注入によりごみの完全燃焼を促し、一酸化炭素のほか塩素化合物の不完全燃焼が原因であるダイオキシンの発生も抑える。また、天然ガスの成分であるメタンが窒素酸化物と反応し、窒素酸化物を減らす役割を果たす。 (1994/7/20の日本経済新聞朝刊より)
シーメンス	ドイツ	次世代型ごみ処理施設「熱分解溶融プラント」の技術導入をした。 低温燃焼装置「熱分解ドラム」がこのプラントの核である。 (1996/7/3の日経産業新聞より)
オーストリアン・エナジー・アンド・エンバイロンメント（AE&E）	オーストリア	ダイオキシン除去が可能な排ガス処理システムを技術導入した。都市ゴミ焼却炉の排出ガスに含まれる有機物質を活性コークスにより吸着除去するシステム。導入したのはバグフィルタやガス洗浄装置を通った後の排出ガスから、さらにダイオキシンなどの有機物質を除去するシステム。3層のコークス層に排出ガスを通過させる直交流方式で、汚染したコークスを1年から4年の間に順次排出する移動層により、90％以上の除去効率が安定して得られるという。装置は薄い直方体状のため、対向流方式に比べ設置面積は半分で済む。 (1997/1/28の日刊工業新聞より)

・技術供与

表2.5.2-2 タクマの技術供与例

相手先	国名	内容
リサーチ・コットレル社（RC）	米国	バグフィルタによる排ガス処理システムで技術提携している。 (1991/12/26の日経産業新聞より)
台湾塑膠工業（台湾プラスチック）	台湾	ごみ焼却プラントの技術をライセンス供与した。 (1993/9/13の日本経済新聞朝刊より)
韓国重工業	韓国	都市ごみ焼却プラントの技術を供与する。韓国重工業が韓国国内で同プラントを受注・建設する際に技術指導し、売り上げに応じたロイヤルティー（指導料）などを得る。技術を供与するのはストーカ式ゴミ焼却炉を使う都市ごみ焼却プラント。技術供与契約の期間は10年間で、タクマはロイヤルティーを得るほか、焼却炉部分を独占して供給する。 (1994/4/8の日経産業新聞より)

2.5.3 焼却炉排ガス処理技術に関連する製品・技術

表2.5.3-1にタクマの製品例を示す。

表2.5.3-1 タクマの製品例

製品名	概要
シーメンスとの技術提携による熱分解ガス化溶融システム	熱分解ガス化溶融システムは、循環型社会を目指した、新・ごみ処理プラントであり、従来の衛生処理、減容化処理に加えて再資源化、溶融、残渣と排ガスの最小化、高効率熱回収および環境保全技術を含めた新総合ごみ処理システムである。 （タクマのHP（http://www.takuma.co.jp/）より）
流動層式ごみ焼却プラント	熱灼減量が小さく、未燃分は1％以下。 運転性に優れ、維持管理も容易。 ごみ質の多様化への対応がよい。 設置面積が小さい。灰汚水の発生がなく清潔。 余熱を有効に利用できる。 （タクマのHP（http://www.takuma.co.jp/）より）

2.5.4 技術開発課題対応保有特許の概要

図2.5.4-1にタクマの焼却炉排ガス処理技術の技術要素と課題の分布を示す。

図2.5.4-1 タクマの技術要素と課題の分布

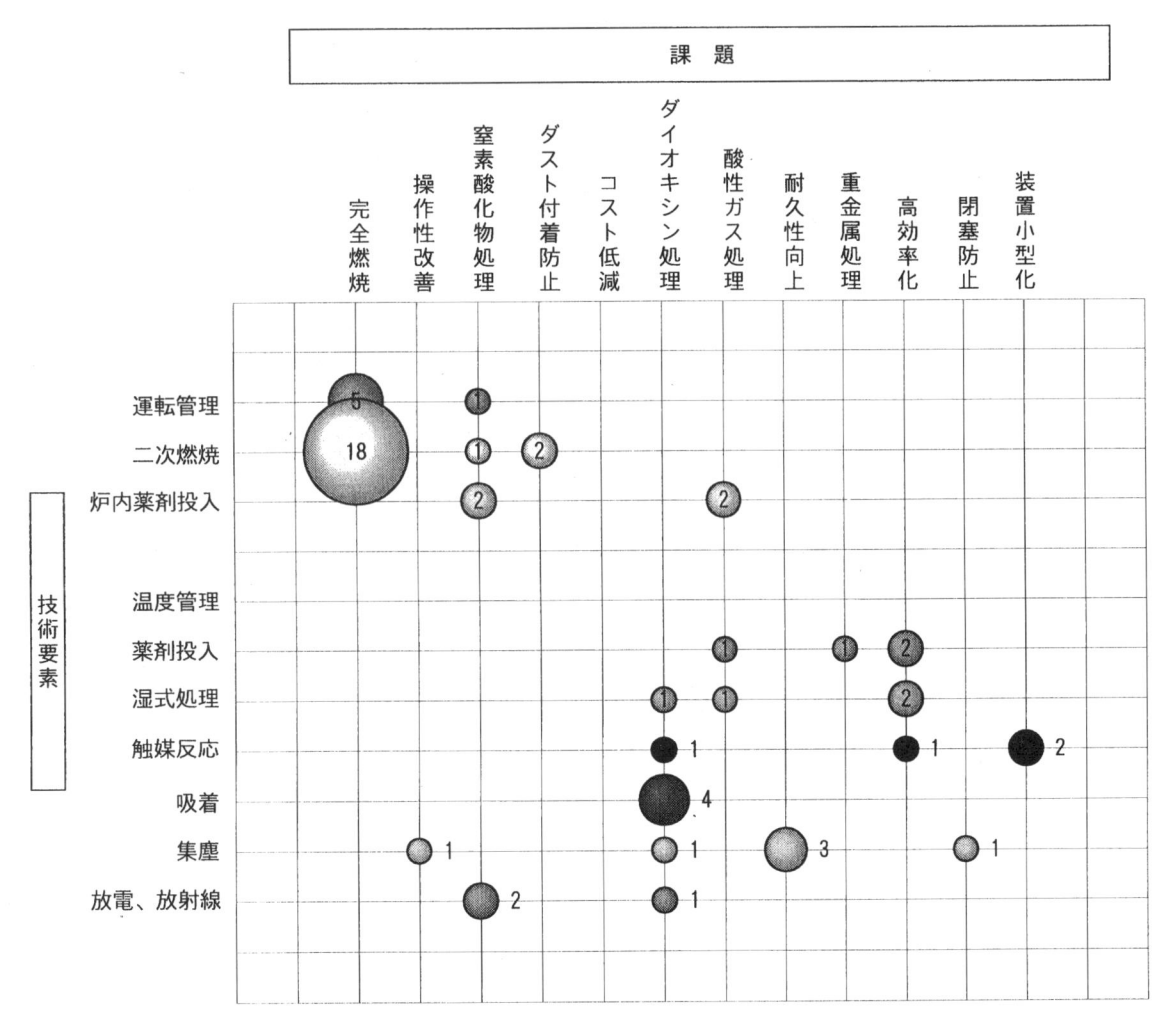

1991年から2001年8月公開の権利存続中または係属中の出願（課題「その他」を除く）

技術要素と課題別に出願件数が多いのは、下記のようになる。
  二次燃焼：   完全燃焼
  運転管理：   完全燃焼
  吸着 　：   ダイオキシン処理
  集塵 　：   耐久性向上

表2.5.4-1にタクマの焼却炉排ガス処理技術の課題対応保有特許を示す。出願取下げ、拒絶査定の確定、権利放棄、抹消、満了したものは除かれている。

○：開放の用意がある特許

表2.5.4-1 タクマの焼却炉排ガス処理技術の課題対応保有特許（1/7）

技術要素	課題	解決手段	特許no.	特許分類（IPC）	発明の名称（概要）	
運転管理	窒素酸化物処理	炉構造	特開平6-42723	F23G5/00,109	ストーカ式汚泥焼却炉	
	完全燃焼	炉構造	特許2959926	F23G5/50ZAB	ごみ焼却炉	
		制御法	特許3172751	F23G5/30ZAB	流動層燃焼方法 所定の散気領域から噴出させる流動用空気に排ガスを投入口に近いほど大きい所定の混合比で混合させる	
			特開2000-18577	F23N5/08	燃焼制御装置およびこれを備えた燃焼炉	
			特開平10-332122	F23G5/50ZAB	流動層焼却炉における燃焼制御方法	
			特開2000-291929	F23G5/50ZAB	循環流動層炉の運転方法	
二次燃焼	窒素酸化物処理	空気吹込、排ガス再循環	特開平11-14029	F23G5/50ZAB	循環流動層燃焼装置及びその運転方法	

○：開放の用意がある特許

表2.5.4-1 タクマの焼却炉排ガス処理技術の課題対応保有特許（2/7）

技術要素	課題	解決手段	特許no.	特許分類（IPC）	発明の名称（概要）
二次燃焼	完全燃焼	制御法	特開平8-94059	F23J1/00	電気溶融システム 電気溶融炉の排気路に、二次燃焼室、水噴霧式ガス冷却塔、集塵器を配置し、集塵器からの排ガスを炉内に還流させる
			特開2000-39125	F23G5/16ZAB	再燃焼分析型のリバーニング装置
		炉構造	特開平8-219425	F23G5/027ZAB	複合式流動層廃棄物燃焼ボイラ
		空気吹込、排ガス再循環	特開平11-294740（*4）	F23G5/50ZAB	排ガス完全燃焼制御方法および排ガス完全燃焼制御装置 排ガスと二次燃焼空気量を一定の比率で混合するとともに炉外へ排出される排ガス中の酸素濃度を一定にする
			特開平10-205734	F23G5/44ZAB	ストーカ式燃焼炉における2次空気の供給方法
			特開平10-205733	F23G5/44ZAB	流動層燃焼炉における2次空気の供給方法
			特許3097779	F23G5/14ZAB	廃棄物焼却炉及び廃棄物燃焼方法
			特許3163547	F23G5/30ZAB	旋回砂層式流動炉
			特開平9-184609	F23G5/00ZAB	焼却炉における廃熱発電システム
			特開平10-103641	F23G5/30ZAB	流動層燃焼装置に於ける燃焼空気の供給方法

○：開放の用意がある特許

表2.5.4-1 タクマの焼却炉排ガス処理技術の課題対応保有特許（3/7）

技術要素	課題	解決手段	特許no.	特許分類（IPC）	発明の名称（概要）	
二次燃焼	完全燃焼	空気吹込、排ガス再循環	特開平10-61929	F23G5/50ZAB	燃焼装置に於ける二次燃焼用空気の供給制御方法	
			特開2000-249318	F23G5/14ZAB	排ガスの二次燃焼方法及びその装置	
		燃焼法	特許3014953	F23G5/14ZAB	焼却炉　炭化水素系燃料を水蒸気と混合して二次燃焼ゾーンに送入する	
			特許3035422	F23G5/50ZAB	焼却炉の燃焼制御装置　一酸化炭素濃度を検出し、一酸化炭素濃度が一定になるように天然ガス、一次燃焼空気のうち少なくとも一方の供給量を制御する	
			特開平10-220720	F23G5/00ZAB	焼却炉における低ＮＯｘ燃焼方法	
			特開平10-325517	F23G5/14ZAB	焼却炉	
			特開平10-339423	F23J1/00	被溶融物の溶融処理方法及び溶融処理装置	
			特開平11-19618	B09B3/00	湿灰の溶融処理装置及び溶融処理方法	
	ダスト付着防止	その他	特開2000-146145	F23J3/00,101	廃棄物の乾留熱分解溶融燃焼装置	
			特開2000-136387	C10B45/00	熱分解ガスダクトのクリーニング装置	

106

○：開放の用意がある特許

表2.5.4-1 タクマの焼却炉排ガス処理技術の課題対応保有特許 (4/7)

技術要素	課題	解決手段	特許 no.	特許分類 (IPC)	発明の名称（概要）	
炉内薬剤投入	窒素酸化物処理	薬剤種類	特開平 11-294724 (*4)	F23G5/00ZAB	焼却炉 二次燃焼空気の供給位置より下流側の二次燃焼ゾーンに脱硝剤を供給する	
			特開平 11-294742 (*4)	F23G5/50ZAB	焼却炉の燃焼制御装置	
	酸性ガス処理	薬剤投入法	特開平 11-63458	F23G7/04,601	汚泥の焼却処理方法	
		薬剤種類	特許 2788997(*)	F23J7/00	燃焼排ガス内の窒素酸化物、硫黄酸化物及び塩化水素の同時低減方法 800℃以上の高温の燃焼ガスゾーンへ中和に要する理論量の水酸化ナトリウムや水酸化カリウムなどのアルカリ剤の水溶液を吹き込む	
薬剤投入	重金属処理	二段集塵	特開平 9-248419	B01D53/46	灰溶融炉における排ガス処理方法及びその装置	
	酸性ガス処理	薬剤種類	特開平 11-201425	F23G5/027ZAB	廃棄物の熱分解溶融燃焼装置	

○：開放の用意がある特許

表2.5.4-1 タクマの焼却炉排ガス処理技術の課題対応保有特許（5/7）

技術要素	課題	解決手段	特許no.	特許分類（IPC）	発明の名称（概要）
薬剤投入	高効率化	吹込法	特許3088810	B01D53/40	排ガス乾式処理装置 排ガスダクトの曲部から排ガス流の下流側に向けて処理剤輸送空気管とダクト径の2倍以上の距離だけ離間した反応促進体とを有する
		その他	特開平9-145043	F23J15/00	焼却炉における排ガス処理方法および排ガス処理装置
湿式処理	酸性ガス処理	その他	特開平11-57656	B09B3/00	廃棄物の熱分解燃焼溶融装置
	高効率化	その他	特開2001-29916	B09B3/00	灰の処理方法
			特開2000-197812	B01D53/68	排ガス処理方法および処理装置
	ダイオキシン処理	その他	特開平11-267453	B01D53/56	排ガス処理方法及び装置 除塵後に湿度を一定にしパルス放電処理した排ガスをアルカリにより酸性ガスを吸収し、亜硫酸塩を主成分とする二酸化窒素吸収剤により処理する
	その他	制御法	特許2665192(*)	B01D53/68	難燃性プラスチックスの分解ガスの処理方法
触媒反応	装置小型化	触媒種類、形状	特公平6-98268	B01D53/36,101	排ガス処理装置
			特公平6-98269	B01D53/36,101	排ガス処理装置

○：開放の用意がある特許

表2.5.4-1 タクマの焼却炉排ガス処理技術の課題対応保有特許（6/7）

技術要素	課題	解決手段	特許no.	特許分類（IPC）	発明の名称（概要）
触媒反応	高効率化	その他	特開平5-293335	B01D53/36,101	廃棄物焼却炉の排ガス処理装置並びに排ガス処理方法
	ダイオキシン処理	反応器構造	特開2000-274643	F23G7/06,103	排ガス処理システム 還元剤が添加された排ガスを還元触媒層を有する処理炉で処理する時に、ガスの方向を切り換える機構を備える
吸着	ダイオキシン処理	吹込法	特開平7-75718（*）	B01D53/70	排ガス中の重金属と塩素系炭化水素化合物と酸性ガスの同時除去方法
		吸着剤種類	特開2000-140627	B01J20/12ZAB	ダイオキシン除去材、ダイオキシン除去方法、及び、ダイオキシン除去材の再生方法 ダイオキシン吸着後の脱着再生を容易にする、アタパルジャイトまたはセピオライトからなるダイオキシン除去剤
			特開平9-280523	F23G5/033ZAB	廃棄物の乾留熱分解溶融燃焼装置
		再生法	特開平11-179140	B01D53/04ZAB	有害物質除去方法及び装置
集塵	閉塞防止	高温集塵	特開2001-132929	F23G7/06ZAB	溶融炉の排ガス処理方法および排ガス処理装置
	耐久性向上	制御法	特開2001-190920	B01D51/00	排ガス処理方法および排ガス処理装置
		高温集塵	特開平9-313886	B01D53/68	燃焼排ガス処理装置

○：開放の用意がある特許

表2.5.4-1 タクマの焼却炉排ガス処理技術の課題対応保有特許（7/7）

技術要素	課題	解決手段	特許no.	特許分類（IPC）	発明の名称（概要）
集塵	耐久性向上	その他	特公平6-55253	B01D51/10	廃棄物焼却炉の排ガス処理装置 入口ガスダクトと出口ガスダクトの上流側の複数のヒートパイプで排ガス温度を所望の温度まで冷却し、その下流側のバグフィルタで除塵及び有害物質除去を行う
	操作性改善	その他	特開2001-54718	B01D53/34ZAB	バグフィルタ加温方法およびその装置
	ダイオキシン処理	高温集塵	特開2001-108216	F23G5/16ZAB	排ガス処理方法
放電、放射線	窒素酸化物処理	放電、放射線種類	特開平8-66620	B01D53/56	排ガス処理の制御方法 パルス・コロナ放電が発生される排ガス中のオゾンまたは亜酸化窒素濃度が基準値を超えるとパルス放電電力を制御する
			特開平5-161821	B01D53/34,132	排ガス処理方法
	ダイオキシン処理	放電、放射線種類	特開平6-312115	B01D53/32ZAB	プラズマ利用の排ガス処理装置
	その他	放電、放射線種類	特開平8-24559	B01D53/32ZAB	回転円盤放電式排ガス処理装置

110

2.5.5 技術開発拠点と研究者

図2.5.5-1に焼却炉排ガス処理技術のタクマの出願件数と発明者数を示す。発明者数は明細書の発明者を年次毎にカウントしたものである。

タクマの開発拠点：

No.	都道府県名	事業所・研究所
1	兵庫県	タクマ尼崎本社
2	大阪府	タクマ大阪本社（田熊総合研究所）
3	兵庫県	中央研究所

図2.5.5-1 タクマの出願件数と発明者数

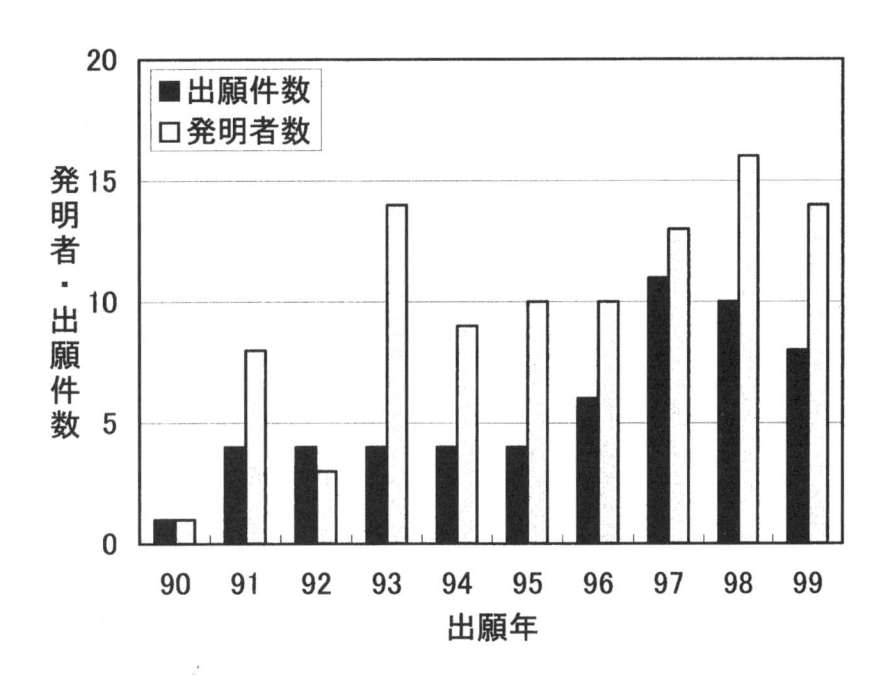

2.6 明電舎

2.6.1 企業の概要
表2.6.1-1に明電舎の企業概要を示す。

表2.6.1-1 明電舎の企業概要

1)	商号	株式会社　明電舎
2)	設立年月日	1917年（大正6年）6月1日
3)	資本金	17,070（百万円　2001年3月）
4)	従業員	3,851人
5)	事業内容	エネルギー事業、環境事業、情報・通信事業、産業システム事業、その他
6)	技術・資本提携関係	焼却炉排ガス処理関連の技術・資本提携は調査した範囲では見当たらない。
7)	事業所	本社/東京　工場/大崎、太田、沼津、名古屋
8)	関連会社	明電エンジニアリング、明電環境サービスなど
9)	業績推移		売上高（百万円）／経常利益（百万円）／当期利益（百万円） 1997年3月期　197,312／3,566／1,898 1998年3月期　184,576／-785／-4,375 1999年3月期　169,367／-4,898／-18,777 2000年3月期　161,810／1,036／1,112 2001年3月期　146,443／2,175／-3,378
10)	主要製品	熱分解処理システム
11)	主な取引先	東京電力、関西電力、中部電力、九州電力、東北電力、守谷商会、住友商事、トーメン、新日鉄、住友金属、大阪市、東京都、JR各社、トヨタ自動車、日本放送協会
12)	技術移転窓口	知的財産部　管理情報課　品川区大崎2-1-17　TEL.03-5487-1474

2.6.2 技術移転事例
明電舎の焼却炉排ガス処理技術関連の技術移転事例は、調査した範囲では見当たらない。

2.6.3 焼却炉排ガス処理技術に関連する製品・技術
表2.6.3-1に明電舎の製品例を示す。

表2.6.3-1 明電舎の製品例

製品名	概要
明電乾留形熱分解処理システム	通常の燃焼処理システムは発生したダイオキシン類を処理し、排出しないようにしているが、この乾留形熱分解処理システムは、ダイオキシン類そのものの発生を抑制する新しいシステムである。システム構成としては、キルン（回転炉・2段式）、添加剤供給装置、熱風炉、乾留ガス焼却炉、熱交換器、バグフィルタなどが中心的な機器・装置となる。 （明電舎のカタログより）

2.6.4 技術開発課題対応保有特許の概要

図2.6.4-1に明電舎の焼却炉排ガス処理技術の技術要素と課題の分布を示す。

図2.6.4-1 明電舎の技術要素と課題の分布

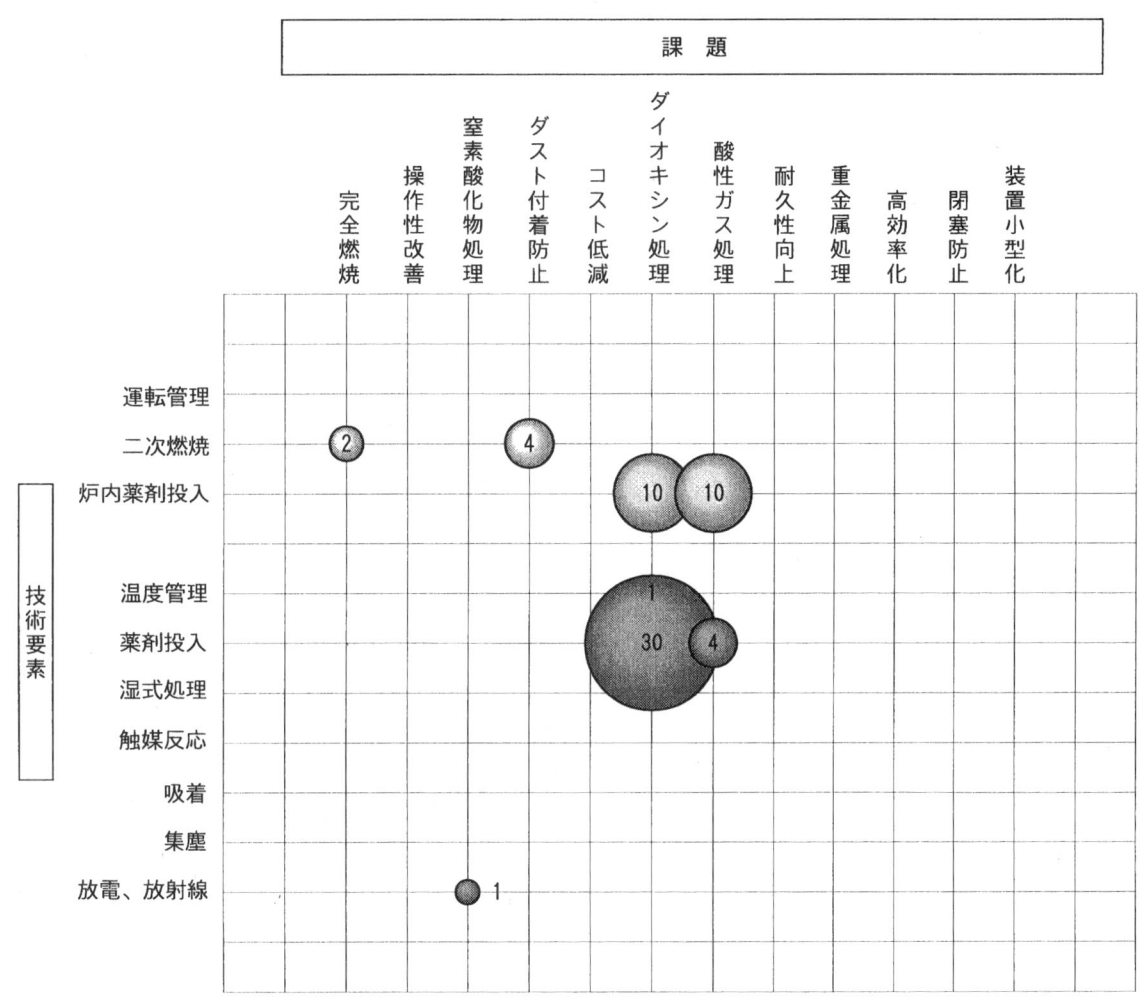

1991年から2001年8月公開の権利存続中または係属中の出願（課題「その他」を除く）

技術要素と課題別に出願件数が多いのは、下記のようになる。
    薬剤投入：   ダイオキシン処理
    炉内薬剤投入：   ダイオキシン処理
    炉内薬剤投入：   酸性ガス処理

表2.6.4-1に明電舎の焼却炉排ガス処理技術の課題対応保有特許を示す。出願取下げ、拒絶査定の確定、権利放棄、抹消、満了したものは除かれている。

○：開放の用意がある特許

表2.6.4-1 明電舎の焼却炉排ガス処理技術の課題対応保有特許（1/3）

技術要素	課題	解決手段	特許no.	特許分類（IPC）	発明の名称（概要）	
二次燃焼	完全燃焼	制御法	特開2001-27409	F23G5/50ZAB	加熱処理システムにおける乾留ガス燃焼温度の制御方法と装置 乾留ガス燃焼炉の温度制御を乾留ガス量を制御することにより行う	○
			特開2001-65831	F23G5/027ZAB	被処理物の加熱処理方法。	○
	ダスト付着防止	炉構造	特開2000-337617	F23G5/027ZAB	被処理物の加熱処理装置	○
			特開2001-65835	F23G5/16ZAB	被処理物の加熱処理方法と処理装置	○
			特開2001-65833	F23G5/14ZAB	被処理物加熱処理施設の分解ガス燃焼装置	○
		空気吹込、排ガス再循環	特開2001-65836	F23G5/16ZAB	被処理物の加熱処理方法と処理装置	○
炉内薬剤投入	酸性ガス処理	薬剤種類	特開2000-109848	C10B53/00	ガス発電設備	○
			特許3060934	F23G5/10ZAB	廃棄物焼却処理システム	○
			特開平11-294728	F23G5/027ZAB	排ガス燃焼装置を備えた廃棄物等の処理施設	○
			特開平11-263977	C10B53/00	被処理物の加熱処理装置	○
			特開2001-38329	B09B3/00	被処理物の加熱処理方法と処理施設	○
		制御法	特開2000-44960	C10B53/00	排ガス燃焼装置を備えた廃棄物等の処理施設	○
			特開2000-18825	F26B17/20	ロータリーキルン形廃棄物処理実験装置	○
			特開2001-33013	F23G5/14ZAB	被処理物の加熱処理方法	○
			特開2000-346321	F23G5/027ZAB	被処理物の加熱処理装置と被処理物の前処理方法	○
			特開2001-47005	B09B3/00	被処理物の加熱処理装置	○
	ダイオキシン処理	薬剤種類	特開平11-9938	B01D53/14	脱塩素処理方法	○
			特開2001-153342	F23J15/00	非常用排気手段を備えた被処理物の加熱処理方法と加熱処理施設	○
			特開2000-334417	B09B3/00	被処理物の減容化処理装置	○

114

○：開放の用意がある特許

表2.6.4-1 明電舎の焼却炉排ガス処理技術の課題対応保有特許（2/3）

技術要素	課題	解決手段	特許no.	特許分類（IPC）	発明の名称（概要）	
炉内薬剤投入	ダイオキシン処理	制御法	特開平11-72210	F23G5/027ZAB	ＲＤＦを用いたボイラ装置	○
			特開平11-226546	B09B3/00	ハロゲン含有物の処理装置	○
			特開平11-226547	B09B3/00	ハロゲン含有物の処理方法と処理装置	○
			特開平11-226548	B09B3/00	ハロゲン含有物の処理方法と処理装置	○
			特開平11-9939	B01D53/14	塩化ビニル系物質の脱塩素処理方法	○
			特開平11-226545	B09B3/00	ハロゲン含有物の処理方法と処理装置	○
			特開平11-248117	F23G5/00ZAB	有害成分含有物の処理方法と処理装置	○
温度管理	ダイオキシン処理	水噴霧	特開2000-249327	F23J15/06	加熱処理施設の排ガス処理方法と処理装置	○
薬剤投入	酸性ガス処理	薬剤種類	特開平11-104447	B01D53/50	排ガスの脱硫処理方法	○
			特開平11-101416	F23G5/00ZAB	ＳＯxガスの発生防止方法	○
			特開平11-9959	B01D53/68	流動層ボイラ	○
			特開平11-9958	B01D53/68	排ガス処理方法と排ガス処理反応塔	○
	ダイオキシン処理	薬剤種類	特開平11-319525	B01D71/64	脱塩素用薄膜とその製造方法及び塩素系ガスの除去方法 ガラス板などに塗着したポリアミド酸溶液の溶媒を蒸発させてポリアミド酸薄膜にした後加熱し、多孔質の薄膜を作成する	○
			特開2000-15055	B01D53/68	多孔質処理剤とその製造方法 加熱により分離飛散する気化成分を含有するため表面積を増加させ、有害な成分と反応して無害な塩類を生成するアルカリ物質多孔質処理剤	○
			特開2000-254447	B01D53/70	加熱処理施設と排ガス処理方法	○
			特開2000-107532	B01D46/02	排ガス浄化方法	○
			特開2000-240914	F23G5/027ZAB	被処理物の灰化処理方法と処理装置	○
			特開2001-162245	B09B3/00	被処理物の加熱処理方法と処理装置及び処理施設	○
			特開2001-9411	B09B3/00	被処理物の非酸化性雰囲気中での加熱処理方法と加熱処理装置	○
			特開2000-233171	B09B5/00ZAB	縦軸回転加熱処理炉を備えた被処理物の処理方法と処理装置	○
			特開平11-290818	B09B3/00	バグフィルタ装置を備えた廃棄物等の処理施設	○
			特開平10-235151	B01D53/68	排ガス処理方法と排ガス処理反応塔	○

115

○：開放の用意がある特許

表2.6.4-1 明電舎の焼却炉排ガス処理技術の課題対応保有特許（3/3）

技術要素	課題	解決手段	特許no.	特許分類（IPC）	発明の名称（概要）	
薬剤投入	ダイオキシン処理	薬剤種類	特開平 10-235309	B09B3/00	プラスチック材の脱塩素処理方法	○
			特開平 10-235150	B01D53/68	排ガス処理方法と排ガス処理反応塔	○
			特開平 10-235149	B01D53/68	塩化ビニル系物質の脱塩素処理方法	○
			特開平 10-235148	B01D53/68	脱塩素処理方法	○
			特開平 10-235147	B01D53/68	脱塩素処理方法	○
			特開平 10-235186	B01J20/04	脱塩素剤	○
			特開平 11-290817	B09B3/00	バグフィルタ装置を備えた廃棄物等の処理施設	○
			特開平 10-244128	B01D53/68	ダイオキシン類の除去方法	○
			特開平 10-249155	B01D53/70	ダイオキシン類の除去方法	○
			特開平 11-290819	B09B3/00	バグフィルタ装置を備えた廃棄物等の処理施設	○
			特開平 11-333406	B09B3/00	有害成分含有物の処理装置	○
			特開平 11-333418	B09B3/00	有害成分含有物の処理装置	○
			特開平 11-104454	B01D53/68	排ガス中の有害成分除去方法	○
			特開平 11-101417	F23G5/00ZAB	有害ガスの発生防止方法	○
			特開平 11-101425	F23G7/06,102	有害成分処理剤	○
			特開平 10-237511	C21B5/00,320	溶鉱炉の操業方法	○
			特開平 11-9961	B01D53/70	ダイオキシン類の除去方法	○
			特開平 11-10112	B09B3/00	プラスチック材の脱塩素処理方法	○
			特開平 10-235187	B01J20/04	脱塩素剤	○
			特開 2000-24614	B09B3/00	多孔質処理剤による有害成分含有物の処理方法	○
放電、放射線	窒素酸化物処理	放電、放射線種類	特開平 4-256415	B01D53/34,129	排気ガス処理装置	○

2.6.5 技術開発拠点と研究者

　図2.6.5-1に焼却炉排ガス処理技術の明電舎の出願件数と発明者数を示す。発明者数は明細書の発明者を年次毎にカウントしたものである。
　明電舎の開発拠点：

No.	都道府県名	事業所・研究所
1	東京都	明電舎本社

図2.6.5-1 明電舎の出願件数と発明者数

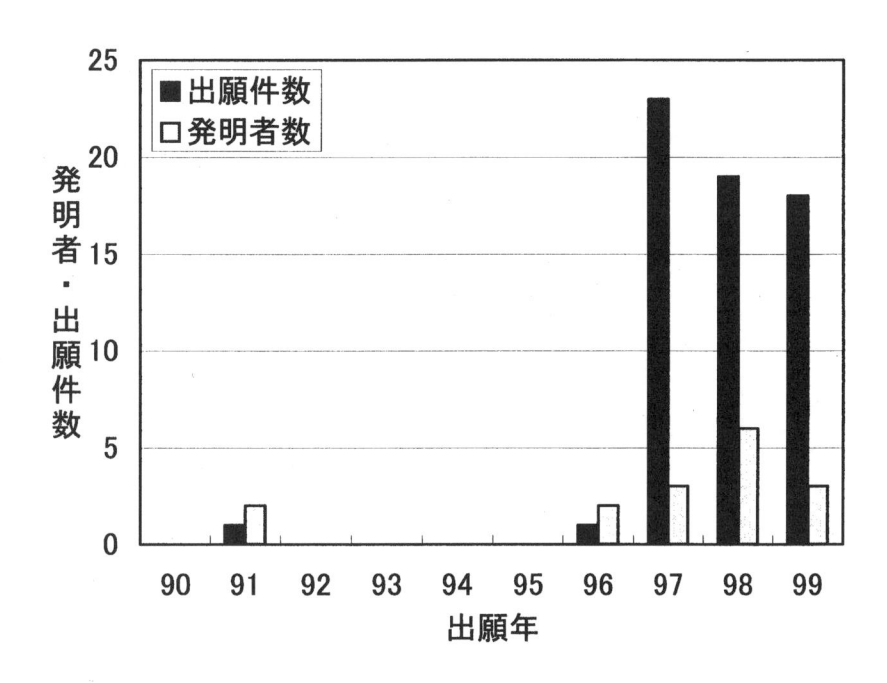

2.7 バブコック日立

2.7.1 企業の概要
表2.7.1-1にバブコック日立の企業概要を示す。

表2.7.1-1 バブコック日立の企業概要

1)	商号	バブコック日立株式会社
2)	設立年月日	1953年（昭和28年）7月1日
3)	資本金	5,000（百万円 2001年3月）
4)	従業員	1,536人
5)	事業内容	ボイラー・原子力・化学機械・環境機器・都市ごみ処理プラント・ダイオキシン分解装置・産業機械の製造卸売
6)	技術・資本提携関係	日立製作所（100％株主）との技術・資本提携
7)	事業所	本社/東京　研究所/呉、安芸津　工場/呉、安芸津
8)	関連会社	日立製作所（親会社）、バブ日立工業、バブ日立エンジニアリング、バブ日立東ソフトウェア、バブ日立西ソフトウェア、BHKビルディング、バブ日立機工、BHKビジネスサービス、BHKテクノス、バブコック日立フィリピン、クライド・バブコック日立（オーストラリア）
9)	業績推移	<table><tr><td></td><td>売上高（百万円）</td><td>経常利益（百万円）</td><td>当期利益（百万円）</td></tr><tr><td>1997年3月期</td><td>129,785</td><td>5,014</td><td>2,014</td></tr><tr><td>1998年3月期</td><td>109,918</td><td>2,485</td><td>985</td></tr><tr><td>1999年3月期</td><td>143,521</td><td>-19,423</td><td>-19,443</td></tr><tr><td>2000年3月期</td><td>87,714</td><td>-9,017</td><td>-13,644</td></tr><tr><td>2001年3月期</td><td>164,179</td><td>3,401</td><td>1,995</td></tr></table>
10)	主要製品	都市ごみ処理プラント・ダイオキシン分解装置
11)	主な取引先	日立製作所、電力各社、各地方公共団体
12)	技術移転窓口	各事業部、本部

2.7.2 技術移転事例
表2.7.2-1、表2.7.2-2にバブコック日立の技術導入例及び技術供与例を示す。

・技術導入

表2.7.2-1 バブコック日立の技術導入例

相手先	国名	内容
シュタインミューラー	ドイツ	ストーカ式ごみ焼却炉の技術を導入した。ストーカ炉は、炉底の階段状の格子の上に、ごみを転がしながら燃焼する焼却炉。ごみを均一に燃やせるため、処理量の多い大都市のごみ処理施設に向いているとされる。 （1999/9/9の日本経済新聞朝刊より）

・技術供与

表 2.7.2-2 バブコック日立の技術供与例

相手先	国名	内容
三星重工業	韓国	日立製作所と共同で硫黄酸化物を除去する排煙脱硫装置に関し技術供与契約を結んだ。同装置で韓国に技術供与するのはわが国メーカーでは初めて。供与する技術は「湿式石灰石－石膏法脱硫装置」。日立製作所は排煙脱硫装置に関する改良技術を開発した場合、三星に開示、三星は同関連の受注内容などを日立製作所に開示する義務を負う。 (1993/6/15の日刊工業新聞より)

2.7.3 焼却炉排ガス処理技術に関連する製品・技術

表 2.7.3-1 にバブコック日立の製品例を示す。

表 2.7.3-1 バブコック日立の製品例

製品名	概要
流動床式焼却炉	高温に熱せられた流動媒体の熱エネルギーにより、多種多様なごみを「緩慢で安定に燃焼」させることで、ダイオキシン類、一酸化炭素、窒素酸化物の極小化を可能にする。 (バブコック日立のHP (http://www.bhk.co.jp/indexj.htm) より)
ストーカ式焼却炉	コンパートメント式風箱と分割されたグレート駆動装置により、グレートプレート上で緩慢燃焼し二次燃焼室で完全燃焼される。ごみの移送・撹拌に適した形状と適正な速度制御などにより安定した燃焼ができる。テーパーギャップと冷却フィン効果によりグレートプレートは低温に維持され極めて長寿命である。 (バブコック日立のHP (http://www.bhk.co.jp/indexj.htm) より)
流動床式熱分解ガス化溶融システム	幅広いごみ質に対応。高い炉床負荷。有価金属の回収。ダイオキシン類のゼロ化。環境負荷の低減。 (バブコック日立のHP (http://www.bhk.co.jp/indexj.htm) より)
高度排ガス処理	最適な炉構造、燃焼制御、低温バグフィルタによりダイオキシン類の生成を抑制し、さらに活性炭吸着法や触媒分解法によりゼロ化を図る。高性能バグフィルタにより煤塵・重金属を捕集する。乾式・半乾式・湿式処理により塩化水素・硫黄酸化物を除去する。二段燃焼法を採用。さらに、必要に応じて尿素を炉内に吹き込む高温無触媒脱硝法や、自社開発の触媒を使用した触媒脱硝法により窒素酸化物を除去する。最適な炉構造と燃焼制御により一酸化炭素を抑制する。 (バブコック日立のHP (http://www.bhk.co.jp/indexj.htm) より)
ダイオキシン類分解触媒装置	ダイオキシン類は触媒を通過する際に二酸化炭素、塩化水素および水蒸気に分解されます。完全分解により二次処理が不要。窒素酸化物との同時処理が可能。 (バブコック日立のHP (http://www.bhk.co.jp/indexj.htm) より)

2.7.4 技術開発課題対応保有特許の概要

図2.7.4-1にバブコック日立の焼却炉排ガス処理技術の技術要素と課題の分布を示す。

図2.7.4-1 バブコック日立の技術要素と課題の分布

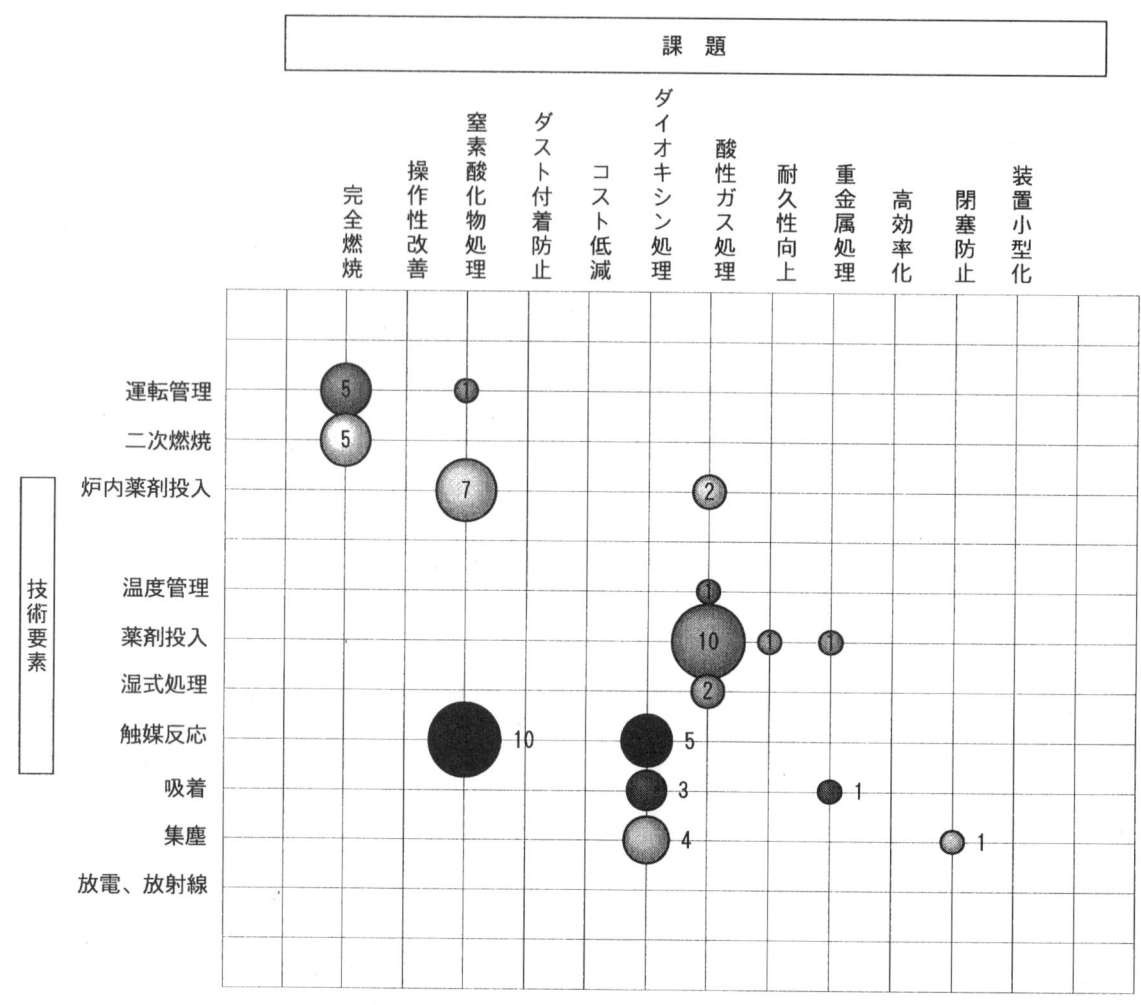

1991年から2001年8月公開の権利存続中または係属中の出願（課題「その他」を除く）

技術要素と課題別に出願件数が多いのは、下記のようになる。

  触媒反応：   窒素酸化物処理
  薬剤投入：   酸性ガス処理
  炉内薬剤投入：   窒素酸化物処理

表2.7.4-1にバブコック日立の焼却炉排ガス処理技術の課題対応保有特許を示す。出願取下げ、拒絶査定の確定、権利放棄、抹消、満了したものは除かれている。

○：開放の用意がある特許

表2.7.4-1 バブコック日立の焼却炉排ガス処理技術の課題対応保有特許（1/5）

技術要素	課題	解決手段	特許no.	特許分類(IPC)	発明の名称（概要）
運転管理	窒素酸化物処理	制御法	特開平7-103441	F23G5/30ZAB	流動層焼却炉の炉内温度制御方法およびその装置
	完全燃焼	制御法	特開平6-300239	F23G5/50ZAB	燃焼装置のダイオキシン抑制制御方法 燃料供給量、一酸化炭素濃度、酸素濃度、炉出口の温度の検出値が変化傾向の時、燃料供給量、二次空気供給量、一酸化炭素濃度のうちの少なくとも1つを制御する
			特開2000-154913	F23G5/50ZAB	ごみガス化溶融処理システム
			特開平7-167419	F23G5/50ZAB	給塵装置の制御方法
			特許3068936	F23G5/50ZAB	焼却炉燃焼制御装置および制御方法
			特開平8-159414	F23C11/02,305	流動床式焼却炉とその制御方法
二次燃焼	完全燃焼	制御法	特開平11-351528	F23G5/027ZAB	ごみの燃焼による発電方法と装置
			特開2000-304235	F23G5/50ZAB	ごみのガス化溶融装置の制御方法および装置
			特開2001-227716	F23G5/027ZAB	ごみガス化溶融処理装置及び方法
			特開平11-325424	F23G5/027ZAB	ごみガス化炉と該ガス化炉を備えたごみガス化燃焼処理装置
			特開2000-18540	F23G5/46ZAB	ごみガス化発電装置と方法
炉内薬剤投入	窒素酸化物処理	薬剤投入法	特開平8-103627	B01D53/56	無触媒脱硝装置及び無触媒脱硝方法

○：開放の用意がある特許

表 2.7.4-1 バブコック日立の焼却炉排ガス処理技術の課題対応保有特許（2/5）

技術要素	課題	解決手段	特許 no.	特許分類（IPC）	発明の名称（概要）
炉内薬剤投入	窒素酸化物処理	制御法	特開平 6-313535	F23G5/50ZAB	無触媒脱硝制御装置 火炎検出手段からの信号に基いて窒素化合物を供給し、窒素酸化物を除去する無触媒脱硝法
			特開平 6-272809	F23C11/00,317	燃焼装置及び燃焼方法
			特開平 8-332341	B01D53/56	排ガス脱硝方法と排ガス処理方法
			特開平 7-265661	B01D53/56	ごみ焼却炉燃焼ガスの脱硝装置
			特開平 7-269836	F23G5/50ZAB	脱硝装置付きごみ焼却炉
			特開平 7-49112	F23G5/50ZAB	ごみ焼却炉用無触媒脱硝方法
	酸性ガス処理	制御法	特開平 10-9542	F23G5/30ZAB	ごみ焼却方法
		その他	特開平 11-137949	B01D53/34	ごみ焼却炉排ガス処理方法と装置
温度管理	酸性ガス処理	温度管理	特開平 11-138123	B09B3/00	廃棄物ガス化装置と廃棄物ガス化発電装置
	その他	温度管理	特開平 7-174324	F23G7/00,103	廃棄物の焼却、灰溶融方法と装置
薬剤投入	耐久性向上	その他	特開平 8-323146	B01D53/68	ダストの潮解防止装置
	重金属処理	薬剤種類	特開平 8-89757	B01D53/64	ごみ焼却炉排ガスの処理法 水銀の硫化物の溶解度積より大きい金属の硫化物を無機の酸化物担体に担持させ、冷却塔と集塵装置の間の煙道に導入する
	酸性ガス処理	薬剤種類	特開平 8-141364	B01D53/68	燃焼排ガス浄化方法と装置
			特開平 10-54542	F23J15/00	ごみの乾留焼却方法と装置
		二段集塵	特開平 7-328384	B01D53/68	ごみ焼却設備における排ガス処理方法
			特開平 8-323322	B09B3/00	廃棄物処理装置
		制御法	特開平 9-308817	B01D53/68	排ガス処理方法および装置

○：開放の用意がある特許

表2.7.4-1 バブコック日立の焼却炉排ガス処理技術の課題対応保有特許（3/5）

技術要素	課題	解決手段	特許no.	特許分類（IPC）	発明の名称（概要）	
薬剤投入	酸性ガス処理	制御法	特開平11-248141	F23J15/02	燃焼排ガスの処理方法	
			特開平6-205932	B01D53/34,118	排ガス処理方法および装置	
		吹込法	特開平8-200642	F23J1/00ZAB	ごみ焼却処理時の塩化物含有煤塵の処理方法および装置	
			特開平9-105509	F23G5/46ZAB	ごみ焼却炉の廃熱利用発電装置および発電方法	
			特開平9-299741	B01D53/34	排ガス処理方法	
湿式処理	酸性ガス処理	薬剤種類	特開平9-276651	B01D53/68	焼却灰溶融炉の排ガス処理装置	
		制御法	特開2000-325742	B01D53/50	脱硫装置出口ガスからの脱塵と水または水蒸気回収方法と装置　脱硫装置出口排ガス温度より低温のプレクール液を微粒液滴として脱硫装置出口排ガスの流れに対し向流に噴霧する	
触媒反応	窒素酸化物処理	反応器構造	特開平8-332349	B01D53/94	燃焼炉排ガスの脱硝装置　脱硝装置において、脱硝剤から発生するアンモニアと排ガス中の窒素酸化物とを反応させフィルタ内に脱硝触媒を担持させた触媒層を有する	
			特開2001-227740	F23J15/00	ごみ焼却設備	
			特開平9-280531	F23G7/06ZAB	ごみ焼却設備	

○：開放の用意がある特許

表 2.7.4-1 バブコック日立の焼却炉排ガス処理技術の課題対応保有特許（4/5）

技術要素	課題	解決手段	特許no.	特許分類（IPC）	発明の名称（概要）	
触媒反応	窒素酸化物処理	制御法	特開平10-109018	B01D53/94	排ガス脱硝方法と装置 脱硝性能に関するデータを収録し、所定の評価条件に換算して評価して、脱硝触媒の劣化度を評価する	
			特開平9-870	B01D53/56	排ガス脱硝装置および脱硝方法	
			特開平7-204433	B01D46/02ZAB	排ガスの浄化処理方法およびその装置	
		触媒種類、形状	特開平8-290062	B01J29/072	排ガス浄化触媒とその製造方法および排ガス浄化方法	
			特開平9-155123	B01D39/14	排ガス処理用バグフィルタ及びその運転方法	
			特開平10-118456	B01D53/94	排ガス処理装置および処理方法	
		その他	特開2001-208321	F23G5/48ZAB	排ガス処理装置の腐食防止方法	
	ダイオキシン処理	反応器構造	特開平10-202062	B01D53/86ZAB	焼却炉排ガスの脱硝およびダイオキシン除去方法ならびに装置	
		制御法	特開平10-192655	B01D53/87ZAB	排ガス処理用バグフィルタ	
			特開平10-128069	B01D53/94	排ガス処理方法	
		触媒種類、形状	特開2001-46841	B01D53/86ZAB	含塩素有機化合物の付着防止方法および付着防止塗料	
		その他	特開平11-248140	F23J15/00	排ガスの処理装置及び処理方法	

○：開放の用意がある特許

表 2.7.4-1 バブコック日立の焼却炉排ガス処理技術の課題対応保有特許 (5/5)

技術要素	課題	解決手段	特許 no.	特許分類(IPC)	発明の名称（概要）	
吸着	重金属処理	吸着剤種類	特開平 10-109016	B01D53/64	重金属含有排ガス処理方法と装置 吸着担体としてケイソウ土、アルミナ、シリカ、活性炭のうち少なくとも1種を使用し、吸着剤活性成分にヨウ化亜鉛を用いる	
	ダイオキシン処理	反応塔構造	特開平 6-281128	F23J15/00	燃焼炉の排煙処理装置	
		二段集塵	特開平 9-108535	B01D53/50	排ガス処理装置	
		再生法	特開平 8-86425	F23G7/06ZAB	焼却装置	
集塵	閉塞防止	制御法	特開平 8-86424	F23G7/00ZAB	廃棄物の焼却装置 相対湿度検出手段と、相対湿度が5.5%以下になるように相対湿度を制御し、ダストの潮解を効率よく防止する	
	ダイオキシン処理	払落し方法	特開 2000-107562	B01D53/70	燃焼排ガスの処理装置	
		制御法	特開平 8-155257	B01D53/40	排煙浄化層の形成方法	
		高温集塵	特開平 7-324720	F23G7/00,103	ごみ焼却灰の溶融設備	
			特開平 10-205730	F23G5/16ZAB	排ガス処理装置	

2.7.5 技術開発拠点と研究者

　図2.7.5-1に焼却炉排ガス処理技術のバブコック日立の出願件数と発明者数を示す。発明者数は明細書の発明者を年次毎にカウントしたものである。

　バブコック日立の開発拠点：

No.	都道府県名	事業所・研究所
1	広島県	呉研究所
2	広島県	呉工場

図2.7.5-1 バブコック日立の出願件数と発明者数

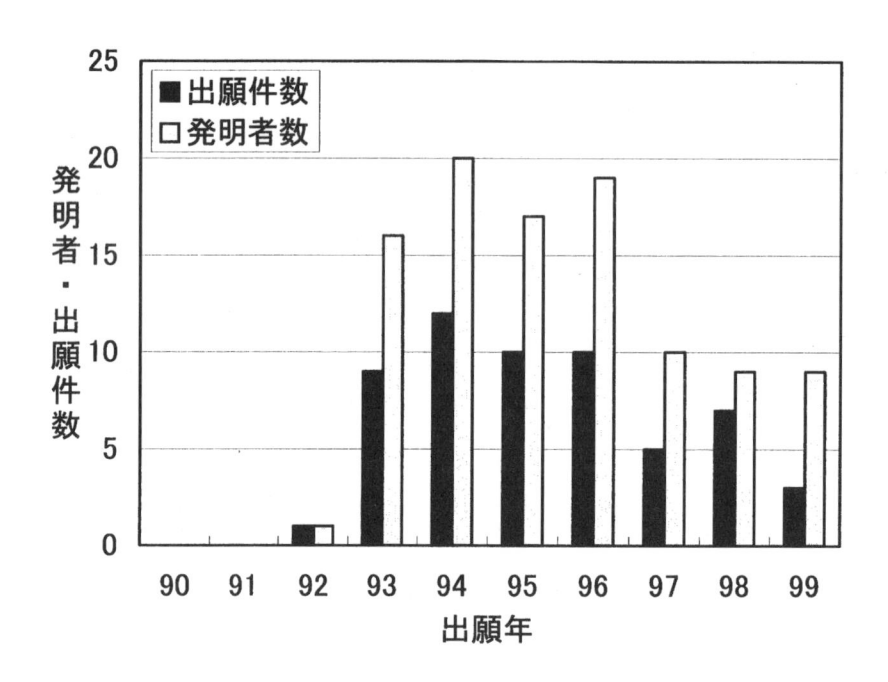

2.8 三洋電機

2.8.1 企業の概要
表 2.8.1-1 に三洋電機の企業概要を示す。

表2.8.1-1 三洋電機の企業概要

1)	商号	三洋電機株式会社
2)	設立年月日	1950 年（昭和 25 年）4 月 1 日
3)	資本金	172,241（百万円　2001 年 3 月）
4)	従業員	20,112 人
5)	事業内容	AV・情報通信機器、電化機器、産業機器、電子デバイス、電池、その他
6)	技術・資本提携関係	テキサス・インスツルメンツ・インコーポレーテッド（米）＝半導体材料、接合材料、半導体素子、半導体装置に関する特許実施権の取得 インターナショナル・ビジネス・マシーンズ・コーポレーション（米）＝半導体装置に関する特許実施権の取得 ルーセントテクノロジーズ・インク（米）＝半導体装置に関する特許実施権の取得
7)	事業所	本社/守口　東京本部/上野　研究所/群馬
8)	関連会社	鳥取三洋電機（鳥取県鳥取市、55.8％、AV・情報通信機器、電化機器、電子デバイス）
9)	業績推移		売上高（百万円）	経常利益（百万円）	当期利益（百万円）
		1997 年 3 月期	1,104,103	29,136	16,372
		1998 年 3 月期	1,121,939	25,275	14,146
		1999 年 3 月期	1,076,584	10,379	3,890
		2000 年 3 月期	1,121,579	13,131	-48,806
		2001 年 3 月期	1,242,857	3,1728	17,596
10)	主要製品	生ごみ処理機
11)	主な取引先	KDDI、三洋電機貿易、三洋ライフ・エレクトロニクス、オリンパス光学工業、三洋セミコンデバイス
12)	技術移転窓口	法務・知的財産部　鳥取市立川町 7-101　TEL.0857-21-2023

2.8.2 技術移転事例
　三洋電機、鳥取三洋電機の焼却炉排ガス処理技術関連の技術移転事例は、調査した範囲では見当たらない。

2.8.3 焼却炉排ガス処理技術に関連する製品・技術
　表 2.8.3-1 に三洋電機の製品例を示す。
　この廃棄物焼却炉は、鳥取三洋電機との共同開発による、小型の廃棄焼却炉である。

表2.8.3-1 三洋電機の製品例

製品名	概要
廃棄物焼却機	オフィス・産業用の廃棄物焼却機器。

（三洋電機のHP（http://www.sanyo.co.jp/）より）

2.8.4 技術開発課題対応保有特許の概要

図2.8.4-1に三洋電機の焼却炉排ガス処理技術の技術要素と課題の分布を示す。

図2.8.4-1 三洋電機の技術要素と課題の分布

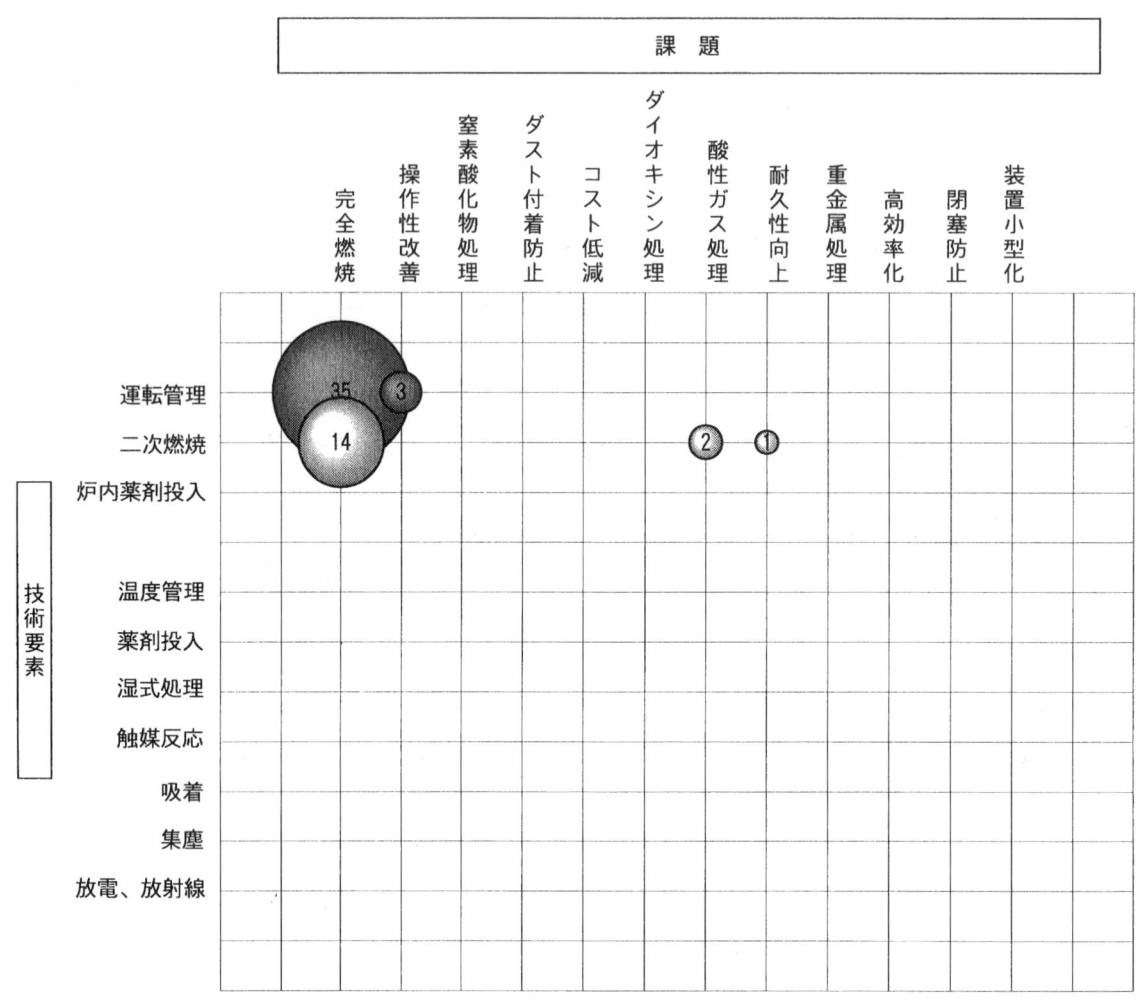

1991年から2001年8月公開の権利存続中または係属中の出願（課題「その他」を除く）

技術要素と課題別に出願件数が多いのは、下記のようになる。

　　　運転管理：　　　　　完全燃焼
　　　二次燃焼：　　　　　完全燃焼
　　　運転管理：　　　　　操作性改善

表2.8.4-1に三洋電機の焼却炉排ガス処理技術の課題対応保有特許を示す。出願取下げ、拒絶査定の確定、権利放棄、抹消、満了したものは除かれている。

○：開放の用意がある特許

表2.8.4-1 三洋電機の焼却炉排ガス処理技術の課題対応保有特許（1/4）

技術要素	課題	解決手段	特許no.	特許分類（IPC）	発明の名称（概要）	
運転管理	操作性改善	炉構造	特開平7-4627 (*9)	F23G5/44ZAB	焼却装置	○
		制御法	特開平11-248129 (*9)	F23G5/50ZAB	焼却機の焼却バーナ制御方法	○
		計測法	特開平11-248128 (*9)	F23G5/50ZAB	焼却機の焼却終了検出方法	○
	完全燃焼	炉構造	特開平9-318023 (*9)	F23G5/00,107	焼却機 燃焼炉内に、第1燃焼炎を放射するように側壁に固定された燃焼バーナを備え、炉壁の内面は前方上りの傾斜面に形成される	○
			特開平9-318025 (*9)	F23G5/027ZAB	焼却機 燃焼筒内部に燃焼炎を放射するように設けられた燃焼バーナと送風ダクトと複数の排気ダクトを備える	○
			特開平10-122522 (*9)	F23G5/00,107	焼却機	○
			特開平10-30814 (*9)	F23M5/00	焼却機	○
			特開平10-61921 (*9)	F23G5/00,119	焼却機	○
			特開平10-103628 (*9)	F23G5/00,107	焼却機	○
			特開平10-103632 (*9)	F23G5/00,119	焼却機	○

○：開放の用意がある特許

表2.8.4-1 三洋電機の焼却炉排ガス処理技術の課題対応保有特許（2/4）

技術要素	課題	解決手段	特許no.	特許分類（IPC）	発明の名称（概要）	
運転管理	完全燃焼	炉構造	特開平10-89638(*9)	F23G5/00,119	焼却機	○
			特開平9-210328(*9)	F23G5/00,119	焼却機	○
			特開平10-132231(*9)	F23G5/00,119	焼却機	○
			特開平9-257219(*9)	F23G5/00,107	焼却機	○
			特開平11-223322(*9)	F23G5/16ZAB	焼却機	○
			特開平11-223317(*9)	F23G5/00,107	焼却機	○
			特開平11-223321(*9)	F23G5/12ZAB	焼却機	○
			特開平11-230526(*9)	F23G5/44ZAB	焼却機	○
			特開平11-211060(*9)	F23J1/00	焼却機	○
			特開平10-185134(*9)	F23G5/027ZAB	焼却機	○
			特開平10-132232(*9)	F23G5/00,119	焼却機	○
			特開平8-152108(*9)	F23D11/02	液体燃料燃焼装置	○
		制御法	特開平9-105510(*9)	F23G5/50ZAB	焼却装置	○
			特開平9-119622(*9)	F23G5/50ZAB	焼却装置	○
			特開平9-264520(*9)	F23G5/50ZAB	焼却機	○
			特開平9-145030(*9)	F23G5/00,119	焼却装置	○
			特開平11-241814(*9)	F23G5/50ZAB	焼却機の焼却バーナ制御方法	○
			特開平11-201436(*9)	F23G5/50ZAB	焼却装置	○
			特開平11-211048(*9)	F23G5/50ZAB	バッチ式焼却機の焼却制御方法	○
			特開平11-211051(*9)	F23G5/50ZAB	焼却装置用バーナの制御装置	○
			特開平9-133330(*9)	F23G5/027ZAB	焼却装置	○
			特開平11-257637(*9)	F23G5/50ZAB	焼却機の焼却バーナ用バーナファン制御方法	○
			特開平8-28840(*9)	F23G5/12ZAB	焼却装置	○
		計測法	特開平9-178132(*9)	F23G5/027ZAB	焼却装置	○
			特開平9-152118(*9)	F23G5/50ZAB	焼却装置	○
			特開平11-211038(*9)	F23G5/16ZAB	バッチ式焼却機のバッチ判定方法	○
			特開平11-211050(*9)	F23G5/50ZAB	焼却機の被焼却量検出方法	○

130

○：開放の用意がある特許

表2.8.4-1 三洋電機の焼却炉排ガス処理技術の課題対応保有特許 (3/4)

技術要素	課題	解決手段	特許no.	特許分類（IPC）	発明の名称（概要）	
運転管理	完全燃焼	計測法	特開平11-211049 (*9)	F23G5/50ZAB	焼却機	○
	その他	炉構造	特開平11-230525 (*9)	F23G5/44ZAB	焼却機の排気装置	○
二次燃焼	完全燃焼	制御法	特開平11-211039 (*9)	F2G5/16ZAB	焼却機 一次燃焼室からの排ガスを無煙化バーナにより焼却する二次燃焼炉の内壁を円筒状に形成し、煙道を二次燃焼室の接線方向に連結する	○
			特開平8-159432 (*9)	F23G5/16ZAB	焼却装置	○
			特開平8-128613 (*9)	F23G5/16ZAB	焼却装置	○
			特開平8-285251 (*9)	F23G5/16ZAB	焼却装置	○
			特開平7-139717 (*9)	F23G5/00,119	焼却装置	○
			特開平7-63311 (*9)	F23G5/00,119	焼却装置	○
			特開平6-281122 (*9)	F23G5/00,109	廃棄物燃焼処理装置	○
		空気吹込、排ガス再循環	特開平7-139714 (*9)	F23G5/00,119	焼却装置	○
			特開平10-185141 (*9)	F23G5/16ZAB	焼却機	○
		燃焼法	特開平7-158833 (*9)	F23G5/16ZAB	廃棄物燃焼処理装置 二次燃焼室内に燃焼バーナの燃焼炎の放射方向と一次燃焼室との連結部との間の内壁に阻止板を固定し、燃焼炎が連結部に放射されるのを防ぐ	○

131

○：開放の用意がある特許

表2.8.4-1 三洋電機の焼却炉排ガス処理技術の課題対応保有特許（4/4）

技術要素	課題	解決手段	特許no.	特許分類（IPC）	発明の名称（概要）	
二次燃焼	完全燃焼	燃焼法	特開平10-227428 (*9)	F23G5/16ZAB	焼却機	○
			特開平8-145322 (*9)	F23G5/16ZAB	焼却装置	○
			特開平8-128617 (*9)	F23G5/50ZAB	焼却装置	○
			特開平7-158832 (*9)	F23G5/16ZAB	廃棄物燃焼処理装置	○
炉内薬剤投入	酸性ガス処理	薬剤種類	特開平10-205729 (*9)	F23G5/16ZAB	焼却機　燃焼炉と消煙炉と反応部を有し、消煙炉内に酸素供給部と燃焼炎を放射する消煙バーナを設置する	○
			特開平9-217909 (*9)	F23G5/027ZAB	焼却機	○
温度管理	耐久性向上	水噴霧	特開平6-317312 (*9)	F23G5/50ZAB	廃棄物焼却装置	○
触媒反応	その他	その他	特開平10-99811	B09B3/00	生ごみ処理機	○
集塵	その他	その他	特開平10-2515 (*9)	F23G5/00ZAB	集塵装置	○

2.8.5 技術開発拠点と研究者

図2.8.5-1に焼却炉排ガス処理技術の三洋電機の出願件数と発明者数を示す。発明者数は明細書の発明者を年次毎にカウントしたものである。

三洋電機の開発拠点：

No.	都道府県名	事業所・研究所
1	鳥取県	鳥取三洋電機本社
2	大阪府	三洋電機本社

図 2.8.5-1 三菱電機の出願件数と発明者数

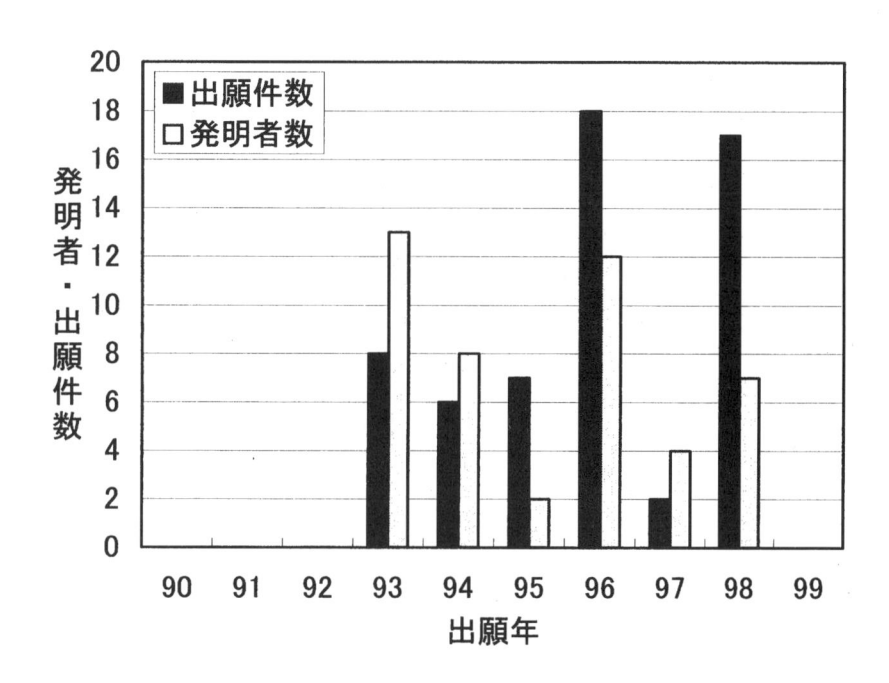

2.9 石川島播磨重工業

2.9.1 企業の概要

表2.9.1-1に石川島播磨重工業の企業概要を示す。

表2.9.1-1 石川島播磨重工業の企業概要

1)	商号	石川島播磨重工業株式会社
2)	設立年月日	1889年（明治22年）1月17日
3)	資本金	64,925（百万円　2001年3月）
4)	従業員	11,842人
5)	事業内容	産業機械・鉄構造物、エネルギー・環境・プラント事業、標準機械・その他事業、航空・宇宙部門、船舶・海洋部門
6)	技術・資本提携関係	日本ベーレー＝ボイラバーナ制御システムの製造・販売に関する独占的権利の供与 クボタ＝次世代型のごみ処理施設、熱分解ガス化溶融炉を共同開発
7)	事業所	本社/東京　総合事務所/豊洲、相生、呉、鹿児島　工場/東京第一（豊洲）、砂町、田無、瑞穂、相馬、横浜第一・第二・第三、相生、呉第一・第二、愛知、呉新宮、鹿児島
8)	関連会社	－
9)	業績推移	<table><tr><td></td><td>売上高（百万円）</td><td>経常利益（百万円）</td><td>当期利益（百万円）</td></tr><tr><td>1997年3月期</td><td>844,969</td><td>25,917</td><td>15,368</td></tr><tr><td>1998年3月期</td><td>874,048</td><td>24,770</td><td>15,154</td></tr><tr><td>1999年3月期</td><td>846,527</td><td>8,965</td><td>7,104</td></tr><tr><td>2000年3月期</td><td>804,092</td><td>-14,126</td><td>-67,351</td></tr><tr><td>2001年3月期</td><td>841,034</td><td>22,296</td><td>6,323</td></tr></table>
10)	主要製品	排煙脱硫装置、排煙脱硝装置、事業用ボイラ、産業用ボイラ、廃棄物処理装置
11)	主な取引先	東京電力、関西電力、中部電力、東芝、防衛庁
12)	技術移転窓口	技術企画部　知的財産グループ　江東区豊洲3-2-16　TEL.03-3534-2222

2.9.2 技術移転事例

表2.9.2-1、表2.9.2-2に石川島播磨重工業の技術導入例および技術供与例を示す。

・技術導入

表2.9.2-1 石川島播磨重工業の技術導入例

相手先	国名	内容
シュタインミュラー	ドイツ	焼却炉から出るダイオキシンを除去する「活性炭吸着システム」技術を導入した。システムは吸着剤によって「活性コークスフィルタ」方式と「アクティナートフィルタ」方式の2方式に分かれる。活性コークスフィルタ式は吸着剤に活性コークスを使用。バグフィルタから出てきた排ガスを活性炭吸着塔でダイオキシンを除去、使用済みの吸着剤は焼却炉に戻って焼却処理される。アクティナート式は使用済みの吸着剤を再利用することによってランニングコストを低減できる。 （1998/4/3の日経産業新聞より）

・技術供与

表 2.9.2-2 石川島播磨重工業の技術供与例

相手先	国名	内容
ドレバー・インターナショナル	ベルギー	焼却炉の製造技術の供与に合意した。 （1997/5/26の日本経済新聞朝刊より）

2.9.3 焼却炉排ガス処理技術に関連する製品・技術

表 2.9.3-1 に石川島播磨重工業の製品例を示す。

表2.9.3-1 石川島播磨重工業の製品例

製品名	概要
流動床式ごみ焼却炉	し尿汚泥、下水汚泥の混焼ができる。 厨房ごみやカロリーの高いごみでも焼却できる。 （石川島播磨重工業のHP (http://www.ihi.co.jp/) より）
回転ストーカ式ごみ焼却炉	回転ストーカ炉では、水管が炉内の熱を吸収し、炉を冷却・保護するため、冷却用空気が不要であり、少ない空気量で高温の燃焼が可能となる。 ごみ層下部から燃焼空気が供給される火格子燃焼方式である。ストーカ炉全体が回転運動し、ごみの送りと撹拌を連続的かつ立体的に行う。 回転ストーカ炉特有の渦流れ (MTV:Multi Turbulent Vortexes) が起こり、燃焼空気と未燃ガスを強力に混合し安定燃焼を促進する。 （石川島播磨重工業のHP (http://www.ihi.co.jp/) より）
熱分解ガス化溶融システム	ダイオキシン発生を防止、有価金属・廃熱を高効率で回収する熱分解ガス化溶融システム ・熱分解・溶融ともに反応が緩やかで滞留時間が長く、ごみ質変動許容能力が高いシステム ・低ダイオキシン・低NOxに優れたシステム ・排ガス量が少なく環境負荷低減に貢献 （石川島播磨重工業のHP (http://www.ihi.co.jp/) より）

2.9.4 技術開発課題対応保有特許の概要

図2.9.4-1に石川島播磨重工業の焼却炉排ガス処理技術の技術要素と課題の分布を示す。

図2.9.4-1 石川島播磨重工業の技術要素と課題の分布

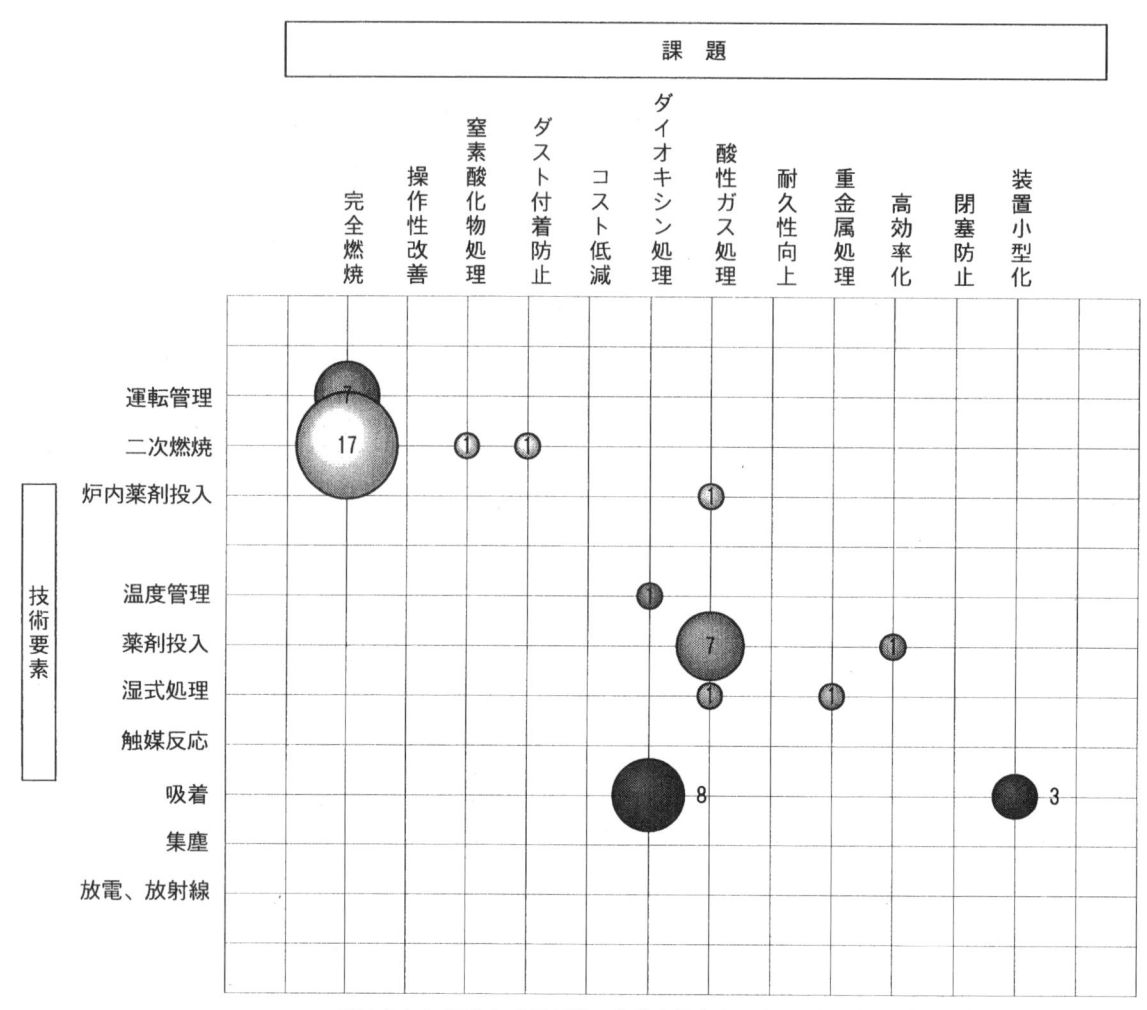

1991年から2001年8月公開の権利存続中または係属中の出願（課題「その他」を除く）

技術要素と課題別に出願件数が多いのは、下記のようになる。

   二次燃焼：   完全燃焼
   吸着：   ダイオキシン処理
   運転管理：   完全燃焼
   薬剤投入：   酸性ガス処理

表2.9.4-1に石川島播磨重工業の焼却炉排ガス処理技術の課題対応保有特許を示す。出願取下げ、拒絶査定の確定、権利放棄、抹消、満了したものは除かれている。

○：開放の用意がある特許

表2.9.4-1 石川島播磨重工業の焼却炉排ガス処理技術の課題対応保有特許 (1/4)

技術要素	課題	解決手段	特許no.	特許分類 (IPC)	発明の名称（概要）	
運転管理	完全燃焼	炉構造	特開平11-201439	F23J1/00	灰溶融炉	
		制御法	特許2785414	F23G5/50ZAB	流動床式焼却炉における被焼却物の供給中断検出方法 一次燃焼時に発生する熱放射エネルギーを測定し、ごみ搬送速度と一次空気供給量、二次空気量を制御する	
			特開平8-285256	F23G5/30ZAB	流動床式ゴミ焼却装置	
			特公平7-111247	F23G5/50ZAB	廃棄物処理方法	
			特開平6-332501	G05B13/02	フィードバック制御装置および該制御装置を用いた焼却炉	
			特開2000-291933	F23G5/50ZAB	回転ストーカ式ごみ焼却炉の燃焼制御方法	
			特許3020737(*)	F23G7/06ZAB	可燃性放散ガスの燃焼処理装置	
二次燃焼	窒素酸化物処理	空気吹込、排ガス再循環	特開平9-4986	F27D17/00,104	電気炉におけるＮＯｘの発生低減方法およびその装置	
	完全燃焼	制御法	特開平9-112861	F23G5/30ZAB	旋回式燃焼装置	
		炉構造	特許2650520	F23G5/027ZAB	廃棄物焼却装置 熱分解後のガス燃焼部への搾流通路の長手方向に所要の間隔を隔てて設置された二次空気供給管と制御弁と温度計を有する	
			特開2001-173923	F23G5/30ZAB	ボイラ発電設備	

○：開放の用意がある特許

表2.9.4-1 石川島播磨重工業の焼却炉排ガス処理技術の課題対応保有特許（2/4）

技術要素	課題	解決手段	特許no.	特許分類（IPC）	発明の名称（概要）	
二次燃焼	完全燃焼	炉構造	特開2000-154911	F23G5/30ZAB	循環流動層型燃焼設備	
			特開平11-211053	F23J1/00	灰溶融炉	
			特開平8-135946	F23G5/16ZAB	二次燃焼装置	
		空気吹込、排ガス再循環	特開平7-248109	F23G5/14ZAB	廃棄物焼却発電複合プラント及び廃棄物焼却炉の燃焼方法　一次燃焼部から高温で残留酸素量10％程度の排ガスを二次燃焼部に供給する	
			特開平8-57440	B09B3/00	飛灰の溶融処理設備	
			特開平11-63451	F23G5/44ZAB	二次燃焼空気供給装置	
			特開平11-248121	F23G5/14ZAB	都市ごみ焼却装置およびその運転方法	
		燃焼法	特開2000-220816	F23G7/06ZAB	灰貯蔵ピット内発生水素の処理方法及び装置	
			特開平11-244653	B01D53/62	灰溶融炉の排ガス処理装置	
			特開平10-28835	B01D53/70	ダイオキシンを含む燃焼排ガスの処理方法	
		その他	特開平10-54522	F23G5/14ZAB	ゴミ焼却プラント	
			特開平11-57403	B01D53/70	灰溶融炉の溶融排ガス処理装置	
			特開平11-207287	B09B3/00	灰溶融炉の排ガス処理装置	
			特開平11-108320(*)	F23G5/16ZAB	廃棄物燃焼処理方法	
	ダスト付着防止	炉構造	特開平9-112862	F23G5/30ZAB	流動床式燃焼装置	

○：開放の用意がある特許

表2.9.4-1 石川島播磨重工業の焼却炉排ガス処理技術の課題対応保有特許 (3/4)

技術要素	課題	解決手段	特許no.	特許分類(IPC)	発明の名称（概要）	
炉内薬剤投入	酸性ガス処理	薬剤投入法	特開平11-148622	F23G5/027ZAB	廃棄物熱分解ガス化溶融装置	
温度管理	ダイオキシン処理	温度管理	特開平10-339419	F23G5/30ZAB	廃棄物焼却設備	
薬剤投入	酸性ガス処理	薬剤種類	特開2000-283434	F23G5/027ZAB	廃棄物処理方法及び廃棄物処理システム	
			特開2000-283433	F23G5/027ZAB	廃棄物処理方法及び廃棄物処理システム	
			特開2000-283436	F23G5/027ZAB	廃棄物処理方法及び廃棄物処理システム	
			特開2000-283431	F23G5/027ZAB	廃棄物処理方法及び廃棄物処理システム	
			特開2000-283435	F23G5/027ZAB	廃棄物処理方法及び廃棄物処理システム	
			特開2000-283432	F23G5/027ZAB	廃棄物処理方法及び廃棄物処理システム	
		二段集塵	特開平10-132239	F23G5/027ZAB	廃棄物熱分解ガス化装置の熱分解ガス処理方法及び装置 熱分解ガス中の煤塵を捕集した後、消石灰を混入し塩化水素を塩化カルシウムとして回収し、無害化する	
	高効率化	薬剤種類	特開平10-52623	B01D53/38	オゾンによる廃ガス脱臭装置	
湿式処理	重金属処理	その他	特開平8-240310	F23J15/00	溶融炉排ガスの処理装置	
	酸性ガス処理	その他	特開平9-324910	F23G7/06	灰溶融炉の排ガス処理装置	
吸着	装置小型化	反応塔構造	特開平11-156146	B01D53/34	活性炭吸着塔	
		二段集塵	特開平10-57758	B01D53/70	燃焼排ガス中のダイオキシン類除去方法及び装置	

○：開放の用意がある特許

表2.9.4-1 石川島播磨重工業の焼却炉排ガス処理技術の課題対応保有特許（4/4）

技術要素	課題	解決手段	特許no.	特許分類(IPC)	発明の名称（概要）	
吸着	装置小型化	吸着剤種類	特開平9-276649	B01D53/68	排ガス処理装置	
	ダイオキシン処理	反応塔構造	特開平11-276856	B01D53/70	ダイオキシン含有ガスの処理方法及び装置	
		再生法	特開平11-276855	B01D53/70	ダイオキシン含有ガスの処理方法及び装置 ダイオキシン分解触媒能を有する流動媒体を用いる流動床式の連続的に分解処理を行う	
			特開2001-46838	B01D53/70	流動床を用いた有害排ガス処理方法	
		吸着剤種類	特開2001-137638 (*2)	B01D50/00,501	溶融排ガス処理方法	
			特開2000-117054 (*2)	B01D53/70	排ガス中ダイオキシン類の除去方法	
			特開平11-230515	F23G5/00ZAB	ゴミ燃焼方法	
			特開平7-139719	F23G5/16ZAB	焼却炉の排ガス処理装置	
			特開平11-270818	F23G5/02ZAB	廃棄物熱分解ガス化溶融装置の熱分解残渣利用方法及び装置	

2.9.5 技術開発拠点と研究者

図2.9.5-1に焼却炉排ガス処理技術の石川島播磨重工業の出願件数と発明者数を示す。発明者数は明細書の発明者を年次毎にカウントしたものである。

石川島播磨重工業の開発拠点：

No.	都道府県名	事業所・研究所
1	東京都	東京第一工場
2	神奈川県	機械・プラント開発センター
3	神奈川県	技術研究所
4	神奈川県	横浜エンジニアリングセンター
5	東京都	基礎技術研究所
6	東京都	技術研究所
7	東京都	東京エンジニアリングセンター
8	東京都	東二テクニカルセンター
9	東京都	豊洲総合事務所

図 2.9.5-1 石川島播磨重工業の出願件数と発明者数

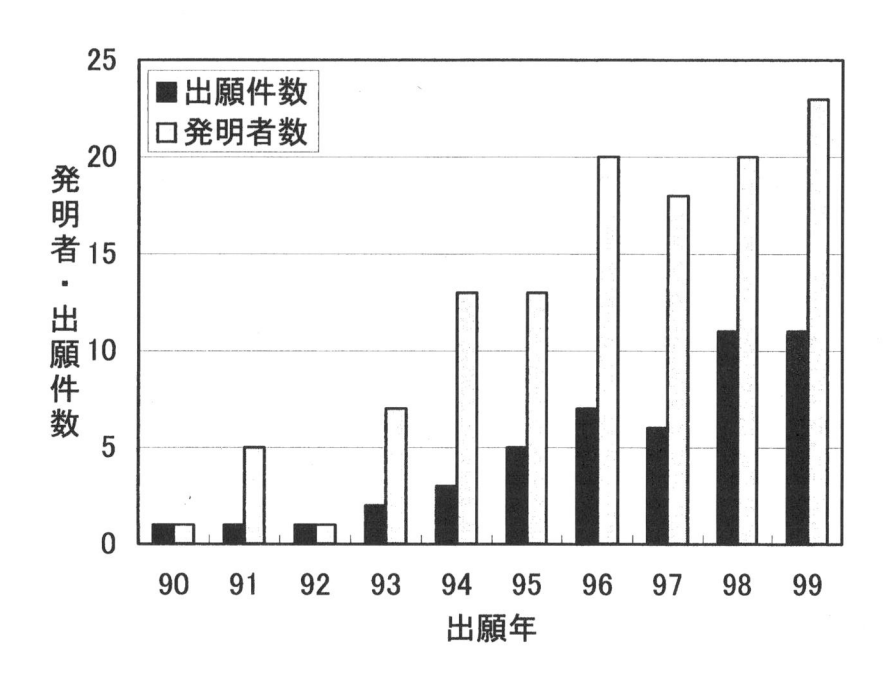

2．10 川崎重工業

2.10.1 企業の概要
表2.10.1-1に川崎重工業の企業概要を示す。

表2.10.1-1 川崎重工業の企業概要

1)	商号	川崎重工業株式会社
2)	設立年月日	1896年（明治29年）10月15日
3)	資本金	81,427（百万円　2001年3月）
4)	従業員	14,619人
5)	事業内容	船舶・車両事業、航空宇宙事業、一般機械事業、コンシューマープロダクツ事業、その他事業
6)	技術・資本提携関係	Fisia（伊）＝排煙脱硝プラントの技術供与契約 Kennametal（米）＝高圧噴射ノズルの技術供与契約
7)	事業所	本社/神戸　東京本社/浜松町　東京設計事務所/南砂　工場/野田、八千代、岐阜、名古屋第一、名古屋第二、神戸、兵庫、西神戸、西神、明石、播州、播磨、坂出　技術研究所/明石、野田
8)	関連会社	－
9)	業績推移	<table><tr><td></td><td>売上高（百万円）</td><td>経常利益（百万円）</td><td>当期利益（百万円）</td></tr><tr><td>1997年3月期</td><td>1,043,034</td><td>38,074</td><td>21,998</td></tr><tr><td>1998年3月期</td><td>1,100,179</td><td>31,413</td><td>11,655</td></tr><tr><td>1999年3月期</td><td>1,006,977</td><td>5,000</td><td>3,553</td></tr><tr><td>2000年3月期</td><td>944,771</td><td>-22,026</td><td>-16,489</td></tr><tr><td>2001年3月期</td><td>850,801</td><td>-3,806</td><td>-12,663</td></tr></table>
10)	主要製品	ボイラ、環境装置
11)	主な取引先	日商岩井、丸紅、伊藤忠商事
12)	技術移転窓口	－

2.10.2 技術移転事例
表2.10.2-1に川崎重工業の技術供与例を示す。

・技術供与

表2.10.2-1 川崎重工業の技術供与例

相手先	国名	内容
碧山開発	韓国	ストーカ式ごみ焼却技術供与する交渉をまとめた。 （1992/11/26の日本経済新聞朝刊より）
フィジア	イタリア	排煙脱硫装置に関する技術供与契約を結んだ。同社は川崎重工業の技術を使って脱硫装置を製作し、トルコとギリシャの2国を範囲に販売する。 （1994/6/14の日刊工業新聞より）
テルモメカニカ	イタリア	ごみ焼却プラントの設計・製造技術を供与した。この技術供与によりロイヤルティー収入の拡大を狙う。契約期間は7年で同社はイタリア、スペイン、ポルトガルでプラントを独占販売する。ごみ焼却プラントの技術供与は韓国のプラントメーカー、碧山開発に次いで2件目となる。 （1995/8/4の日経産業新聞より）

2.10.3 焼却炉排ガス処理技術に関連する製品・技術

表2.10.3-1に川崎重工業の製品例を示す。

表2.10.3-1 川崎重工業の製品例

製品名	概要
川崎－流動床式ガス化溶融システム	低空気比燃焼によってごみをガス化するため排ガス量が少なく、炉がコンパクトになる。炉内は低温還元雰囲気なので、鉄・アルミなどを未酸化状態で取り出せ、再利用しやすくなる。未燃固形分と未燃ガスを分離するもので、川崎重工業独自の技術である。未燃固形分を高温燃焼させるためダイオキシン類を大幅に低減でき、自己熱溶融によって灰を無害なスラグにする。 （川崎重工業のHP（http://www.khi.co.jp/）より）
川崎－シャフト式ガス化溶融システム	投入されたごみは、炉内を上昇する高温ガスで加熱・乾燥され、減容しながら下降する。ごみは、さらに熱分解されながら下層部に至り、高温燃焼によって灰分が溶融する。都市ごみ、汚泥、掘り起こしごみなど適用範囲の広いガス化溶融システムである。酸素を吹き込むため発生ガス量が少なく、その分設備がコンパクトになる。 （川崎重工業のHP（http://www.khi.co.jp/）より）
川崎－サン形火格子式焼却炉	ガスと空気の強力なミキシング作用によって一酸化炭素を低減。サン形火格子による均一な空気供給。様々なごみの発熱量に対応可能。 （川崎重工業のHP（http://www.khi.co.jp/）より）
排ガス処理装置	ごみ焼却で発生する燃焼ガスに含まれる塩化水素、硫黄酸化物、窒素酸化物、ダイオキシン類などの有害物質を除去し、きれいな空気にして大気に戻すために、さまざまな技術と設備を開発している。 （川崎重工業のHP（http://www.khi.co.jp/）より）
川崎移動層式ダイオキシン吸着除去装置	排ガスと吸着材（粒状活性炭）が効率よく接触するため、除去効率が高く、吸着材は移動層内を定期的に移動・排出するので、吸着材交換のために運転を停止する必要がない。使用済みの吸着材は焼却炉内で焼却処理でき、ダイオキシン類は炉内で熱分解され再発生がない。 （川崎重工業のHP（http://www.khi.co.jp/）より）

2.10.4 技術開発課題対応保有特許の概要

図2.10.4-1に川崎重工業の焼却炉排ガス処理技術の技術要素と課題の分布を示す。

図2.10.4-1 川崎重工業の技術要素と課題の分布

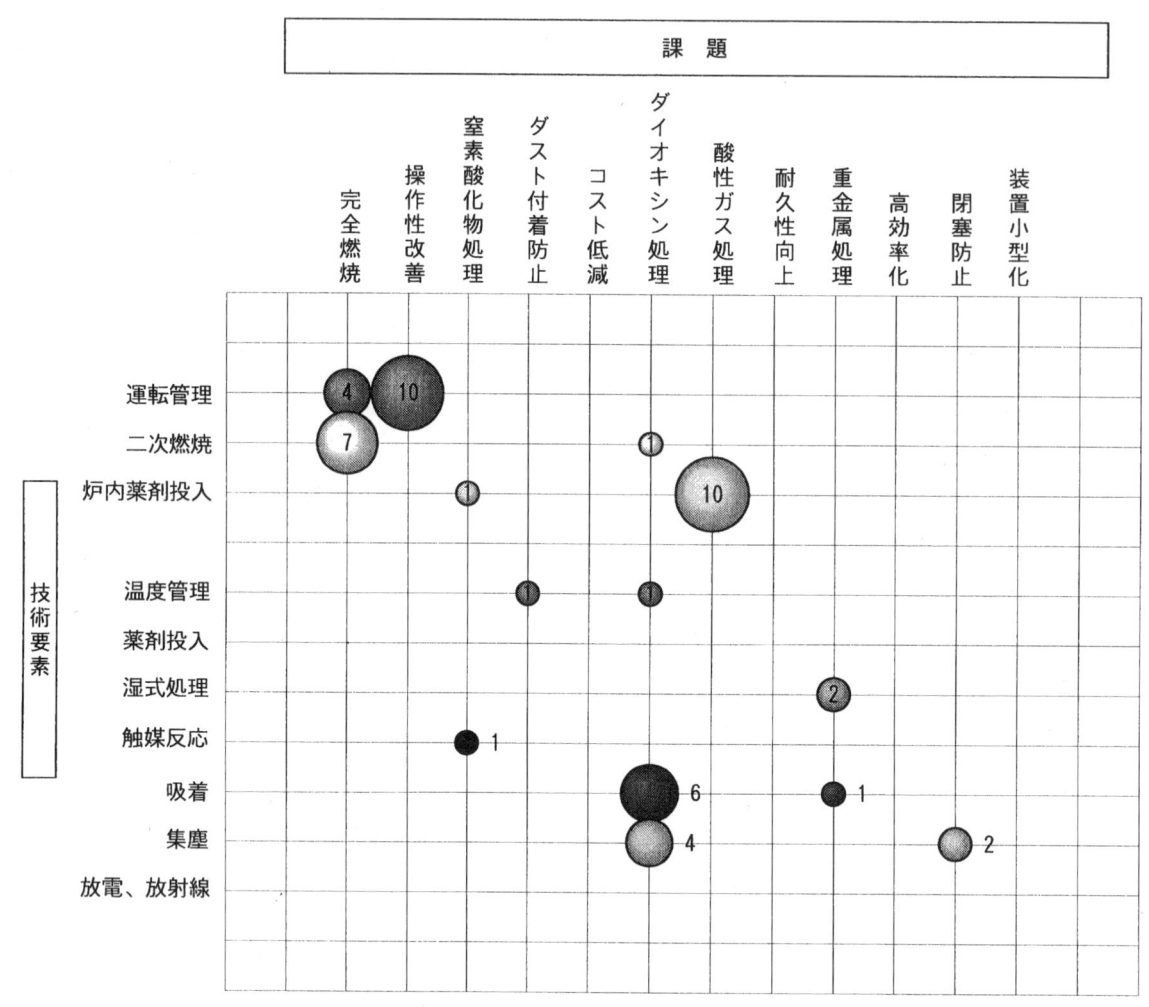

1991年から2001年8月公開の権利存続中または係属中の出願（課題「その他」を除く）

技術要素と課題別に出願件数が多いのは、下記のようになる。

炉内薬剤投入：　　　　　酸性ガス処理
運転管理：　　　　　　　操作性改善
二次燃焼：　　　　　　　完全燃焼
吸着　　：　　　　　　　ダイオキシン処理

表 2.10.4-1 に川崎重工業の焼却炉排ガス処理技術の課題対応保有特許を示す。出願取下げ、拒絶査定の確定、権利放棄、抹消、満了したものは除かれている。

○：開放の用意がある特許

表 2.10.4-1 川崎重工業の焼却炉排ガス処理技術の課題対応保有特許（1/6）

技術要素	課題	解決手段	特許 no.	特許分類（IPC）	発明の名称（概要）	
運転管理	操作性改善	制御法	特許 2860782	F23G5/50ZAB	カラー画像を利用した燃焼判定・制御方法および判定・制御装置 燃焼状態を判定するニューラルネットワークが稼動中に更新されて燃焼状態の判定または評価がなされる	
			特許 3004629	F23G5/027ZAB	部分燃焼炉の起動制御方法及び停止制御方法並びに起動・停止制御装置	
			特許 2762054	F23G5/50ZAB	流動床焼却炉の燃焼制御方法	
			特許 3023080	F23G5/50ZAB	焼却炉における炉内滞留量推定方法及び装置	
			特許 2965142	F23N5/00	燃焼炉の適応・予測制御方法および適応・予測制御装置	
			特開 2001-182926	F23G5/50ZAB	燃焼炉における燃焼制御方法及び装置	
			特開 2001-182925	F23G5/50ZAB	ガス化溶融処理プラントの制御方法及び装置	
			特許 2847468	F23G5/50ZAB	ごみ焼却炉のごみ性状推定方法および推定装置	
			特開平 9-60837	F23G5/30ZAB	循環流動床燃焼における付着物の除去方法	
			特許 2714641	F23G5/30ZAB	流動床燃焼における付着物の除去方法	

○：開放の用意がある特許

表2.10.4-1 川崎重工業の焼却炉排ガス処理技術の課題対応保有特許（2/6）

技術要素	課題	解決手段	特許no.	特許分類（IPC）	発明の名称（概要）
運転管理	完全燃焼	炉構造	特許2519624	F23G5/50ZAB	流動床炉の安定燃焼方法及び装置 流動媒体を流動床炉の外部で水及び空気によって2段で冷却した後炉に循環し層内温度を制御し、予熱空気を二次空気として炉に供給する
			特許2775588	F23G5/30ZAB	部分燃焼を伴う流動層燃焼方法及び装置
			特許2881421	F23G5/027ZAB	流動層ガス化炉における未燃炭素、塩の回収処理方法
		制御法	特許2748214	F23C11/02,301	流動床炉における燃焼制御方法
二次燃焼	完全燃焼	制御法	特許2972454	F23G5/50	流動床炉の燃焼制御方法および装置 ごみ供給手段の駆動用モータの負荷電流を検出し、負荷電流の増大時に炉内ガス温度が高いほど二次空気量を増大させる
		炉構造	特許2895469	F23G5/00,115	溶融炉におけるダイオキシン類低減方法及び装置
			特許2786129（*29）	F27D17/00,104	電気炉用燃焼塔
		空気吹込、排ガス再循環	特開平6-313511	F23C11/02,313	流動床炉における完全燃焼方法及び装置

146

○：開放の用意がある特許

表 2.10.4-1 川崎重工業の焼却炉排ガス処理技術の課題対応保有特許（3/6）

技術要素	課題	解決手段	特許no.	特許分類（IPC）	発明の名称（概要）	
二次燃焼	完全燃焼	空気吹込、排ガス再循環	特許3181897	F23G5/027ZAB	ガス化溶融方法及び装置	
			特許3078513	B01D53/56	燃焼排ガスのNOx・ダイオキシン低減方法	
			特許3048968	F23G5/027ZAB	廃プラスチックガス化・灰溶融を利用する廃棄物の処理方法	
炉内薬剤投入	窒素酸化物処理	制御法	特開平6-269634	B01D53/34,129	ごみ焼却炉における排ガス脱硝方法	
	酸性ガス処理	薬剤投入法	特許2594875	C10L5/46	ごみ混合燃料組成物及び塩化水素ガス発生廃棄物を無害化する方法 塩分を含む粉砕されたごみに硫黄粉末を含有する低質重油、石油精製残渣のいずれかの燃料成分がごみ中の塩素に対して重量比で1.5～4の割合で混合し乾燥する	
			特許2652498	F23G5/027ZAB	流動層ごみ焼却炉並びに該焼却炉における層温度制御方法及び排出物燃焼方法 投入されたアルカリ金属炭酸塩を脱炭酸したアルカリ金属酸化物を流動媒体とする上段流動層を備える	
			特許2769964	F23G5/027ZAB	塩素含有廃棄物の焼却方法及び装置	
			特許2769966	F23G5/027ZAB	2炉式流動層焼却炉	
			特許2944896	B01D53/68	流動層ごみ焼却装置	
			特許3057349	F23G5/30ZAB	微粉脱塩剤供給機能を備えた2段流動層ごみ焼却炉	
			特許2748216	F23G5/30ZAB	塩化物除去機能を備えた流動層ごみ焼却炉	
			特許2748217	F23G5/30ZAB	流動層ごみ焼却炉における塩化水素の除去方法	

○：開放の用意がある特許

表2.10.4-1 川崎重工業の焼却炉排ガス処理技術の課題対応保有特許（4/6）

技術要素	課題	解決手段	特許no.	特許分類（IPC）	発明の名称（概要）	
炉内薬剤投入	酸性ガス処理	制御法	特開平8-28845	F23G5/30ZAB	流動層ごみ焼却炉における脱塩方法	
			特開平8-28844	F23G5/30ZAB	流動層ごみ焼却方法及び装置	
	ダイオキシン処理	薬剤種類	特開平10-249154	B01D53/68	ダイオキシン類の発生抑制方法	
温度管理	ダスト付着防止	水噴霧	特許3014981 (*29)	F23J15/04	灰溶融炉排ガスの処理装置 燃焼用空気、冷却用空気を旋回流にして吹き込みを行うための角度をずらしたノズルを多段に備えた再燃焼第1冷却ゾーンと冷却用の水噴霧を行うためのノズルを多段に備えた第2冷却ゾーンを有する	
	ダイオキシン処理	温度管理	特許3046309	F23J15/06	チャー分離方式ごみガス化溶融装置におけるダイオキシン類の低減方法及び装置	
湿式処理	重金属処理	薬剤種類	特許3023102	B01D53/64	排ガス中の水銀除去方法及び装置 排ガス中の非水溶性の元素状水銀を金属塩化物、金属臭化物、金属フッ化物、金属ヨウ化物の内1種以上を含むペレットの充填層またはハニカム充填層に通す水溶性の水銀にして湿式吸収する	
			特開平10-216476	B01D53/64	排ガス処理方法及び装置	

○：開放の用意がある特許

表 2.10.4-1 川崎重工業の焼却炉排ガス処理技術の課題対応保有特許（5/6）

技術要素	課題	解決手段	特許 no.	特許分類（IPC）	発明の名称（概要）	
触媒反応	窒素酸化物処理	触媒種類、形状	特許 2618803	B01D53/56	籾殻燃焼灰を用いる脱硝装置	
吸着	重金属処理	吸着剤種類	特開 2001-205046	B01D53/64	有機性廃棄物の炭化物による排ガス処理方法	
	ダイオキシン処理	二段集塵	特開 2001-17833	B01D53/70	乾式排ガス処理方法及び装置	
			特許 3091197	F23J15/00	チャー分離方式ごみガス化溶融装置におけるダイオキシン類の低減方法及び装置	
		制御法	特開 2001-96136	B01D53/70	活性炭吸着によるダイオキシン類除去装置の運転管理方法及び装置	
		吸着剤種類	特許 2940659	F23J15/00	焼却炉排ガスの処理方法及び装置 石炭、乾燥汚泥、バーク、木屑の内固形燃料を部分燃焼により熱分解し、熱分解ガスは燃料として炉に供給し、未分解残留物は吸着器に供給する	
			特許 3020912	F23J15/00ZAB	未燃灰によるダイオキシン類の固定化・分解方法及び装置	
			特許 3078514	B01D53/70	ダイオキシン低減方法	
	その他	吹込法	特開 2000-262842	B01D53/34ZAB	排ガス処理方法及び装置	
集塵	閉塞防止	制御法	特許 3027374	F23J15/00ZAB	ごみ焼却設備における運転開始・停止方法	
		高温集塵	特開 2001-90917	F23G5/027ZAB	チャー分離方式ごみガス化溶融装置における脱塩処理方法及び装置	

○：開放の用意がある特許

表2.10.4-1 川崎重工業の焼却炉排ガス処理技術の課題対応保有特許（6/6）

技術要素	課題	解決手段	特許no.	特許分類（IPC）	発明の名称（概要）	
集塵	ダイオキシン処理	高温集塵	特許2977079	F23J1/00	燃焼灰・排ガス中のダイオキシン類の低減方法 ごみを低酸素状態で燃焼し、固気分離装置で未燃ガスと未燃灰とに分離し、炉からの高温域排ガスを高温固気分離装置を通した後急冷する	
			特開平9-280527	F23G5/30ZAB	ごみ焼却処理方法及び装置	
			特開平11-267609	B09B3/00	廃棄物焼却飛灰の有効利用方法及び装置	
			特開2001-90926	F23G5/44ZAB	ごみガス化溶融装置におけるダイオキシン類の低減方法及び装置	

2.10.5 技術開発拠点と研究者

図2.10.5-1に焼却炉排ガス処理技術の川崎重工業の出願件数と発明者数を示す。発明者数は明細書の発明者を年次毎にカウントしたものである。

川崎重工業の開発拠点：

No.	都道府県名	事業所・研究所
1	大阪府	大阪設計事務所
2	東京都	東京本社
3	東京都	東京設計事務所
4	兵庫県	川崎重工業神戸本社
5	兵庫県	明石工場
6	兵庫県	神戸工場
7	千葉県	八千代工場

図2.10.5-1 川崎重工業の出願件数と発明者数

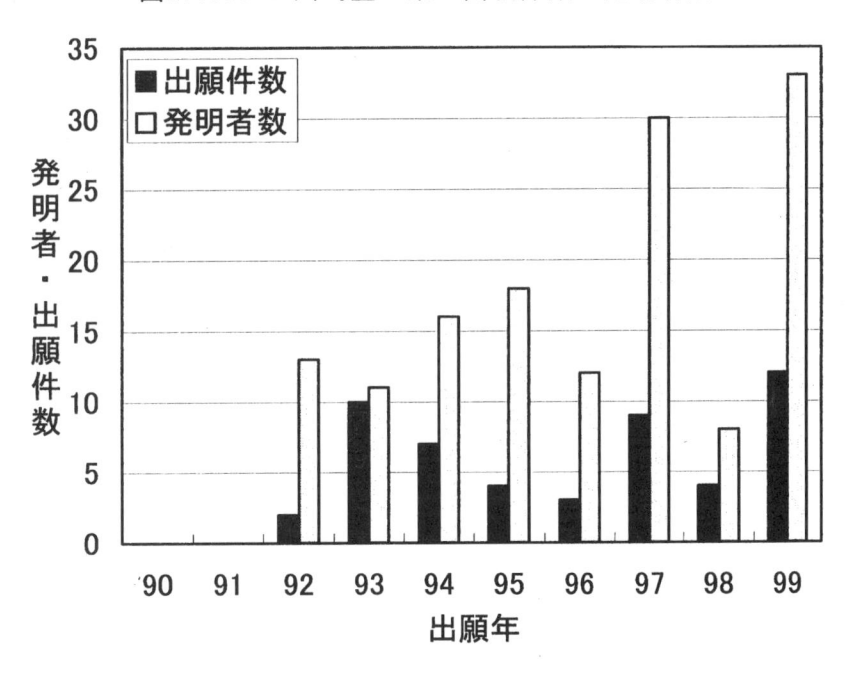

2.11 荏原製作所

2.11.1 企業の概要

表2.11.1-1に荏原製作所の企業概要を示す。

表2.11.1-1 荏原製作所の企業概要

1)	商号	株式会社　荏原製作所
2)	設立年月日	1920年（大正9年）5月20日
3)	資本金	33,788（百万円　2001年3月）
4)	従業員	4,993人
5)	事業内容	機械事業、エンジニアリング事業、精密・電子事業、その他
6)	技術・資本提携関係	インターナショナル・ビジネス・マシーンズ（米）＝半導体デバイス製造用化学的機械研磨装置に用いる平垣化終点検出技術で技術導入 NOELL KRC Energie-und Umwelttechnik（独）＝高温溶融キルンに関する技術で技術導入 新日鉄＝流動床式都市ごみ焼却施設（TIF型・ICFB型）の建設販売で技術供与 Enertech（スイス）＝ガス化および溶融技術で技術供与 Lurgi Entsorgung（ドイツ）＝流動床ボイラ（ICFB型）の製造販売で技術供与 Lurgi Entstorgung（ドイツ）＝流動床式焼却炉（TIF型）の製造販売
7)	事業所	本社/東京　工場/羽田、藤沢、袖ケ浦、袖ケ浦薬品
8)	関連会社	荏原総合研究所（神奈川県藤沢市、100.0％、その他の事業）
9)	業績推移	

	売上高（百万円）	経常利益（百万円）	当期利益（百万円）
1997年3月期	429,060	20,590	9,588
1998年3月期	438,105	20,635	8,331
1999年3月期	442,672	410	-4,101
2000年3月期	454,775	10,820	5,548
2001年3月期	431,122	12,883	3,037

10)	主要製品	環境改善装置、都市ごみ焼却プラント
11)	主な取引先	官公庁、荏原実業、三井物産
12)	技術移転窓口	知的財産部　大田区羽田旭町11-1　TEL.03-3743-6274

2.11.2 技術移転事例

表2.11.2-1、表2.11.2-2に荏原製作所の技術導入例および技術供与例を示す。

・技術導入

表2.11.2-1 荏原製作所の技術導入例

相手先	国名	内容
三井物産	日本	「WKV式ダイオキシン除去システム」のサブライセンス契約を結んだ。同システムはダイオキシン類の排ガス中の濃度を世界的に最も厳しい規制値である1Nm³当たり0.1ng以下（毒性換算値）まで除去できるもの。ドイツのエンジニアリング会社であるWKV社の技術で、三井物産はWKV社とライセンス契約を結んでいる。WKV社の技術は褐炭を原料として作った特殊活性炭を独特の吸着塔に使用するもので、排ガスと吸着剤が効率よく接触するため除去効率が高く、連続処理が可能であり、活性炭を移動させるため連続処理できるのが特徴。 （1994/4/13の日刊工業新聞より）

・技術供与

表2.11.2-2 荏原製作所の技術供与例

相手先	国名	内容
ANI	オーストラリア	都市ごみなどの廃棄物処理方式である流動床焼却技術を供与した。供与する流動床技術は砂を使うのが特徴。焼却炉の中に砂を入れて800℃程度に加熱しながら下部から空気を送ると、砂は水が沸騰するように流動化する。この状態でごみを投入すると、砂の熱を受け燃えにくいごみでも完全燃焼できるという仕組みである。 （1992/11/5の日本経済新聞朝刊より）
DAITO	日本	砂を燃焼媒体にする流動床方式のごみ焼却炉の技術を供与した。技術供与するのは旋回流型流動床焼却炉で、焼却炉の底から空気を送り込み、廃棄物を短時間で焼却する。供与期間は15年。 （1994/1/27の日本経済新聞朝刊より）
中国鋼鉄	台湾	ごみ焼却炉などの環境保全技術を中国鋼鉄に供与する。荏原製作所が開発した流動床方式のごみ焼却炉は、高温に熱した砂を使ってごみを燃焼させる型の炉で、他の大手メーカーが得意とする機械式に比べて構造と維持管理が簡単な利点がある。都市ごみや産業廃棄物の処理に使う。 （1996/2/2の日本経済新聞朝刊より）
ルルギ	ドイツ	砂を攪拌してごみを燃やす流動床式の大型焼却炉の技術をルルギ社に供与することで合意した。 （1997/11/18の日経産業新聞より）
LWA	ドイツ	荏原製の流動床炉の技術供与をしている。 （1998/4/28の日本経済新聞朝刊より）

2.11.3 焼却炉排ガス処理技術に関連する製品・技術

表2.11.3-1に荏原製作所の製品例を示す。

表2.11.3-1 荏原製作所の製品例（1/2）

製品名	概要
流動床ガス化溶融システム	ごみ焼却施設からのダイオキシンを限りなくゼロに近づけ、灰中の重金属を無害化、減容化 ・低コスト、省スペースで対応できる次世代型のシステム ・従来の焼却炉に比べて3倍のごみの投入が可能 ・炉がコンパクトになり、大型炉への対応も容易 ・運転操作が簡単 ・不燃物排出が容易 ・有用な金属を未酸化でリサイクル可能な状態で回収 （荏原製作所のHP (http://www.ebara.co.jp/) より）
ストーカ式焼却システム	焼却炉内安定燃焼による未燃ガスの防止（CO管理） ・焼却炉内の温度管理と適切な空気の混合 ・排ガスを200℃以下に冷却 ・バグフィルタの使用 ・活性炭噴霧による吸着除去 ・脱硝・触媒（兼ダイオキシン分解触媒）によるダイオキシンの分解 ・プラズマ式灰溶融システムによる焼却灰・飛灰の溶融固化 ・低温加熱分解システムによる飛灰のダイオキシン分解 （荏原製作所のHP (http://www.ebara.co.jp/) より）
流動床式焼却システム	し尿・下水汚泥等の低カロリーごみから、廃タイヤ、RDF等の高カロリーのごみ迄、ごみ質を選ぶことなくクリーンに処理する事が可能。もちろんダイオキシン類への対応も万全 （荏原製作所のHP (http://www.ebara.co.jp/) より）

表2.11.3-1 荏原製作所の製品例 (2/2)

製品名	概要
WKV式ダイオキシン除去システム	活性炭系吸着剤によるダイオキシン吸着除去システム ・排ガスと吸着剤が効率よく接触するため、非常に高い除去効率 ・吸着塔内での吸着剤を連続的に移動可能 ・吸着層が移動するため、高い吸着効率を発揮 ・使用済み吸着剤による環境汚染を防止 （荏原製作所のHP（http://www.ebara.co.jp/）より）
ダイオキシン触媒分解システム	排ガス中のダイオキシンと窒素酸化物を同時に分解、除去するシステム ・比較的低温でダイオキシンを高効率で分解 ・アンモニア添加により脱硝を同時に実現 ・触媒はカートリッジ式のため、安全かつ簡単に交換可能 （荏原製作所のHP（http://www.ebara.co.jp/）より）

2.11.4 技術開発課題対応保有特許の概要

図2.11.4-1に荏原製作所の焼却炉排ガス処理技術の技術要素と課題の分布を示す。

図2.11.4-1 荏原製作所の技術要素と課題の分布

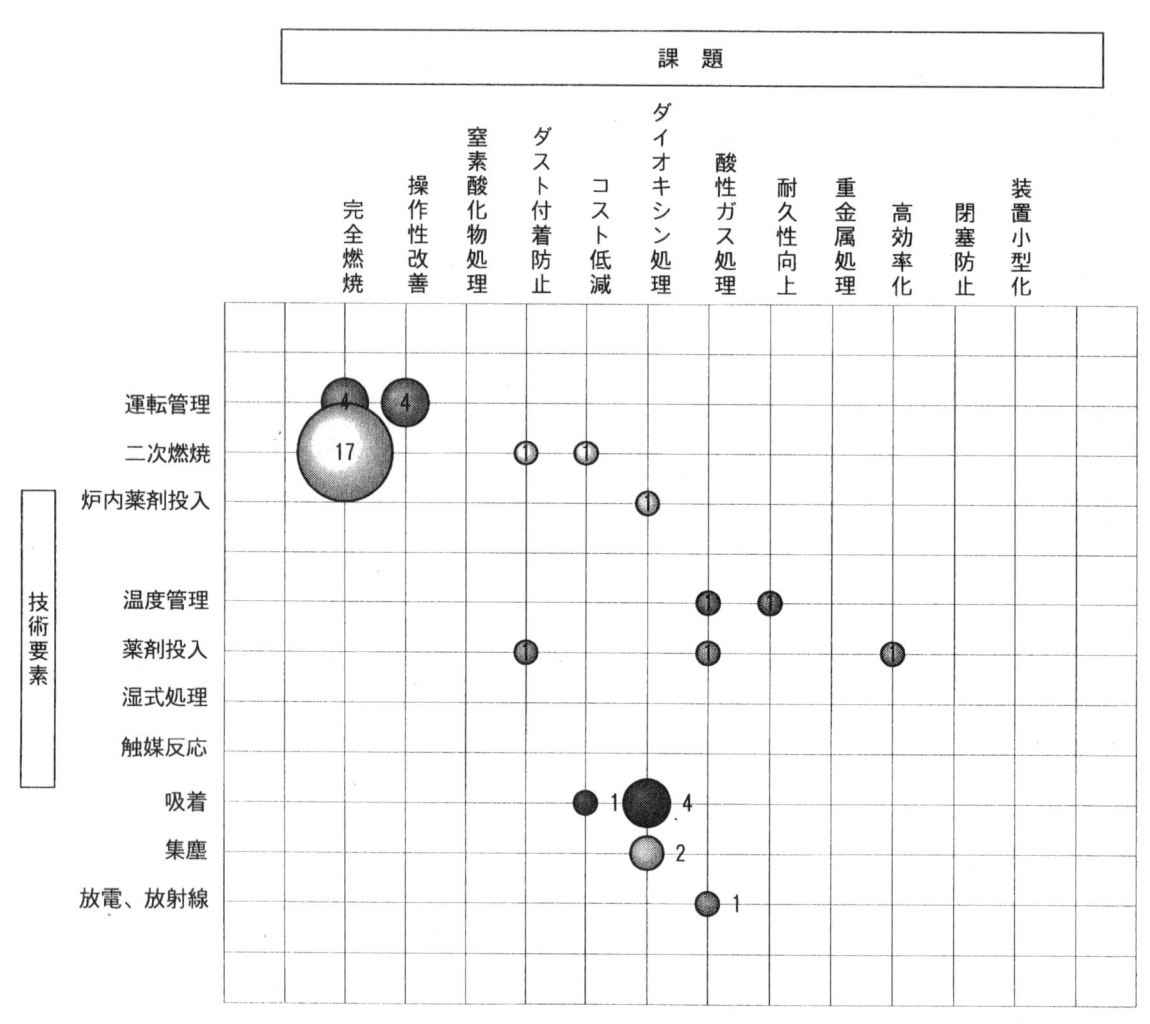

1991年から2001年8月公開の権利存続中または係属中の出願（課題「その他」を除く）

技術要素と課題別に出願件数が多いのは、下記のようになる。
  二次燃焼：   完全燃焼
  運転管理：   完全燃焼
  運転管理：   操作性改善
  吸着：   ダイオキシン処理

表 2.11.4-1 に荏原製作所の焼却炉排ガス処理技術の課題対応保有特許を示す。出願取下げ、拒絶査定の確定、権利放棄、抹消、満了したものは除かれている。

○：開放の用意がある特許

表 2.11.4-1 荏原製作所の焼却炉排ガス処理技術の課題対応保有特許（1/6）

技術要素	課題	解決手段	特許no.	特許分類（IPC）	発明の名称（概要）	
運転管理	操作性改善	制御法	特開平10-61931	F23G5/50ZAB	ストーカ式焼却システムにおける燃焼制御方法 炉出口ガス温度、酸素濃度、冷却室への噴射水量を測定し予想値を演算し、演算された炉出口ガス温度の偏差、噴射水量の変化率、酸素濃度の偏差を入力パラメータとしてファジィ演算し、総燃焼空気量の補正値を演算し、設定値を較正する	
			特許2654736	C02F11/10ZAB	乾燥汚泥熔融炉装置	
			特開平11-304128	F23G5/50ZAB	流動床焼却炉における二次空気制御装置	
			特開2001-82719	F23G5/50ZAB	ごみ焼却プラントの燃焼制御方法	

○：開放の用意がある特許

表2.11.4-1 荏原製作所の焼却炉排ガス処理技術の課題対応保有特許（2/6）

技術要素	課題	解決手段	特許no.	特許分類（IPC）	発明の名称（概要）
運転管理	完全燃焼	制御法	特許3108742	F23G5/30	流動床焼却炉における燃焼制御方法 フリーボード部の明るさを検出し、その値によって空気量を制御し、炉内のごみの燃焼量を所定量に維持する
			特開平10-246414	F23G5/50ZAB	流動床炉への二次空気吹込み方法
			特許2623404	F23G5/50ZAB	流動床焼却装置の運転方法とその装置
			特公平6-70481	F23C11/02,305	流動床炉における燃焼制御方法
二次燃焼	コスト低減	炉構造	特許2649626	F23G5/30ZAB	排ガス通路を一体化した流動層燃焼装置
	完全燃焼	制御法	特開2000-319671（*37）	C10J3/00ZAB	廃棄物の二段ガス化システムの運転制御方法
		炉構造	特許3007215	F23G5/16ZAB	熱反応炉 二次燃焼室は途中をガス流れ方向に対し横断面方向に絞り再び拡大する絞り部を有し、出口には山笠構造の障壁を設け、上部と下部の燃焼室に分け、ガス流れに対向または交差する方向に二次空気を噴出させる

○：開放の用意がある特許

表2.11.4-1 荏原製作所の焼却炉排ガス処理技術の課題対応保有特許（3/6）

技術要素	課題	解決手段	特許no.	特許分類（IPC）	発明の名称（概要）	
二次燃焼	完全燃焼	炉構造	特開平11-118128	F23G7/06,101	排ガス処理用燃焼器	
			特許2707186	F23G5/30ZAB	燃焼装置	
			特許2657344	F23G5/14ZAB	焼却炉	
			特許2994133	F23G5/30ZAB	焼却炉	
			特開2001-193918	F23G7/06,101	排ガス処理用燃焼器	
			特開平11-218317	F23G7/06	排ガス処理用燃焼器	
		空気吹込、排ガス再循環	特公平8-30569	F23G5/50ZAB	燃焼炉の燃焼制御方法 炉床の直上部に設けた空筒部の下部領域の混合攪拌領域は絞り部となり、ここに排ガスの一部を燃焼用空気量の変化に応じて吹き込み、混合攪拌領域への混合ガス流量を所定の範囲内にする	
			特開2001-192674	C10J3/00	リバーニング方法	
			特開平11-43681（*37）	C10J3/00ZAB	廃棄物ガス化処理におけるガスリサイクル方法	
		燃焼法	特開平9-236220	F23G5/027ZAB	固形廃棄物のガス化燃焼方法	
			特開平10-300041（*37）	F23G5/32ZAB	高温酸化炉と酸化処理方法	
		その他	特開平9-178131	F23G5/027	固形廃棄物のガス化並びにガス化燃焼方法	
			特開平10-160141	F23G5/027ZAB	固形廃棄物のガス化燃焼方法及び装置	
			特許3079051	B09B3/00,302	廃棄物のガス化処理方法	
			特開平9-229323	F23G5/027ZAB	固形廃棄物の処理システム	
	ダスト付着防止	炉構造	特許2657728	F23G5/30	流動床焼却炉	
	その他	空気吹込、排ガス再循環	特開平11-173523	F23G5/30	廃棄物の燃焼処理方法及び装置	

○:開放の用意がある特許

表 2.11.4-1 荏原製作所の焼却炉排ガス処理技術の課題対応保有特許 (4/6)

技術要素	課題	解決手段	特許 no.	特許分類 (IPC)	発明の名称(概要)	
炉内薬剤投入	ダイオキシン処理	薬剤種類	特開平 5-203127	F23G5/00ZAB	ダイオキシン発生の抑制方法 石炭を添加して混焼させ、バグフィルタで除塵し、ダイオキシン発生を抑制する	
温度管理	耐久性向上	水噴霧	特開平 8-10555	B01D53/34ZAB	排ガスへの液体噴霧装置	
	酸性ガス処理	制御法	特公平 7-43111	F23G5/50ZAB	焼却設備におけるガス冷却装置の噴射水量制御装置	
薬剤投入	酸性ガス処理	薬剤種類	特開 2000-300953	B01D53/70	廃棄物の燃焼排ガス処理方法	
	高効率化	二段集塵	特開平 8-224420	B01D46/02ZAB	焼却炉排ガスの処理方法及び装置 排ガスを200～250℃に減温し、バグフィルタで除塵した後アンモニアを添加し、触媒脱硝装置に導入し、さらに空気予熱器で130～160℃に減温した後消石灰、と粉末活性炭を添加し第2のバグフィルタで除塵する	
	閉塞防止	その他	特開平 8-196866	B01D53/68	排ガス中の塩化水素除去用反応塔	
吸着	コスト低減	再生法	特開 2000-97426	F23J15/00	排ガス処理装置	
	ダイオキシン処理	再生法	特開平 11-76758	B01D53/70	排ガス処理方法及び装置	

○:開放の用意がある特許

表2.11.4-1 荏原製作所の焼却炉排ガス処理技術の課題対応保有特許(5/6)

技術要素	課題	解決手段	特許no.	特許分類(IPC)	発明の名称(概要)	
吸着	ダイオキシン処理	吸着剤種類	特開平9-53815	F23G5/30ZAB	燃焼排ガスの処理方法と流動層焼却プラント チャー及び不燃物を含んだ流動媒体を抜き出し、チャーを分離して排ガスに添加後、集塵する	
			特開平11-82987	F23J15/00	固形廃棄物のガス化処理方法	
			特開平10-1374 (*)	C04B38/00,302	無定形炭素及び珪酸カルシウム水和物からなる多孔質複合成形体及びその製造方法	
集塵	ダイオキシン処理	高温集塵	特開2000-167514	B09B3/00	ダイオキシンの排出を削減する排ガス処理方法 排ガスを除塵器で450℃以上で除塵し、熱回収した後、除塵器の排出口に連結したダイオキシン分解装置で飛灰を無害化する	
		濾布	特開平5-329316	B01D46/02	排ガス処理装置	
	その他	高温集塵	特開2001-116233	F23G5/44ZAB	廃棄物処理装置	
		その他	特開平9-145031	F23G5/027ZAB	固形廃棄物の燃焼方法	
			特開平11-43680 (*37)	C10J3/00ZAB	廃棄物のガス化処理方法および装置	

159

○：開放の用意がある特許

表2.11.4-1 荏原製作所の焼却炉排ガス処理技術の課題対応保有特許（6/6）

技術要素	課題	解決手段	特許no.	特許分類（IPC）	発明の名称（概要）
放電、放射線	酸性ガス処理	放電、放射線種類	特公平5-21609(*3)	B01D53/34,134	ごみ燃焼排ガス中の有害ガス除去方法

2.11.5 技術開発拠点と研究者

図2.11.5-1に焼却炉排ガス処理技術の荏原製作所の出願件数と発明者数を示す。発明者数は明細書の発明者を年次毎にカウントしたものである。

荏原製作所の開発拠点：

No.	都道府県名	事業所・研究所
1	東京都	荏原製作所本社
2	神奈川県	荏原総合研究所
3	東京都	荏原インフィルコ

図2.11.5-1 荏原製作所の出願件数と発明者数

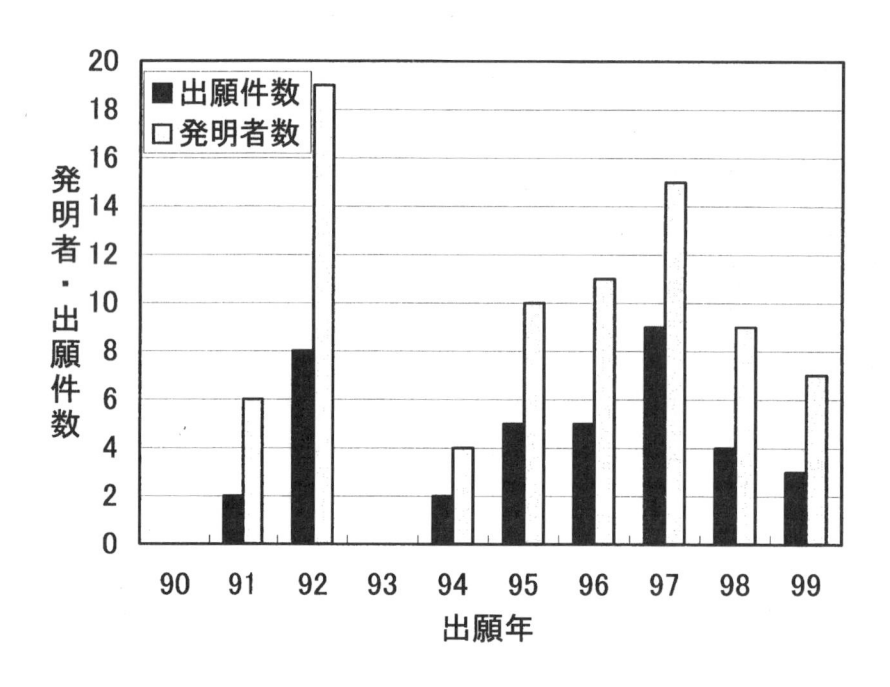

2.12 新日本製鉄

2.12.1 企業の概要

表2.12.1-1に新日本製鉄の企業概要を示す。

表2.12.1-1 新日本製鉄の企業概要

1)	商号	新日本製鐵株式会社
2)	設立年月日	1950年（昭和25年）4月1日
3)	資本金	419,524（百万円　2001年3月）
4)	従業員	18,918人
5)	事業内容	製鉄事業、エンジニアリング事業、都市開発事業、化学・非鉄金属・セラミックス事業、エレクトロニクス・情報通信事業、電力事業、サービス・その他の事業
6)	技術・資本提携関係	荏原製作所＝流動床式都市ごみ焼却施設（TIF型・ICFB型）の建設販売で技術導入
7)	事業所	本社/東京　エンジニアリング事業本部/東京　技術開発本部/富津
8)	関連会社	－
9)	業績推移	<table><tr><td></td><td>売上高（百万円）</td><td>経常利益（百万円）</td><td>当期利益（百万円）</td></tr><tr><td>1997年3月期</td><td>2,184,805</td><td>84,711</td><td>19,906</td></tr><tr><td>1998年3月期</td><td>2,205,019</td><td>103,954</td><td>35,393</td></tr><tr><td>1999年3月期</td><td>1,918,538</td><td>50,238</td><td>523</td></tr><tr><td>2000年3月期</td><td>1,810,842</td><td>42,606</td><td>266</td></tr><tr><td>2001年3月期</td><td>1,848,710</td><td>78,776</td><td>18,355</td></tr></table>
10)	主要製品	工業炉、環境設備
11)	主な取引先	（仕入）三井物産、日鉄商事、三菱商事
12)	技術移転窓口	－

2.12.2 技術移転事例

表2.12.2-1に新日本製鉄の技術導入例を示す。

・技術導入

表2.12.2-1 新日本製鉄の技術導入例

相手先	国名	内容
荏原製作所	日本	流動床式焼却炉技術を導入することで基本的に合意した。流動床式ごみ焼却炉は焼却炉の底から空気を送り込み、炉のなかに渦の流れを発生させることで、投入したごみを短時間で焼却できるようにしているのが特徴。 （1993/4/10の日経産業新聞より）

2.12.3 焼却炉排ガス処理技術に関連する製品・技術

表2.12.3-1に新日本製鉄の製品例を示す。

表 2.12.3-1 新日本製鉄の製品例

製品名	概要
ごみ直接溶融資源化システム	高炉技術を応用したごみ直接溶融資源化システムは、既に国内で20基に及ぶ稼働実績を有している。このシステムは、不燃物も含めた多様なごみを1,700℃以上の高温で安定して一括溶融処理できるため、埋め立てするごみを大幅に削減できる。また、発生した溶融物（スラグやメタル）は建築資材などに再資源化され、回収エネルギーも温水プール等の福祉施設に利用することが可能である。さらにごみを高温で処理するため、ダイオキシン類をはじめ有害ガスの発生も抑制できる優れた環境調和型施設である。 （新日本製鉄のHP（http://www.nsc.co.jp/）より）
電気炉排ガス対策設備	新日鉄では、電気炉排ガス中のダイオキシン類規制を睨み、数年来、研究開発を続けてきた。その結果、ダイオキシン類の発生特性と、排ガスの加熱分解・急冷設備、排ガス空冷設備（トロンボーンガスクーラ）、樹脂を使用したフィルタ、バグフィルタでの除去特性を把握することで、これらの技術を組み合わせ、効率よくダイオキシン類を除去する技術を確立した。この技術は、既存設備への適用に際しての多くの制約条件も克服し、最適な集塵・環境対策システムを提供するものである。 （新日本製鉄のHP（http://www.nsc.co.jp/）より）

2.12.4 技術開発課題対応保有特許の概要

図2.12.4-1に新日本製鉄の焼却炉排ガス処理技術の技術要素と課題の分布を示す。

図 2.12.4-1 新日本製鉄の技術要素と課題の分布

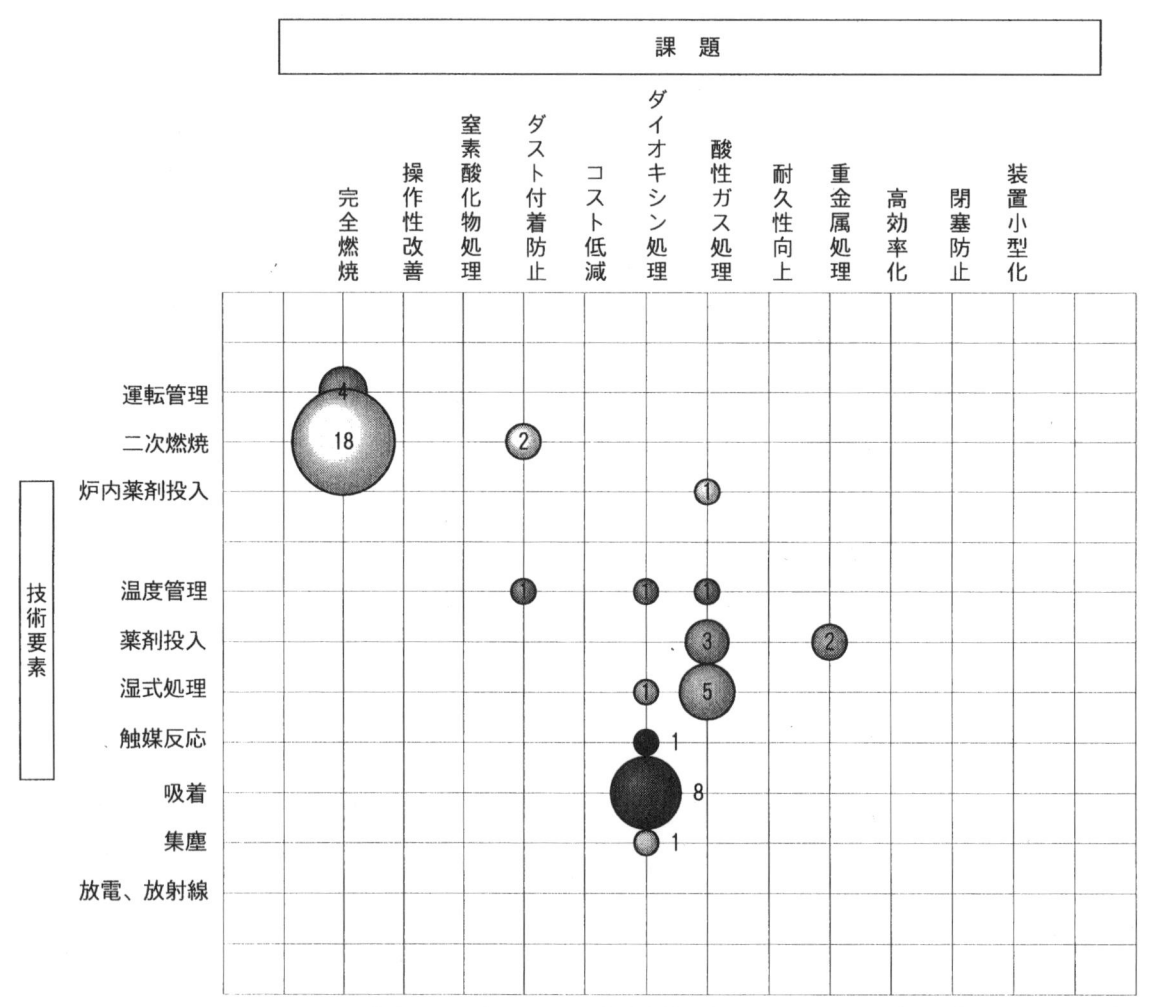

1991年から2001年8月公開の権利存続中または係属中の出願（課題「その他」を除く）

技術要素と課題別に出願件数が多いのは、下記のようになる。

　　　　二次燃焼：　　　　　完全燃焼
　　　　吸着：　　　　　　　ダイオキシン処理
　　　　湿式処理：　　　　　酸性ガス処理
　　　　運転管理：　　　　　完全燃焼

表 2.12.4-1 に新日本製鉄の焼却炉排ガス処理技術の課題対応保有特許を示す。出願取下げ、拒絶査定の確定、権利放棄、抹消、満了したものは除かれている。

○：開放の用意がある特許

表 2.12.4-1 新日本製鉄の焼却炉排ガス処理技術の課題対応保有特許（1/5）

技術要素	課題	解決手段	特許no.	特許分類（IPC）	発明の名称（概要）	
運転管理	完全燃焼	炉構造	特開平11-287419	F23G5/30ZAB	焼却炉及びその操業方法 燃焼室に空気を吹き込むために設けた空気室に、複数の孔を有する分散版を設置し、燃焼室上部の流動媒体を浮遊懸濁させ、燃焼を安定化させる	
			特許2629108(*24)	F23J9/00	廃棄物溶融炉	
		制御法	特開平11-287424	F23G5/50	炉排ガスのＣＯ濃度の制御装置	
			特開2001-201270	F27D17/00,104	排ガス処理装置および方法	
二次燃焼	完全燃焼	制御法	特開平10-281422	F23G5/027ZAB	廃棄物の溶融処理方法および装置	
			特開平7-180977	F27D17/00,104	スクラップ予熱、溶解時の排ガス中悪臭・白煙成分の除去方法	
			特開2001-208326	F23G7/06ZAB	排ガス燃焼制御装置及び方法	
			特開平11-125414	F23G7/00,103	廃棄物溶融炉の燃焼室燃焼制御方法	
			特開平10-288323	F23G5/16ZAB	焼却炉及び焼却炉の燃焼方法	

163

○：開放の用意がある特許

表 2.12.4-1 新日本製鉄の焼却炉排ガス処理技術の課題対応保有特許（2/5）

技術要素	課題	解決手段	特許no.	特許分類（IPC）	発明の名称（概要）	
二次燃焼	完全燃焼	制御法	特開平8-285255	F23G5/24ZAB	溶融炉発生ガスの改質処理方法及び廃棄物溶融炉	
			特開平10-2516	F23G5/00,115	廃棄物溶融炉	
			特開平10-288328 (*24)	F23G7/06ZAB	排ガス燃焼塔	
			特開平11-22939 (*24)	F23G5/44ZAB	焼却炉及び焼却炉の燃焼方法	
			特開2001-116230 (*24)	F23G5/14ZAB	エアバッグ装置の処理設備及びその方法	
			特開平11-270821 (*24)	F23G5/027	廃棄物ガス化焼却炉の燃焼方法	
			特開平9-159131 (*24)	F23G5/44ZAB	廃棄物処理炉	
			特開平10-169947 (*24)	F23G5/50ZAB	廃棄物溶融炉生成ガス燃焼炉の燃焼制御方法	
			特許3024043 (*24)	F23G5/50ZAB	廃棄物溶融炉生成ガス燃焼炉の燃焼制御方法	
		炉構造	特許2629117	F23G5/00,115	廃棄物の溶融炉	
		空気吹込、排ガス再循環	特開平10-281432	F23G5/44ZAB	焼却炉の2次燃焼室のガス整流構造	
			特開平7-19441	F23G5/20ZAB	可燃性廃棄物の処理方法および装置	
		燃焼法	特開平8-121728	F23G5/16ZAB	廃棄物の溶融炉からの発生ガスの燃焼方法および廃棄物溶融炉の2次燃焼炉	
	ダスト付着防止	炉構造	特許3046723	F23G5/00,115	廃棄物溶融炉の2次燃焼炉シャフト炉型溶融炉で、発生ガスを燃焼する二次燃焼炉の炉壁の少なくとも一部をボイラー式の炉壁で構成する	
		空気吹込、排ガス再循環	特開平10-169966 (*24)	F23J15/06	廃棄物溶融炉からの生成ガスの燃焼炉のクリンカー生成防止方法	

○：開放の用意がある特許

表2.12.4-1 新日本製鉄の焼却炉排ガス処理技術の課題対応保有特許（3/5）

技術要素	課題	解決手段	特許no.	特許分類（IPC）	発明の名称（概要）	
炉内薬剤投入	酸性ガス処理	薬剤種類	特開平8-110021	F23G5/00,115	廃棄物の溶融炉の発生ガス処理装置	
温度管理	酸性ガス処理	水噴霧	特開平10-281437	F23G7/12ZAB	塩素含有プラスチックの処理方法及び装置	
	ダスト付着防止	水噴霧	特開平10-277340 (*24)	B01D51/00	ダスト付着、成長を抑制するガスの水噴霧急冷塔 ダスト含有ガスの供給される冷却塔中に、支持部材により微動可能な状態で吊り下げられ、温度変動により伸縮する金属板を有しダストの付着成長を抑制する	
温度管理	ダイオキシン処理	温度管理	特開2000-312812	B01D53/34ZAB	排ガスの低温処理方法および装置	
薬剤投入	重金属処理	薬剤種類	特許2695589	B01D53/40	排ガス及び集塵ダストの処理方法 排ガスにアルカリを噴霧し、酸性ガスを無害化した後集塵し、集塵ダストに2価鉄塩及び酸を加えた後撹拌、加熱する	
			特開平6-277444	B01D53/34,124	排ガス及び集塵ダストの処理方法	
	酸性ガス処理	薬剤種類	特開平9-280541 (*24)	F23J15/04	廃棄物焼却ダストの処理方法	

165

○：開放の用意がある特許

表 2.12.4-1 新日本製鉄の焼却炉排ガス処理技術の課題対応保有特許（4/5）

技術要素	課題	解決手段	特許no.	特許分類（IPC）	発明の名称（概要）
薬剤投入	酸性ガス処理	薬剤種類	特開平10-165752(*24)	B01D53/30	廃棄物処理設備における排ガス処理方法
		吹込法	特開平8-117549	B01D53/40	排ガス処理方法
湿式処理	酸性ガス処理	薬剤種類	特開2000-74336	F23G5/00,115	廃棄物処理方法および廃棄物処理設備
			特開平11-221545	B09B3/00	廃棄物溶融炉におけるダストの処理方法及びその装置
			特開平9-85046	B01D53/68	廃プラスチック材の熱分解ガスに含まれる塩化水素の除去方法及びこの方法を用いる廃プラスチック材の油化処理設備
			特許2759703(*24)	F23J15/04	海生物焼却処理装置における排ガス処理装置
		制御法	特許2738750(*24)	B01D53/50	排ガス脱硫設備の制御方法　マグネシウム化合物を脱硫剤として含む洗浄液に排ガスを通す際に、オンライン計測可能な状態量から関数発生器により薬剤の必要量と吹き込み空気量を算出制御する
	ダイオキシン処理	その他	特開平9-112871	F23G7/06ZAB	溶融式都市ごみ焼却炉生成ガスの湿式処理方法
触媒反応	ダイオキシン処理	触媒種類、形状	特開2001-191052	B09B3/00	廃棄物ガス化溶融炉からの集じん灰の加熱処理方法および装置
吸着	ダイオキシン処理	二段集塵	特開平10-202052	B01D53/50	排ガス浄化装置

○：開放の用意がある特許

表 2.12.4-1 新日本製鉄の焼却炉排ガス処理技術の課題対応保有特許（5/5）

技術要素	課題	解決手段	特許no.	特許分類（IPC）	発明の名称（概要）	
吸着	ダイオキシン処理	制御法	特開平7-124442	B01D53/70	含塵排ガス中の微量有機塩素化合物除去方法 活性コークスの降下速度を一定の値に調整しながらの移動層に排ガスを接触させ、排ガス中のダイオキシンを除去する	
		吹込方法	特開平11-226352	B01D53/70	ごみ処理施設の排ガス処理設備の操業方法及びその設備	
			特開平11-226354	B01D53/70	ごみ処理施設の排ガス処理設備の操業方法及びその設備	
			特開平11-230529	F23G7/06ZAB	ごみ処理施設の排ガス処理設備及びその操業方法	
			特開平11-226353	B01D53/70	ごみ処理施設の排ガス処理設備の操業方法及びその設備	
		再生法	特開2000-233112	B01D53/34ZAB	排ガスの処理装置	
		吸着剤種類	特開平9-112855	F23G5/00,115	溶融式都市ごみ焼却炉での排ガス浄化方法	
	その他	吸着剤種類	特開平6-343821	B01D53/34,116	集塵機用気体清浄材及び脱臭集塵方法	
			特開平7-313839	B01D53/60	排ガス処理用移動層	
集塵	ダイオキシン処理	その他	特開平10-170158 (*24)	F27B1/18	廃棄物溶融炉の出滓口集塵方法	

167

2.12.5 技術開発拠点と研究者

　図2.12.5-1に焼却炉排ガス処理技術の新日本製鉄の出願件数と発明者数を示す。発明者数は明細書の発明者を年次毎にカウントしたものである。

新日本製鉄の開発拠点：

No.	都道府県名	事業所・研究所
1	愛知県	名古屋製鉄所
2	千葉県	技術開発本部
3	福岡県	エンジニアリング事業本部
4	福岡県	機械・プラント事業部
5	福岡県	設備技術本部
6	福岡県	八幡製鉄所

図2.12.5-1 新日本製鉄の出願件数と発明者数

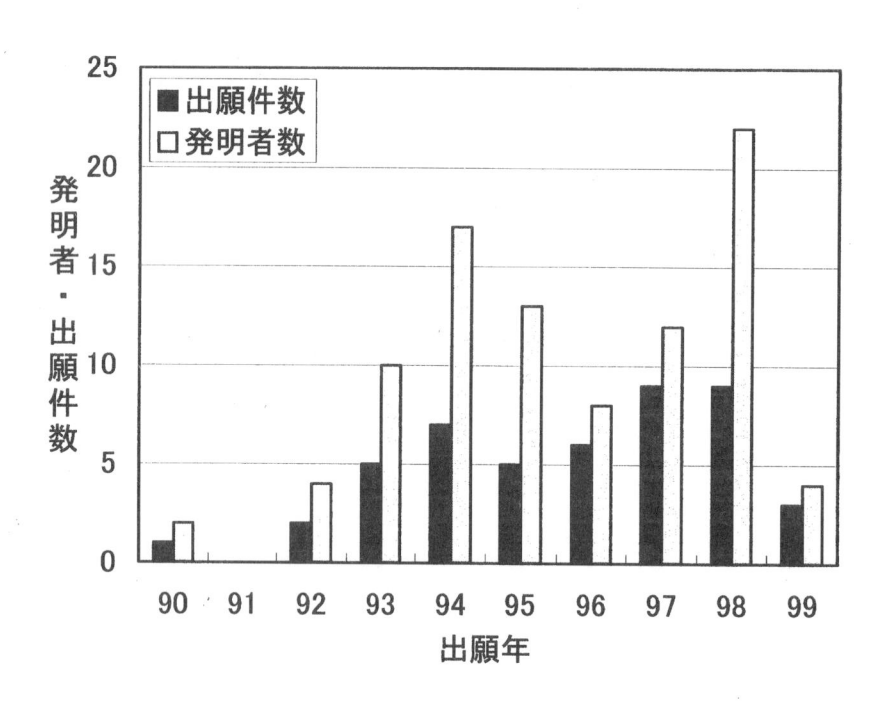

2.13 日立製作所

2.13.1 企業の概要
表2.13.1-1に日立製作所の企業概要を示す。

表2.13.1-1 日立製作所の企業概要

1)	商号	株式会社　日立製作所
2)	設立年月日	1920年（大正9年）2月1日
3)	資本金	281,754（百万円　2001年3月）
4)	従業員	54,017人
5)	事業内容	情報エレクトロニクス、電力・産業システム、家庭電器、材料、サービス他
6)	技術・資本提携関係	Fortum Engineering（フィンランド）＝脱硫装置の特許実施権の許諾、技術情報の提供
7)	事業所	本社/東京　研究所/国分寺（中央）、日立、土浦（機械）、戸塚（生産技術）、川崎（システム開発）、埼玉（基礎）　工場/日立、国分、大みか、土浦、笠戸、水戸、習志野
8)	関連会社	バブコック日立（東京都港区、100.0%、電力・産業システム）、日立エンジニアリング、日立エンジニアリングサービス
9)	業績推移			

	売上高（百万円）	経常利益（百万円）	当期利益（百万円）
1997年3月期	4,310,787	84,318	58,018
1998年3月期	4,078,030	17,220	10,236
1999年3月期	3,781,118	-114,920	-175,534
2000年3月期	3,771,948	31,787	11,872
2001年3月期	4,015,824	56,058	40,121

10)	主要製品	－
11)	主な取引先	（仕入）金星インターナショナル、日本ヒューレットパッカード、日本電気、松下電器産業、信越化学工業
12)	技術移転窓口	知的財産権本部 ライセンス第一部　千代田区丸の内1-5-1 TEL.03-3212-1111

2.13.2 技術移転事例
表2.13.2-1、表2.13.2-2に日立製作所の技術導入例および技術供与例を示す。

・技術導入

表2.13.2-1 日立製作所の技術導入例

相手先	国名	内容
ティド	フランス	「キルン式ガス化溶融システム」技術を1997年10月に技術導入した。キルン式のごみの乾燥機と、次に500℃の無酸素状態で蒸し焼きにするガス化炉を分離、ガス化炉を従来のキルン式に比べ約半分の長さにするとともに、制御性を高め多種類のごみに対応できるようにした。ガス化炉で発生した可燃ガスには塩素がほとんど含まれないため、燃焼熱をガス化炉の熱源にする一方、高温高圧の蒸気として発電用に使える。 （1998/3/24の日刊工業新聞より）

・技術供与

表 2.13.2-2 日立製作所の技術供与例

相手先	国名	内容
三星重工業	韓国	バブコック日立と共同で硫黄酸化物を除去する排煙脱硫装置に関し技術供与契約を結んだ。同装置で韓国に技術供与するのはわが国メーカーでは初めて。供与する技術は「湿式石灰石－石膏法脱硫装置」。日立製作所は排煙脱硫装置に関する改良技術を開発した場合、三星に開示、三星は同関連の受注内容などを日立製作所に開示する義務を負う。 （1993/6/15の日刊工業新聞より）

2.13.3 焼却炉排ガス処理技術に関連する製品・技術

表 2.13.3-1 に日立製作所の製品例を示す。

表 2.13.3-1 日立製作所の製品例

製品名	概要
排ガス処理システム	水洗浄などにより、排ガスをクリーンにして大気に放出するシステムである。 環境試験装置や一般産業プラントから排出される有害ガスを、水洗浄・中和処理・ガス吸着作用などによりクリーン化して、大気中に放出する。 （日立製作所のHP (http://www.hitachi.co.jp/) より）
都市ごみ処理システム	循環型社会づくりを目指している。 （日立製作所のHP (http://www.hitachi.co.jp/) より）

2.13.4 技術開発課題対応保有特許の概要

図 2.13.4-1 に日立製作所の焼却炉排ガス処理技術の技術要素と課題の分布を示す。

図 2.13.4-1 日立製作所の技術要素と課題の分布

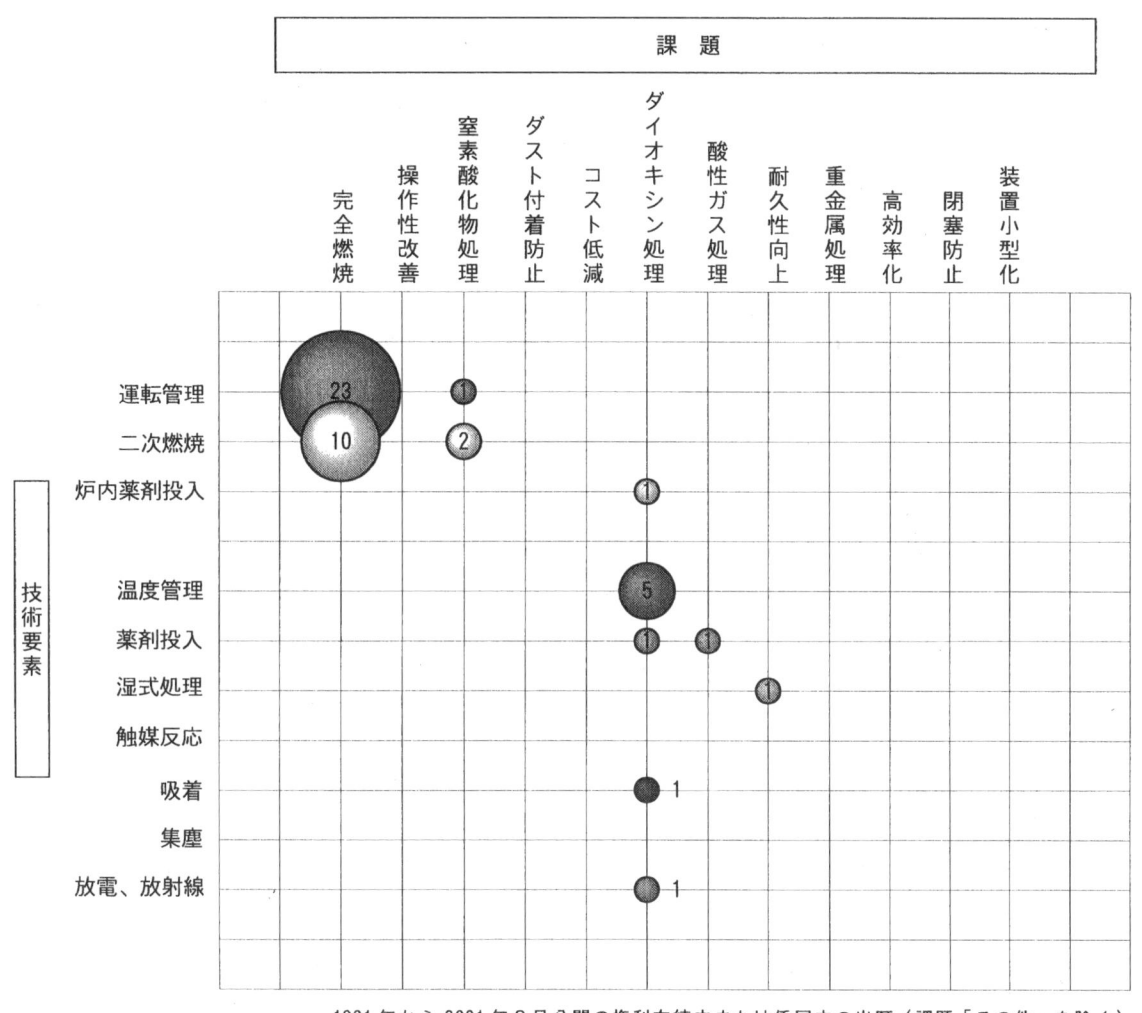

	完全燃焼	操作性改善	窒素酸化物処理	ダスト付着防止	コスト低減	ダイオキシン処理	酸性ガス処理	耐久性向上	重金属処理	高効率化	閉塞防止	装置小型化
運転管理	23		1									
二次燃焼	10		2									
炉内薬剤投入						1						
温度管理						5						
薬剤投入						1	1					
湿式処理								1				
触媒反応												
吸着						1						
集塵												
放電、放射線						1						

1991年から2001年8月公開の権利存続中または係属中の出願（課題「その他」を除く）

技術要素と課題別に出願件数が多いのは、下記のようになる。

  運転管理：   完全燃焼
  二次燃焼：   完全燃焼
  温度管理：   ダイオキシン処理

表 2.13.4-1 に日立製作所の焼却炉排ガス処理技術の課題対応保有特許を示す。出願取下げ、拒絶査定の確定、権利放棄、抹消、満了したものは除かれている。

○：開放の用意がある特許

表 2.13.4-1 日立製作所の焼却炉排ガス処理技術の課題対応保有特許（1/4）

技術要素	課題	解決手段	特許no.	特許分類（IPC）	発明の名称（概要）
運転管理	窒素酸化物処理	炉構造	特開平10-196924	F23G5/46ZAB	廃棄物焼却熱利用システム
			特開平11-281030	F23G5/50ZAB	廃棄物発電装置及び廃棄物発電方法
			特開2000-88219	F23G5/027	廃棄物処理装置および処理方法
			特開2000-55332	F23G5/50ZAB	廃棄物処理プラント、およびその制御方法
			特開平11-201429	F23G5/24ZAB	ガス化溶融方法及び装置
			特開2000-199613（*46）	F23G5/00,115	燃焼溶融炉
			特開平11-37427	F23G5/00,115	廃棄物燃焼処理設備及び廃棄物燃焼処理方法
			特開平10-238727（*46）	F23G5/027ZAB	廃棄物熱分解処理装置
		制御法	特開2000-97422	F23G5/50ZAB	廃棄物焼却プラント及びその制御装置並びに制御方法と廃棄物焼却炉のガス組成分布予測方法 焼却プロセスを表現するシミュレーションモデルを用いて焼却炉の状態を推定する手段とその値と実測値に基く値とを比較し、さらにシミュレーションモデルで理想の燃焼状態に近づける

表 2.13.4-1 日立製作所の焼却炉排ガス処理技術の課題対応保有特許 (2/4)

○：開放の用意がある特許

技術要素	課題	解決手段	特許no.	特許分類(IPC)	発明の名称（概要）	
運転管理	窒素酸化物処理	制御法	特公平7-9287 (*4)	F23G5/50ZAB	固形燃焼装置の燃焼制御方法 炉温、燃料層厚などに基くファジー演算によりごみ質傾向などを推定し、ごみ層厚、火格子速度の制御量を補正して燃焼を安定化させる	○
	完全燃焼	制御法	特開平8-193711	F23G5/02ZAB	ごみ処理方法	
			特開2000-213722	F23G5/50ZAB	廃棄物処理プラントおよびその制御方法	
		計測法	特開2000-258406	G01N31/00	ハロゲン濃度測定装置並びに廃棄物焼却処理システムおよび廃プラスチック油化システム	
			特開平11-257636	F23G5/50ZAB	都市ごみ燃焼装置	
			特開2000-18549	F23G5/50ZAB	焼却プラント運転制御方法及び運転制御装置	
			特開2000-205542	F23G5/50ZAB	ごみ焼却装置の運転制御方法及び運転制御装置	
			特開2000-205541	F23G5/50ZAB	廃棄物焼却プラント並びにその制御方法	
			特開2000-213723	F23G5/50ZAB	廃棄物処理プラントの運転制御方法及び運転制御装置	
			特開2000-213724	F23G5/50ZAB	ごみ焼却炉の制御方法及び装置	
			特開2001-147216	G01N27/62	試料分析用モニタ装置及びそれを用いた燃焼制御システム	
			特開2000-104912	F23G5/50ZAB	ごみ焼却設備及びその制御方法	
			特開2000-179814	F23G5/00,115	廃棄物ガス化溶融装置とその制御方法	
			特開平10-26330 (*46)	F23G5/50ZAB	廃棄物焼却システム及びその運転・制御方法	

○：開放の用意がある特許

表2.13.4-1 日立製作所の焼却炉排ガス処理技術の課題対応保有特許（3/4）

技術要素	課題	解決手段	特許no.	特許分類(IPC)	発明の名称（概要）	
運転管理	完全燃焼	計測法	特開2001-208744 (*46)	G01N33/00	ダイオキシン濃度評価方法	
二次燃焼	窒素酸化物処理	制御法	特許3042394	F01K27/02	廃棄物焼却熱利用発電システム 廃棄物焼却炉の排ガス系統に燃料を空気及び蒸気によって改質して水素成分を増加し燃料改質による水素の燃焼で排ガスを還元雰囲気にさらし窒素酸化物を還元する	○
			特開平9-310606	F01K27/02	廃棄物発電システム	
	完全燃焼	制御法	特開2000-74338	F23G5/00,115	燃焼溶融炉と燃焼溶融方法及び廃熱利用発電システム	
			特開平11-281044	F23J15/08	燃焼加熱式廃ガス処理装置の制御システム	
			特開平11-351531 (*47)	F23G5/16ZAB	ごみ焼却設備および焼却方法	
			特開2000-28119 (*47)	F23G5/16ZAB	ごみの焼却方法および焼却装置	
			特開2000-171022 (*47)	F23G7/06ZAB	ごみ焼却排ガス浄化方法及びその装置	
			特開平11-248120 (*47)	F23G5/14	ごみ焼却排ガス浄化システム	
			特開2000-213726 (*47)	F23G7/06,103	ダイオキシン低減方法および装置	
			特開2001-153329 (*47)	F23G5/50ZAB	ごみ焼却排ガス浄化プラント及びその運転方法	
		空気吹込、排ガス再循環	特開2001-124313	F23G5/00,115	灰溶融スラグ化装置および灰溶融スラグ化システム	
		燃焼法	特開2001-4119	F23G7/06ZAB	ごみ焼却排ガス浄化方法およびその装置	
	その他	制御法	特開平10-185151 (*46)	F23G5/46ZAB	廃棄物処理装置および処理方法	

○：開放の用意がある特許

表2.13.4-1 日立製作所の焼却炉排ガス処理技術の課題対応保有特許（4/4）

技術要素	課題	解決手段	特許no.	特許分類（IPC）	発明の名称（概要）	
炉内薬剤投入	ダイオキシン処理	制御法	特開平11-264523	F23G5/00ZAB	ごみ燃焼方法及びごみ焼却プラント並びにごみ焼却プラントの空気供給装置	
温度管理	ダイオキシン処理	除塵	特開平10-47638 (*46,47)	F23G7/06ZAB	排ガス処理方法および装置ならびにごみ焼却発電プラント	
		温度管理	特開2000-249320	F23G5/16ZAB	ごみ排ガス処理システム及びごみ排ガス処理方法 排ガス中の煤塵を集塵機で捕集した後燃焼させ、冷却器で冷却する	
			特許3077756	F23G5/027ZAB	廃棄物処理装置	○
			特開2001-12723	F23J15/06	ごみ焼却設備の排ガス浄化方法及びそのシステム	
			特開平11-281045	F23J15/08	燃焼加熱式廃ガス処理装置の制御システム	
薬剤投入	酸性ガス処理	制御法	特開平11-257623	F23G5/027ZAB	廃棄物処理方法及び装置	
	ダイオキシン処理	吹込法	特開2000-146140	F23G7/06ZAB	ごみ焼却排ガス浄化システム	
湿式処理	耐久性向上	その他	特開平11-82970	F23G5/48	廃棄物処理装置およびその方法	
触媒反応	その他	触媒種類、形状	特開平9-40969 (*)	C10G1/10	廃タイヤの処理方法及び装置	
吸着	ダイオキシン処理	再生法	特開平11-257619	F23G5/027	都市ごみ燃焼装置	
放電、放射線	ダイオキシン処理	放電、放射線種類	特開平9-171099	G21K5/04	集束電子ビーム装置	

175

2.13.5 技術開発拠点と研究者

図2.13.5-1に焼却炉排ガス処理技術の日立製作所の出願件数と発明者数を示す。発明者数は明細書の発明者を年次毎にカウントしたものである。

日立製作所の開発拠点：

No.	都道府県名	事業所・研究所
1	茨城県	電力・電機開発本部
2	茨城県	那珂工場
3	茨城県	日立研究所
4	茨城県	計測器事業部
5	東京都	中央研究所
6	茨城県	日立工場
7	東京都	日立製作所本社
8	栃木県	冷熱事業部

図2.13.5-1 日立製作所の出願件数と発明者数

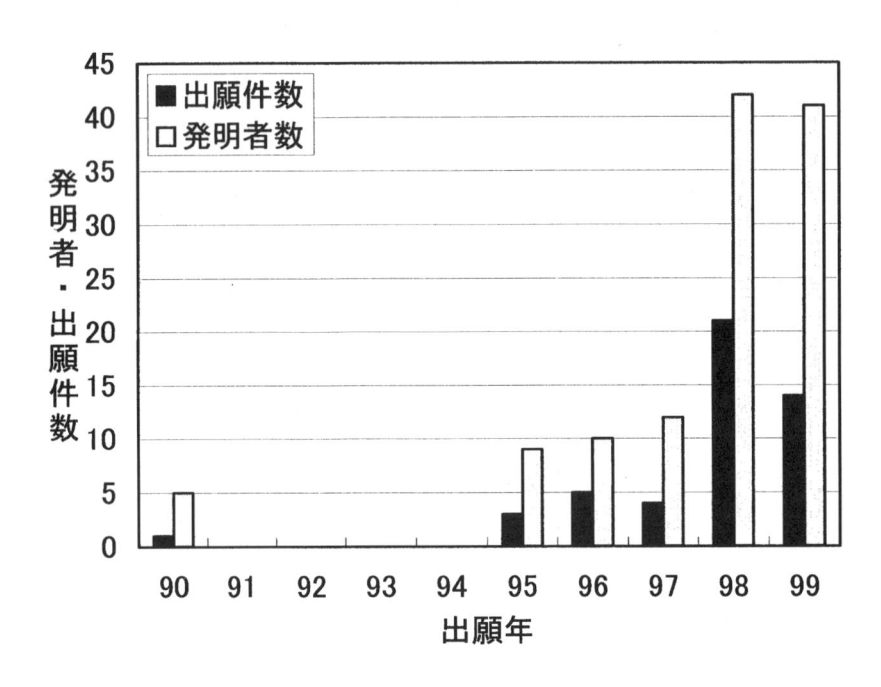

2．14 神戸製鋼所

2.14.1 企業の概要

表2.14.1-1に神戸製鋼所の企業概要を示す。

表2.14.1-1 神戸製鋼所の企業概要

1)	商号	株式会社　神戸製鋼所
2)	設立年月日	1911年（明治44年）6月28日
3)	資本金	213,667（百万円　2001年3月）
4)	従業員	9,828人
5)	事業内容	鉄鋼関連事業、アルミ・銅関連事業、機械関連事業、建設機械関連事業、電子・情報関連事業、不動産関連事業、その他の事業
6)	技術・資本提携関係	ルルギ・エントゾーグング（独）＝都市ごみストーカ式焼却炉および廃熱ボイラーの製造・操業技術 現代重工業（韓国）＝流動床都市ゴム焼却設備技術
7)	事業所	本社/神戸　東京本社/品川　製鉄所/加古川、神戸　工場/長府、藤沢、茨木、大久保、高砂、秦野、真岡、西条、福知山、播磨、大安
8)	関連会社	神鋼パンテック
9)	業績推移	<table><tr><td></td><td>売上高（百万円）</td><td>経常利益（百万円）</td><td>当期利益（百万円）</td></tr><tr><td>1997年3月期</td><td>1,141,966</td><td>26,666</td><td>21,690</td></tr><tr><td>1998年3月期</td><td>1,115,256</td><td>25,295</td><td>7,416</td></tr><tr><td>1999年3月期</td><td>938,456</td><td>-9,841</td><td>-23,318</td></tr><tr><td>2000年3月期</td><td>837,746</td><td>8,221</td><td>-15,198</td></tr><tr><td>2001年3月期</td><td>816,878</td><td>14,648</td><td>-60,589</td></tr></table>
10)	主要製品	ゴミ焼却炉
11)	主な取引先	神鋼商事、日商岩井、三井物産、豊田通商、三菱商事
12)	技術移転窓口	－

2.14.2 技術移転事例

表2.14.2-1、表2.14.2-2に神戸製鋼所の技術導入例および技術供与例を示す。

・技術導入

表2.14.2-1 神戸製鋼所の技術導入例

相手先	国名	内容
オーストリアン・エナジー＆エンバイロメント	オーストリア	都市ごみの焼却後に発生するダイオキシンの発生を大幅に抑えた、活性コークスを利用した除去システムを技術導入した。バグフィルタの後に設置することで、吸着ベッド内でダイオキシンは活性コークスで吸着除去され、国の新設炉建設の新ガイドラインである0.1ng以下をクリアできる。 （1997/10/14の日刊工業新聞より）
ルルギ	ドイツ	ストーカ焼却技術技術導入した。 （1999/7/2の日刊工業新聞より）
フォスターウイラ	米国	技術を導入した循環流動床焼却炉の販売を開始した。 （1999/8/11の日刊工業新聞より）

・技術供与

表 2.14.2-2 神戸製鋼所の技術供与例

相手先	国名	内容
現代重工業	韓国	10年契約で、流動床式ゴミ焼却技術を供与した。流動床式は生ごみから高カロリーのプラスチックまで広範囲のごみを完全燃焼できるのが特徴である。海外企業へ都市ごみ焼却の技術を供与するのは今回が初めてである。 （1994／6／7の日経産業新聞より）
現代建設	韓国	流動床式下水汚泥焼却炉の技術を供与した。熱媒体の砂を流動させ、高含水率の汚泥を高速燃焼。炉内に機械駆動部がないため、維持管理が容易になっている。神戸製鋼の環境装置部門における韓国向け技術供与は、1994年に現代重工業向けに実施した流動床式ゴミ焼却炉に次いで2件目。 （2000／3／3日刊工業新聞より）

2.14.3 焼却炉排ガス処理技術に関連する製品・技術

表2.14.3-1に神戸製鋼所の製品例を示す。

表 2.14.3-1 神戸製鋼所の製品例

製品名	概要
熱分解ガス化溶融システム	「環境負荷の低減」と「リサイクル」の視点を重視した都市ごみ処理次世代技術。 ・ダイオキシン等、有害物質の抑制が優れた技術システムがシンプルで経済的な技術 ・物質およびエネルギーのリサイクル率が高い技術 ・処理物の安定化、減容率がより高い技術 （神戸製鋼所のHP（http://www.kobelco.co.jp/）より）
リサイクル型都市ごみ総合処理システム（1）ストーカ式ごみ焼却炉	ごみ資源を最大限に活用し、有効利用する最新技術として次の特長をもつ「都市ごみ総合処理システム」（オール・リサイクルシステム）を提案する。 ・非対称のホッパと末広がりのシュートにより、安定したごみ供給を実現 ・ストーカは近年のごみ質に適した緩傾斜型の摺動式で、均一な空気供給と落塵の防止により、未燃分の少ない良好な燃焼が可能 ・きめ細かな燃焼制御と、燃焼室の高温化により、ダイオキシンへの対応は万全 ・ごみの焼却により発生するエネルギーを回収して、発電や余熱利用が可能 ・集塵機入口の低温化と活性炭吹込によりダイオキシンを確実に除去 （神戸製鋼所のHP（http://www.kobelco.co.jp/）より）
リサイクル型都市ごみ総合処理システム（2）	ごみ資源を最大限に活用し、有効利用する最新技術として次の特長を持つ「都市ごみ総合処理システム」（オール・リサイクルシステム）を提案する。 ・都市ごみは流動床式焼却炉で完全焼却し、清潔な不燃物と鉄分が炉下部より取り出し可能 ・鉄分はスクラップとして、不燃物は骨材として有効利用が可能 ・飛灰はプラズマ溶融炉で溶融固化し、スラグは骨材等に有効利用が可能 ・さらに溶融飛灰からは、重金属を回収し、山元還元する、ごみの完全クローズドシステムを確立 （神戸製鋼所のHP（http://www.kobelco.co.jp/）より）

2.14.4 技術開発課題対応保有特許の概要

図2.14.4-1に神戸製鋼所の焼却炉排ガス処理技術の技術要素と課題の分布を示す。

図2.14.4-1 神戸製鋼所の技術要素と課題の分布

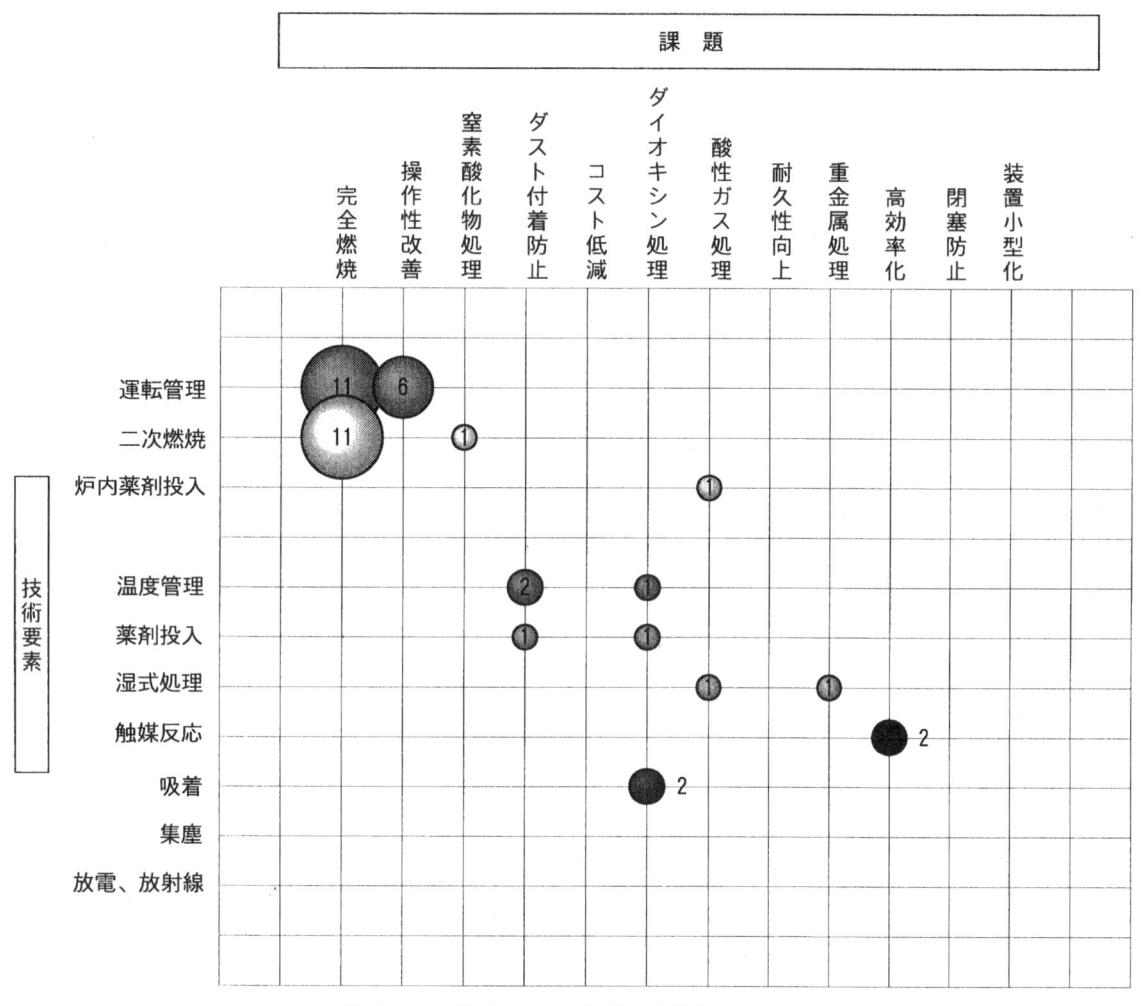

1991年から2001年8月公開の権利存続中または係属中の出願（課題「その他」を除く）

技術要素と課題別に出願件数が多いのは、下記のようになる。

　　　運転管理：　　　　　　完全燃焼
　　　二次燃焼：　　　　　　完全燃焼
　　　運転管理：　　　　　　操作性改善

表2.14.4-1に神戸製鋼所の焼却炉排ガス処理技術の課題対応保有特許を示す。出願取下げ、拒絶査定の確定、権利放棄、抹消、満了したものは除かれている。

○：開放の用意がある特許

表 2.14.4-1 神戸製鋼所の焼却炉排ガス処理技術の課題対応保有特許 (1/5)

技術要素	課題	解決手段	特許no.	特許分類（IPC）	発明の名称（概要）
運転管理	操作性改善	炉構造	特開平10-306907	F23G5/027ZAB	流動層熱分解方法及び熱分解炉並びに被燃焼物処理装置
			特開平10-103633	F23G5/027ZAB	廃棄物処理設備における流動床熱分解炉の運転方法及び装置
		制御法	特開平9-303741	F23G5/50ZAB	流動床式焼却炉の制御方法及び装置
			特開平10-232014	F23G5/50ZAB	流動床焼却炉のフリーボード温度制御方法
			特開平10-169944	F23G5/50ZAB	廃棄物熱分解炉における流動層制御方法
			特開平10-300047	F23G5/50ZAB	流動層熱分解炉の温度制御方法及び廃棄物熱分解炉並びに廃棄物処理設備
	完全燃焼	炉構造	特開2000-234715	F23G5/027ZAB	旋回流溶融炉とその燃焼方法
			特開平11-223327	F23G7/06,101	ガス処理装置
			特開平7-318022	F23G5/00,115	廃棄物の溶融処理方法および装置
		制御法	特許2597733	F23G5/50	焼却炉の燃焼制御方法および装置 燃焼室空間の火炎から発生する輻射熱を検出し、この時間変化率が一定の時だけ二次空気供給空間の下流側に空気を供給する

○：開放の用意がある特許

表2.14.4-1 神戸製鋼所の焼却炉排ガス処理技術の課題対応保有特許（2/5）

技術要素	課題	解決手段	特許no.	特許分類（IPC）	発明の名称（概要）	
運転管理	完全燃焼	制御法	特許2947629	F23G5/50ZAB	流動床式ごみ焼却炉とその運転方法 一次空気を供給する偶数の風室を有する風箱を分散板の下部に備え、風室への一次空気の供給部の各々に風量調整ダンパを備え風量を変動させる	
			特開平11-351538	F23G5/50ZAB	溶融炉の燃焼制御方法及び装置	
			特開平10-9548	F23G7/00,104	流動床焼却炉による汚泥焼却方法	
			特開2001-201023	F23G5/027ZAB	熱分解ガス化溶融システムにおける燃焼用空気の制御方法及びその装置	
			特許2656879	F23G5/50ZAB	焼却炉の自動燃焼制御方法	
			特開2000-121025(*)	F23G5/50ZAB	流動床焼却炉の燃焼制御方法	
		計測法	特開2000-18545	F23G5/50ZAB	焼却炉の制御方法及び焼却炉	
二次燃焼	窒素酸化物処理	燃焼法	特許3032400(*)	F23G5/50ZAB	プラズマ炉におけるＮＯｘ低減方法	
	完全燃焼	制御法	特開2000-314515	F23G5/46ZAB	廃棄物処理設備の燃焼運転方法	
			特開2000-35209	F23G5/50ZAB	焼却炉の燃焼制御装置	
		炉構造	特許2953864	F23G5/00	焼却炉およびそれからの有害物質の排出低減方法	
			特許3022747	F23G5/30ZAB	二次燃焼炉及びその流体循環方法	

○:開放の用意がある特許

表 2.14.4-1 神戸製鋼所の焼却炉排ガス処理技術の課題対応保有特許（3/5）

技術要素	課題	解決手段	特許no.	特許分類（IPC）	発明の名称（概要）
二次燃焼	完全燃焼	空気吹込、排ガス再循環	特許3016708	F23G5/30ZAB	焼却炉の燃焼方法 一次燃焼後の未燃ガスに二次燃焼空気を炉体の対向する側面から所定の速度で供給し、炉の中心部で衝突させ、未燃ガスを撹拌する
			特許3174210	F23G5/14ZAB	廃棄物焼却炉及び廃棄物焼却炉による廃棄物焼却方法 一次燃焼領域の上方に形成した二次燃焼領域の出口部で下向きに補助燃焼空気を噴射し出口部分から下方に転回する再循環流を形成させる
			特開平11-37437	F23G5/50ZAB	焼却炉の燃焼制御装置
			特開2001-4117	F23G5/50ZAB	流動床焼却炉の燃焼制御方法及び装置
			特許3115126	F23G5/50	流動床式焼却炉の燃焼制御装置
		燃焼法	特開2000-213719（*22）	F23G5/16ZAB	廃棄物焼却炉
			特開平10-103634	F23G5/027ZAB	廃棄物処理設備における溶融炉の運転方法及び装置

○：開放の用
意がある特許

表2.14.4-1 神戸製鋼所の焼却炉排ガス処理技術の課題対応保有特許（4/5）

技術要素	課題	解決手段	特許no.	特許分類(IPC)	発明の名称（概要）
炉内薬剤投入	酸性ガス	その他	特開2001-212429	B01D53/68	廃棄物処理設備における腐食成分除去方法
温度管理	ダスト付着防止	水噴霧	特許3167837	F23G5/50ZAB	ガス冷却室及びガス冷却室を備えた廃棄物処理装置 ガス入り口から導入される高温ガスに冷却水を噴霧する第1の噴霧手段の下方でガス出口より上方に噴霧方向を上向きに設定した第2の噴霧手段を有する
		その他	特開平9-72518	F23G5/00,115	溶融炉排ガスダクトの閉塞防止方法及び溶融設備
	ダイオキシン処理	水噴霧	特許2777483	F23J15/04	ごみ焼却装置
薬剤投入	閉塞防止	薬剤種類	特開平10-180089	B01J20/04ZAB	排ガス処理材
	ダイオキシン処理	薬剤種類	特許2601612	F23G7/00ZAB	焼却炉排ガス処理方法 排ガス排出路を通って集塵器に導入する際に、400℃以上の個所に過酸化アンモニウムを供給する
湿式処理	重金属処理	薬剤種類	特許3009607	B01D53/64	焼却灰や飛灰の溶融に際して生じる排ガスからの重金属類の回収方法
	酸性ガス処理	装置改良	特許3153733	B01D53/70	フロンの燃焼分解装置
触媒反応	高効率化	触媒種類、形状	特開2000-135439(*)	B01J23/889	ダイオキシン類除去剤及びその製造方法 Mn-Fe-Zの3成分複合酸化物を含有するダイオキシン類除去剤

183

表 2.14.4-1 神戸製鋼所の焼却炉排ガス処理技術の課題対応保有特許 (5/5)

○：開放の用意がある特許

技術要素	課題	解決手段	特許no.	特許分類（IPC）	発明の名称（概要）	
触媒反応	高効率化	触媒種類、形状	特開2000-167406(*)	B01J27/13	有機ハロゲン化合物除去剤および該除去剤を用いた排ガスの処理方法	
吸着	ダイオキシン処理	再生法	特開2001-173937	F23J15/00ZAB	排ガス処理方法及びその装置	
		吸着剤種類	特許3207019	B01D53/68	排ガス中の有害物質除去方法 焼却炉からバグフィルタに連通する煙道に吹き込み口を設け、再生活性コークス粉末などを消石灰とともに吹き込み、これらをバグフィルタで回収する	

2.14.5 技術開発拠点と研究者

図2.14.5-1に焼却炉排ガス処理技術の神戸製鋼所の出願件数と発明者数を示す。発明者数は明細書の発明者を年次毎にカウントしたものである。

神戸製鋼所の開発拠点：

No.	都道府県名	事業所・研究所
1	神奈川県	藤沢事業所
2	兵庫県	神戸総合技術研究所
3	兵庫県	神戸製鋼所本社

図 2.14.5-1 神戸製鋼所の出願件数と発明者数

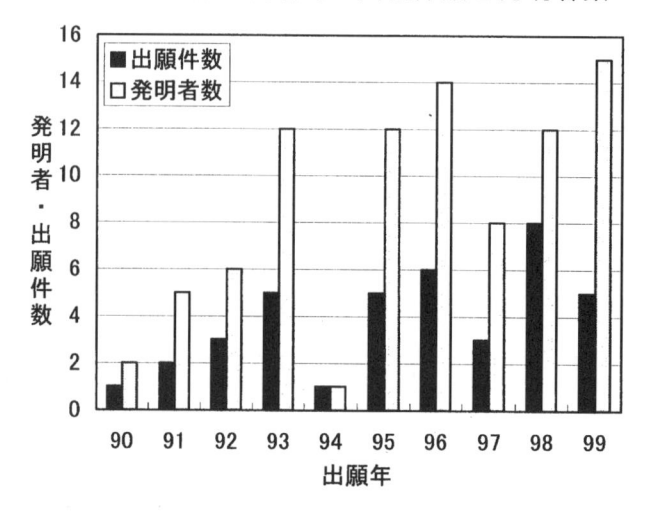

2.15 住友重機械工業

2.15.1 企業の概要
表2.15.1-1に住友重機械工業の企業概要を示す。

表2.15.1-1 住友重機械工業の企業概要

1)	商号	住友重機械工業株式会社
2)	設立年月日	1934年（昭和9年）11月1日
3)	資本金	30,871（百万円　2001年3月）
4)	従業員	4,699人
5)	事業内容	機械、船舶、鉄構造物、標準・量産機械、建設機械、環境・プラントその他
6)	技術・資本提携関係	アルストム・パワー（スイス）＝都市ごみ・産業廃棄物焼却プラントの設計・製作技術導入 アイゼンベルク・バウムガルテ・ケッセル・ウント・アパラテバウ（独）＝ごみの焼却プラント用自然循環ドラム型蒸気発生器の設計・製作技術導入 バブコック・アンド・ウィルコックス（米）＝高濃度法灰処理輸送技術導入 クルップ・ウーデ（独）＝都市ごみ・産業廃棄物などを燃焼ガスに転換する流動床炉の技術導入 インダバー・エヌ・ブイ（ベルギー）＝産業廃棄物処理工業の操業技術導入 三禹環保科技股（台湾）＝ストーカ式都市ごみ焼却炉の設計・製作技術輸出
7)	事業所	本社/品川　製造所/千葉、横須賀　研究所/平塚、新居浜、田無
8)	関連会社	イズミフードマシナリ、住重環境エンジニアリング、ライトウェル、日本スピンドル製造
9)	業績推移	<table><tr><td></td><td>売上高（百万円）</td><td>経常利益（百万円）</td><td>当期利益（百万円）</td></tr><tr><td>1997年3月期</td><td>327,348</td><td>6,825</td><td>2,862</td></tr><tr><td>1998年3月期</td><td>317,794</td><td>8,280</td><td>4,131</td></tr><tr><td>1999年3月期</td><td>344,252</td><td>5,658</td><td>1,513</td></tr><tr><td>2000年3月期</td><td>362,171</td><td>9,912</td><td>4,054</td></tr><tr><td>2001年3月期</td><td>305,602</td><td>4,108</td><td>-23,380</td></tr></table>
10)	主要製品	廃棄物処理装置、半導体製造装置
11)	主な取引先	三井物産、アサヒビール、住友金属工業
12)	技術移転窓口	知的財産部　品川区北品川5-9-11　TEL.03-5488-8048

2.15.2 技術移転事例
表2.15.2-1に住友重機械工業の技術導入例を示す。

・技術導入

表 2.15.2-1 住友重機械工業の技術導入例

相手先	国名	内容
WアンドE	スイス	都市ごみ焼却プラントに関して技術導入。同社は有害産業廃棄物焼却プラントや都市ごみ焼却プラントでは世界のトップクラスの技術力を誇っている。このうち都市ごみプラントでは ・自動燃焼制御システムによる高効率エネルギー回収と窒素酸化物、硫黄酸化物などの大気汚染物質発生の抑制 ・水平型ストーカは極少落塵量、高攪拌力、低摩耗・長寿命を実現 ・燃焼量制御に関しては、ごみ質に応じて、ストーカ各要素をプログラム制御する などの技術を有している。 （1989/7/4の日刊工業新聞より）
WアンドE	スイス	産業廃棄物処理用の焼却プラントについて技術導入した。住友重機械工業と同社はすでにストーカ式都市ごみ焼却用プラントについて提携しているが、最近、国内でも廃油や建設廃材など産業廃棄物に対する規制が強化されているため、提携関係を拡大することにした。住友重機械工業が同社から技術導入した産業廃棄物焼却プラントは、スラグ排出型ロータリーキルン式焼却設備。キルン内の温度を1,300℃以上に保つことによって廃棄物は容器のドラム缶ごと直接投入しても、完全に焼却処分できる。 ・焼却物は高温雰囲気中で完全に分解処理するため、ダイオキシンなどの有害物質や悪臭を完全除去する ・焼却物は加熱されスラグ化するので、焼却残渣中の未燃物が極めて少ない ・排ガスは湿式スクラバによって洗煙、除去できる。 住友重機械工業とは1989年5月以来、都市ごみ焼却用の機械式扇型ストーカ炉について技術提携関係にあり、今回は提携機種拡大の形で産廃用焼却プラントについても技術供与した。 （1992/7/15の日刊工業新聞より）
クルップ・ウーデ	ドイツ	次世代ごみ処理技術であるガス化溶融炉の実用化に向け、循環流動床式ガス化炉の製造販売権を取得した。ロータリーキルン式溶融炉と組み合わせる。同社のガス化炉は、都市ごみを比較的低温で蒸し焼き状態にして、未燃ガスを炭化未燃物（チャー）に熱分解する。 （1998/3/10の日刊工業新聞より）

2.15.3 焼却炉排ガス処理技術に関連する製品・技術

表 2.15.3-1 に住友重機械工業の製品例を示す。

表 2.15.3-1 住友重機械工業の製品例（1/2）

製品名	概要
都市ごみ焼却設備	水平ストーカによる安定燃焼の実現とテールエンドボイラの採用により、ダイオキシン類の発生を抑制する。 （住友重機械工業のHP (http://www.shi.co.jp/) より）
ガス化溶融炉	ごみの持つエネルギーを高効率で回収するとともに、公害防止性能にも優れた、次世代型のごみ処理システムである。なお、本技術に対して、平成13年1月、（財）廃棄物研究財団より技術評価書が交付された。 （住友重機械工業のHP (http://www.shi.co.jp/) より）

表 2.15.3-1 住友重機械工業の製品例（2/2）

製品名	概要
産業廃棄物処理設備	住友重機械工業は実機および実証炉により高温溶融炉の操業ノウハウを蓄積した。廃棄物の総合処理技術を提供する。 （住友重機械工業のHP（http://www.shi.co.jp/）より）
活性炭法乾式排ガス処理装置	独自に開発した活性炭などの炭素質吸着剤を使用する移動層式の乾式排ガス処理装置により、硫黄酸化物、窒素酸化物、ダイオキシン、重金属等の有害成分が同時に高効率で除去され、非常にクリーンなガスとして、煙突から放出することができる。また、水を使用しないため、ガスの温度が低下せず、排ガスの再加熱が不要となり白煙を防止する。これらの特徴を活かし、発電ボイラ、鉄鋼焼結設備用に納入している。 （住友重機械工業のHP（http://www.shi.co.jp/）より）
電気集塵装置	火力発電所、製鉄所、セメント工場などから排出される煤塵を効率よく捕集する。昭和33年に１号機を納入して以来400基以上納入実績を有し、各方面から絶大な信頼を得ている。さらに、性能向上、省電力化、コンパクト化を目指している。 （住友重機械工業のHP（http://www.shi.co.jp/）より）

2.15.4 技術開発課題対応保有特許の概要

図 2.15.4-1 に住友重機械工業の焼却炉排ガス処理技術の技術要素と課題の分布を示す。

図 2.15.4-1 住友重機械工業の技術要素と課題の分布

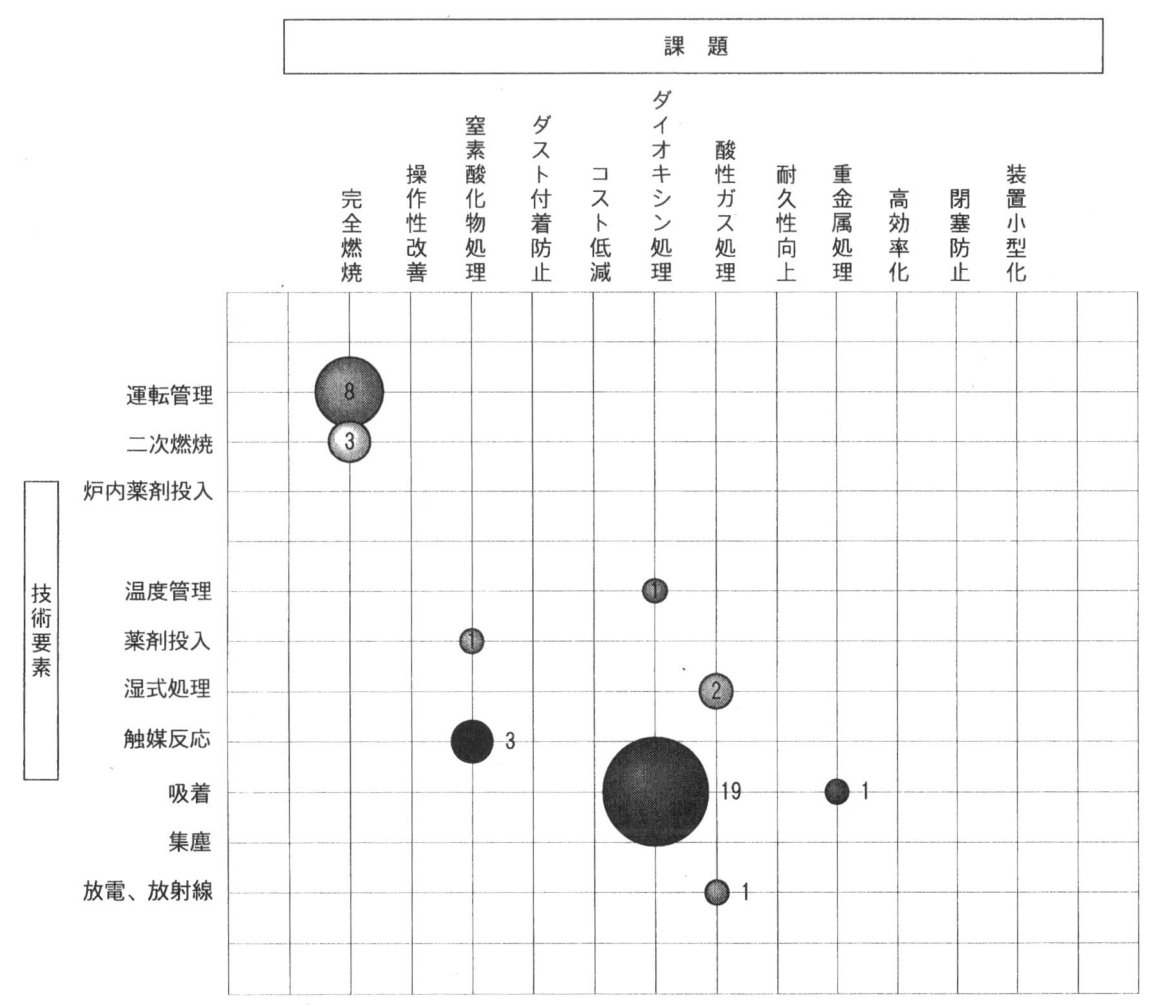

1991 年から 2001 年 8 月公開の権利存続中または係属中の出願（課題「その他」を除く）

技術要素と課題別に出願件数が多いのは、下記のようになる。
    吸着 ：   ダイオキシン処理
    運転管理：   完全燃焼
    触媒反応：   窒素酸化物処理
    二次燃焼：   完全燃焼

表 2.15.4-1 に住友重機械工業の焼却炉排ガス処理技術の課題対応保有特許を示す。出願取下げ、拒絶査定の確定、権利放棄、抹消、満了したものは除かれている。

○：開放の用意がある特許

表 2.15.4-1 住友重機械工業の焼却炉排ガス処理技術の課題対応保有特許（1/4）

技術要素	課題	解決手段	特許no.	特許分類（IPC）	発明の名称（概要）	
運転管理	完全燃焼	制御法	特許3099229	F23G5/50ZAB	水平ストーカ式ごみ焼却炉のごみ送り制御方式 炉内底部の水平ストーカの下側の圧力と炉内の圧力差及び一次燃焼空気量を測定し、ごみの無いときの圧損係数を用いて燃焼時の状態を算出してストーカ速度を制御する	
			特開平11-257634	F23G5/50ZAB	ごみ焼却炉における燃焼制御装置の運転支援装置	
			特開2000-304234	F23G5/50ZAB	灰溶融炉及びその燃焼制御方法	
			特開2000-297917	F23G5/50ZAB	都市ごみ焼却装置及びその運転方法	
			特許3030614	F23G5/50ZAB	ごみ層厚指標の推定方法及びこれを利用したごみ焼却炉の燃焼制御方式	
			特許2973154	F23G5/50ZAB	焼却炉の燃焼制御方法	
			特開2000-74347	F23G5/50ZAB	焼却炉の燃焼制御方法	
		計測法	特開平11-94227	F23G5/50ZAB	ごみ焼却炉の燃焼ごみ低位発熱量推定方法及び燃焼ごみ可燃分発熱量推定方法	

表 2.15.4-1 住友重機械工業の焼却炉排ガス処理技術の課題対応保有特許 (2/4)

○：開放の用意がある特許

技術要素	課題	解決手段	特許no.	特許分類(IPC)	発明の名称（概要）	
二次燃焼	完全燃焼	制御法	特開2000-266341	F23N5/00	燃焼制御装置	
			特開平11-94217	F23G5/00,115	焼却灰溶融処理における可燃物含有廃棄物による燃料代替方法	
		炉構造	特開2000-266325	F23G5/20ZAB	ロータリーキルン	
	その他	炉構造	特開2001-50519	F23G5/00,115	廃棄物溶融炉	
温度管理	ダイオキシン処理	制御法	特許3064248	F23J15/08	焼却施設のダイオキシン類排出防止方法及び装置 立ち上げ運転時にボイラ内に蒸気を注入して、ボイラ内ガスの温度を上昇させた後、排ガス処理設備への通ガスを開始する	
薬剤投入	窒素酸化物処理	制御法	特開平11-104453	B01D53/56	ゴミ焼却炉の排ガス処理装置におけるアンモニア注入量の設定方法	
湿式処理	酸性ガス処理	薬剤種類	特開平7-80244	B01D53/50	排ガス処理方法	
			特開平7-308540	B01D53/50	排ガスの処理方法	
触媒反応	窒素酸化物処理	制御法	特開平11-165034	B01D53/60	排ガス処理方法 排ガスを分割し1つはアンモニアを注入した後脱硫、脱硝塔の上段に供給し、他方はアンモニアを注入せず脱硫、脱硝塔の下段に供給した後アンモニアを注入する	

189

○：開放の用意がある特許

表2.15.4-1 住友重機械工業の焼却炉排ガス処理技術の課題対応保有特許（3/4）

技術要素	課題	解決手段	特許no.	特許分類（IPC）	発明の名称（概要）	
触媒反応	窒素酸化物処理	制御法	特開2000-262861	B01D53/94	排ガス処理方法及び装置	
		触媒種類、形状	特開平11-28334	B01D53/60	排ガス処理方法	
	その他	薬剤種類	特開平8-131777	B01D53/94	排ガス処理方法	
		その他	特開平6-262038	B01D53/36,102	排ガスの処理方法	
吸着	重金属処理	吸着剤種類	特開平11-165035	B01D53/64	排ガス中の水銀除去方法	
	ダイオキシン処理	二段集塵	特開2000-107564	B01D53/70	排ガス処理方法及び装置	
		制御法	特開平11-104456	B01D53/70	ゴミ焼却炉における排ガス処理装置の運転方法 排ガスに石灰を噴霧した後バグフィルタに導入し、温度を120～160℃にし吸着塔に導入した後活性炭を再生する	
			特公平7-79943	B01D53/08ZAB	都市ゴミ焼却炉の排ガス処理装置 排ガスを電気集塵器とアンモニア注入手段と、複数に分割され徐々に活性炭の粒径が大きくなる充填室を有する吸着塔と、活性炭の再生手段を備える	
			特開平7-163832	B01D53/34ZAB	排ガスの処理方法	

○：開放の用意がある特許

表 2.15.4-1 住友重機械工業の焼却炉排ガス処理技術の課題対応保有特許（4/4）

技術要素	課題	解決手段	特許no.	特許分類（IPC）	発明の名称（概要）	
吸着	ダイオキシン処理	制御法	特開2000-300951	B01D53/70	排ガス処理装置及び方法	
			特開平11-179143	B01D53/34ZAB	排ガスの処理方法	
		再生法	特開2001-38149	B01D53/70	排ガス処理装置及び方法	
			特開平11-169664	B01D53/70	排ガスの処理方法	
			特開平11-169662	B01D53/68	焼却炉における排ガスの処理方法	
			特開2000-15058	B01D53/70	焼却炉の排ガス処理装置及び方法	
			特開2000-15057	B01D53/70	焼却炉の排ガス処理装置及び方法	
			特開2001-187372	B09B3/00	排ガス・残渣の処理方法及び装置	
			特開2001-179042	B01D53/34ZAB	排ガス処理装置の間欠運転方法	
			特開平11-104458	B01D53/70	ゴミ焼却炉の排ガス処理装置における粉塵処理方法	
			特開平11-104457	B01D53/70	ゴミ焼却炉の排ガス処理装置におけるダイオキシンを吸着した活性炭の脱離方法	
			特開平11-114366	B01D53/50	ゴミ焼却炉の排ガス処理装置における脱離ガス処理方法	
			特開2000-300947	B01D53/50	排ガス処理装置及び方法	
		吸着剤種類	特開平11-104488	B01J20/20	ダイオキシンの吸着・分解用活性炭	
			特開2000-300952	B01D53/70	排ガス処理方法及び装置	
	その他	その他	特許2663960	B01D53/50	乾式脱硫装置の運転方法	
放電、放射線	酸性ガス処理	放電、放射線種類	特開平10-118448	B01D53/50	排ガスの脱硫・脱硝・除塵方法及び装置	

2.15.5 技術開発拠点と研究者

図2.15.5-1に焼却炉排ガス処理技術の住友重機械工業の出願件数と発明者数を示す。発明者数は明細書の発明者を年次毎にカウントしたものである。

住友重機械工業の開発拠点：

No.	都道府県名	事業所・研究所
1	愛媛県	新居浜製造所
2	東京都	住友重機械工業本社
3	神奈川県	平塚事業所
4	神奈川県	平塚総合技術研究所
5	東京都	神田事務所
6	東京都	田無製造所

図2.15.5-1 住友重機械工業の出願件数と発明者数

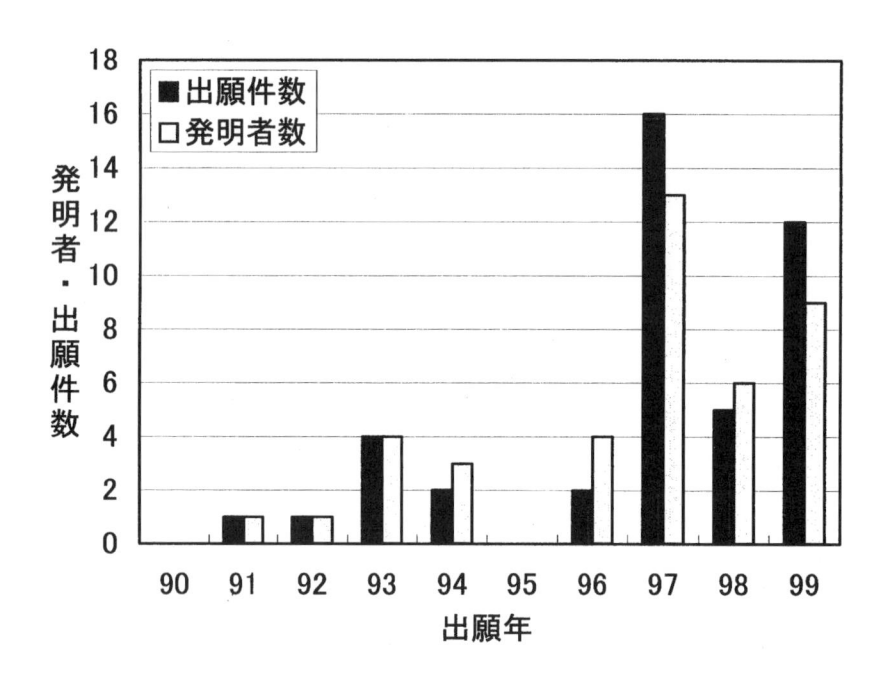

2.16 三井造船

2.16.1 企業の概要

表 2.16.1-1 に三井造船の企業概要を示す。

表 2.16.1-1 三井造船の企業概要

1)	商号	三井造船株式会社
2)	設立年月日	1937年（昭和12年）7月31日
3)	資本金	44,385（百万円 2001年3月）
4)	従業員	3,791人
5)	事業内容	船舶、鉄構造物、機械、プラント、その他
6)	技術・資本提携関係	モンサント・エンバイロケム・システムズ社（米）＝モンサント接触式硫酸製造装置、硫酸クーラの設計・製造技術の技術導入 クラフトアンラーゲン社（独）＝放射性廃棄物焼却炉の技術導入 ジーメンス社（独）＝熱分解、溶融廃棄物処理システムの技術導入 日立造船＝デ・ロール式焼却炉の技術導入、ごみ熱分解溶融プロセスの技術付 双竜建設（韓国）＝流動床式ごみ焼却装置の技術供与 大宇重工業（韓国）＝MB、MDボイラの技術供与 永昌建設（韓国）＝汚泥焼却炉の技術供与 青島通用機械廠（中国）＝流動床式ごみ焼却装置の技術供与 STF社（伊）＝排熱回収ボイラの技術供与
7)	事業所	本社/東京　事業所/玉野、千葉、大分
8)	関連会社	三造環境エンジニアリング、三井造船プラントエンジニアリング
9)	業績推移		売上高（百万円）	経常利益（百万円）	当期利益（百万円）
		1997年3月期	369,099	5,699	425
		1998年3月期	310,854	-18,756	-13,641
		1999年3月期	340,959	1,577	634
		2000年3月期	327,616	3,832	-23,187
		2001年3月期	292,773	6,408	2053
10)	主要製品	－
11)	主な取引先	チャイナペトロケミカルインターナショナル、サラインウォーターコンバージョン、三造テクノサービス、三井物産、住広
12)	技術移転窓口	技術本部 特許契約グループ　中央区築地5-6-4　TEL.03-3544-3220

2.16.2 技術移転事例

表 2.16.2-1、表 2.16.2-2 に三井造船の技術導入例および技術供与例を示す。

・技術導入

表 2.16.2-1 三井造船の技術導入例

相手先	国名	内容
シーメンス	ドイツ	ごみ熱分解溶融技術を導入した。 （1997/5/12の日経産業新聞より）

・技術供与

表 2.16.2-2 三井造船の技術供与例

相手先	国名	内容
コットレル工業	日本	集塵機メーカーの同社にごみ焼却炉などの排ガス処理に利用するバグフィルタ「バグリアクター」（商品名）について技術供与した。このバグフィルタは排ガス中の集塵だけでなく、塩化水素や硫黄酸化物の除去が高効率にできるのが特徴。三井造船では独自の流動床式焼却炉に組み込んだ排ガス処理システムとして拡販を目指す。 （1992/1/14の日刊工業新聞より）
日立造船	日本	都市ごみ焼却炉事業で技術提携し、ロータリーキルンを使ったガス化溶融炉の技術を供与した。 （2000/7/4の日経産業新聞より）

2.16.3 焼却炉排ガス処理技術に関連する製品・技術

表 2.16.3-1 に三井造船の製品例を示す。

表 2.16.3-1 三井造船の製品例（1/2）

製品名	概要
三井流動床式廃棄物焼却炉	600℃～700℃に熱せられた流動砂によって、ごみを乾燥・ガス化し、二次空気を供給することにより、約850℃で完全燃焼する。 ・広範囲なごみ質に対応した安定処理 ・徹底した二次公害防止 ・良質な資源回収 ・ランニングコストの低減 ・最終処分場の負荷の軽減 （三井造船のカタログより）
ダイオブレーカー（飛灰加熱脱塩素化処理装置）	飛灰を450℃前後に加熱し、ダイオキシン類の塩素をはずしたり、酸素架橋を切ったりする反応を起こさせて、分解・無害化する装置である。本体は、ヒーターを収納した加熱部と、回転する複数のレトルト（内筒）からなる、外熱式ロータリーキルン方式である。 ・ダイオキシン除去率95％以上 ・高速度処理 ・省スペース ・熱源はフレキシブル （三井造船のカタログより）
ダイオカタライザー（触媒反応による排ガス中のダイオキシン分解システム）	触媒により排ガス中のダイオキシン類を酸化分解し、無害化する。触媒反応は反応塔の中に設置されたハニカム状の触媒エレメントブロックに排ガスを通過させて行う。 ・ダイオキシン除去率が非常に高く低温（200℃以下）でも高性能を発揮 ・3成分触媒のため、触媒の劣化が小さい。（経済効果が高い） ・アンモニアの添加により窒素酸化物の同時除去も可能 ・酸化分解により、ベンゼン核まで分解されるため、ダイオキシン類が再合成されない ・スペースに応じた配置が可能 （三井造船のカタログより）
バグリアクター（排ガスの高度処理装置）	・パルスジェットの灰払い落とし方式の採用 ・全乾式による高い酸性ガス除去能力 ・准連続、バッチ運転にも適応できる機構 ・耐久性と高集塵能力を誇る「二重織ガラスクロス」の採用 ・灰スクレーパコンベアの採用による小型化 ・メンテナンスが容易な構造 （三井造船のカタログより）

表 2.16.3-1 三井造船の製品例（2/2）

製品名	概要
三井リサイクリング21（ごみ熱分解溶融プロセス）	三井リサイクリング21は、ごみの焼却処理から灰の溶融までを一貫して行う、次世代型ごみ処理システム（キルン式ガス化溶融炉）である。 はじめに破砕されたごみを熱分解ドラムで蒸し焼きにし、鉄・アルミを回収する。 次に、熱分解固形物（熱分解ガスと熱分解カーボン）を 燃焼溶融炉で溶融し、スラグとして回収する。もちろん、高効率発電も可能である。 （三井造船のカタログより）
流動床式汚泥焼却炉	600℃～800℃に熱せられた流動砂によって、汚泥を乾燥・ガス化し、二次空気を供給することにより、約850℃で完全燃焼する。 ・連続運転および間欠運転が可能 ・運転中に不燃物抜き出しが可能 ・排熱回収により助燃料を削減 ・低NOx運転が可能 ・汚泥と同時にし渣の混焼も可能 （三井造船のHP（http://www.mes.co.jp/company/compinfo/index.html）より）

2.16.4 技術開発課題対応保有特許の概要

図 2.16.4-1 に三井造船の焼却炉排ガス処理技術の技術要素と課題の分布を示す。

図 2.16.4-1 三井造船の技術要素と課題の分布

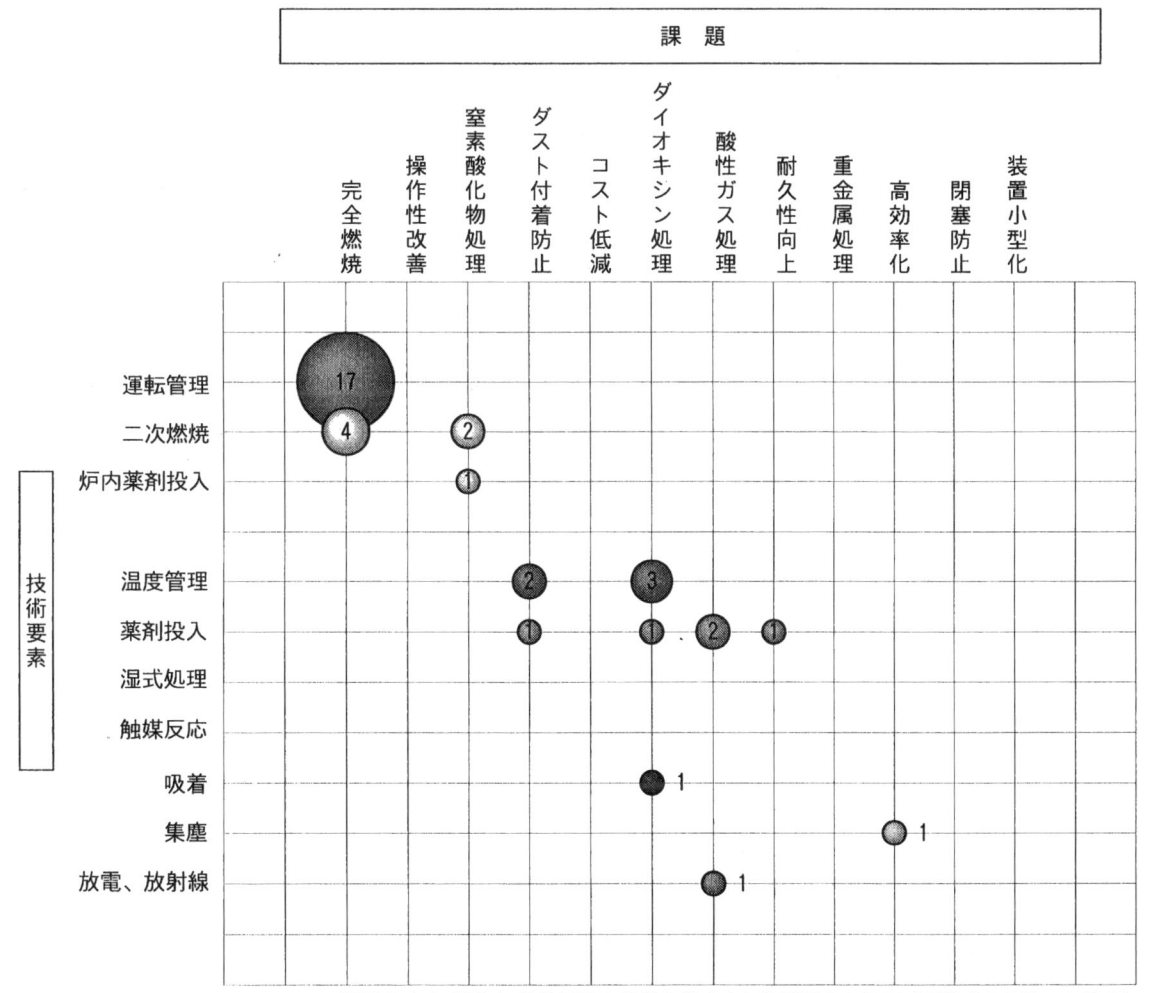

1991年から2001年8月公開の権利存続中または係属中の出願（課題「その他」を除く）

技術要素と課題別に出願件数が多いのは、下記のようになる。
　　　　運転管理：　　　　　　　完全燃焼
　　　　二次燃焼：　　　　　　　完全燃焼
　　　　温度管理：　　　　　　　ダイオキシン処理

　表2.16.4-1に三井造船の焼却炉排ガス処理技術の課題対応保有特許を示す。出願取下げ、拒絶査定の確定、権利放棄、抹消、満了したものは除かれている。

○：開放の用意がある特許

表2.16.4-1 三井造船の焼却炉排ガス処理技術の課題対応保有特許（1/5）

技術要素	課題	解決手段	特許no.	特許分類（IPC）	発明の名称（概要）	
運転管理	完全燃焼	制御法	特許2743341	F23G5/30ZAB	流動床焼却方法および装置　流動床内に形成させた非流動化部に廃棄物を供給し、流動化部との境界に移動層を形成しつつ、徐々に流動化部に供給されるようにする	
			特開平10-2525	F23G5/027ZAB	廃棄物処理装置	
			特開2000-65330	F23G5/50ZAB	廃棄物処理装置における燃焼溶融炉の運転方法	
			特開2001-132927	F23G5/50ZAB	熱交換器の温度制御方法および温度制御装置	
			特開平8-49820	F23G5/027ZAB	廃棄物処理装置及び方法	
			特開平8-61632	F23G5/027ZAB	廃棄物処理装置及び方法	
			特許2989351	F23G5/50ZAB	廃棄物焼却方法	
			特開平10-2528	F23G5/027ZAB	廃棄物処理装置	
			特開平10-78205	F23G5/027ZAB	廃棄物処理装置における燃焼方法	
			特開平9-26118	F23G5/027ZAB	廃棄物処理装置	

○：開放の用意がある特許

表 2.16.4-1 三井造船の焼却炉排ガス処理技術の課題対応保有特許（2/5）

技術要素	課題	解決手段	特許no.	特許分類（IPC）	発明の名称（概要）	
運転管理	完全燃焼	制御法	特開平10-169945	F23G5/50ZAB	焼却炉における燃焼制御方法	
			特開平10-169946	F23G5/50ZAB	焼却炉における燃焼制御方法	
			特開平8-110028	F23G7/00ZAB	ハロゲン化合物の燃焼処理方法	
			特許2795957	F23G5/50ZAB	廃棄物焼却炉の燃焼制御方法	
			特開平10-176817	F23G5/50ZAB	廃棄物処理装置における熱分解検知装置及び熱分解制御装置	
		計測法	特許2989367	F23G5/50ZAB	廃棄物焼却炉の燃焼制御方法	
		その他	特開平10-89652	F23G5/50ZAB	廃棄物処理装置における燃焼溶融炉の運転方法	
二次燃焼	窒素酸化物	水噴霧	特開2001-65310	F01K27/02	ごみ発電システム	
		その他	特開平10-205725	F23G5/027ZAB	廃棄物処理装置における燃焼溶融炉	
	完全燃焼	制御法	特開平8-135935	F23G5/00,115	廃棄物処理装置及び方法	
			特開平7-324716	F23G5/02ZAB	都市ごみの処理方法及び装置	
		空気吹込、排ガス再循環	特開平9-210336	F23J1/00	溶融炉の空気吹込ノズル 廃棄物溶融炉の空気吹き込みノズルで、空気の流量を一定に調節する手段と、流量を可変にする手段とを備える	
			特開平9-329309	F23G5/00,115	燃焼溶融炉及び該炉の燃焼方法	
炉内薬剤投入	窒素酸化物	薬剤投入法	特開平8-215536(*)	B01D53/56	無触媒脱硝方法	
温度管理	ダスト付着防止	除塵	特開平9-196333	F23G5/027ZAB	廃棄物熱分解ドラム	
		温度管理	特開平9-196337	F23G5/027ZAB	廃棄物熱分解ドラム及び熱分解方法	

197

○：開放の用意がある特許

表2.16.4-1 三井造船の焼却炉排ガス処理技術の課題対応保有特許（3/5）

技術要素	課題	解決手段	特許no.	特許分類（IPC）	発明の名称（概要）	
温度管理	ダイオキシン処理	制御法	特開平11-337045	F23J15/00	排ガスの処理方法および装置 排ガスを冷却後アルカリ剤と助剤を投入し、加熱手段を設けたバグフィルタで除塵する時、冷却排ガス中の水分量と酸性物質量の検出値により必要であれば加熱する	
			特開平11-248124	F23G5/44ZAB	排ガスの冷却方法および装置 冷却後の排ガス中の水分と硫黄酸化物または塩化水素のうち少なくとも一方の濃度とに基き排ガスの冷却温度を制御する	
			特開平11-325452	F23J15/00	排ガスの処理方法および装置	
薬剤投入	耐久性向上	二段集塵	特開平9-187620	B01D53/34ZAB	排ガス処理器	
	酸性ガス処理	薬剤種類	特開2000-102721	B01D53/68	排ガス乾式脱塩方法	
		その他	特開平11-300157	B01D53/68	排ガス中の塩化水素の乾式除去方法および乾式除去装置	

○：開放の用意がある特許

表2.16.4-1 三井造船の焼却炉排ガス処理技術の課題対応保有特許（4/5）

技術要素	課題	解決手段	特許no.	特許分類(IPC)	発明の名称（概要）
薬剤投入	閉塞防止	制御法	特開平10-202055	B01D53/68	排ガス処理装置および廃棄物処理装置 脱塩剤とともに水分を内部に保持する性質の助剤を供給し、助剤の供給量を脱塩残渣中の塩素濃度に応じて増減制御する
	ダイオキシン処理	二段集塵	特開2001-182930	F23J15/00	廃棄物燃焼排ガス中のダイオキシン類除去方法および装置
吸着	ダイオキシン処理	吸着剤の種類	特開平11-14033	F23J15/00	排ガス中のダイオキシンの吸着方法 廃棄物の熱分解により生成したカーボンと消石灰とを混合した吸着剤を排ガスに接触させた後、溶融炉で燃焼させダイオキシンを分解させる

○：開放の用意がある特許

表2.16.4-1 三井造船の焼却炉排ガス処理技術の課題対応保有特許（5/5）

技術要素	課題	解決手段	特許no.	特許分類（IPC）	発明の名称（概要）
集塵	高効率化	払落し方法	特開平7-100328	B01D53/40	濾過式集じん器を用いた排ガス処理方法 中和剤を間欠供給するとともに、中和剤の噴霧状況に応じて捕集ダストを払い落とす
	その他	その他	特開平10-54521	F23G5/14ZAB	廃棄物処理装置における排ガス処理方法及び装置
放電、放射線	酸性ガス処理	放電・放射線の種類	特開平8-155264	B01D53/60	排ガスの脱硫脱硝方法及び装置

2.16.5 技術開発拠点と研究者

図2.16.5-1に焼却炉排ガス処理技術の三井造船の出願件数と発明者数を示す。発明者数は明細書の発明者を年次毎にカウントしたものである。

三井造船の開発拠点：

No.	都道府県名	事業所・研究所
1	岡山県	玉野事業所
2	東京都	三井造船本社
3	千葉県	千葉事業所

図2.16.5-1 三井造船の出願件数と発明者数

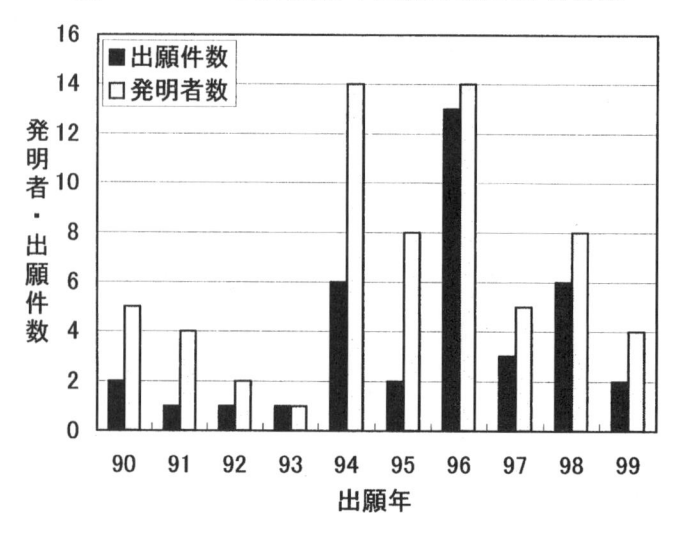

200

2.17 東芝

2.17.1 企業の概要

表2.17.1-1に東芝の企業概要を示す。

表2.17.1-1 東芝の企業概要

1)	商号	株式会社　東芝
2)	設立年月日	1904年（明治37年）6月25日
3)	資本金	274,922（百万円　2001年3月）
4)	従業員	53,202人
5)	事業内容	情報通信・社会システム、デジタルメディア、重電システム、電子デバイス、家庭電器、その他
6)	技術・資本提携関係	テキサス・インスツルメンツ（米）＝半導体製品等技術援助 ラムバス（米）＝半導体製品の技術援助 ウィンボンド・エレクトロニクス（台湾）＝半導体メモリ製品の技術供与 ワールドワイド・セミコンダクタ・マニュファクチュアリング（台湾）＝半導体製品の技術供与 ドンブ・エレクトロニクス（韓国）＝半導体製品の技術供与
7)	事業所	本社/東京　研究開発センター/川崎　生産技術センター/横浜　事業所/府中、柳町、京浜、川崎、横浜　工場/青梅、日野、小向、那須、深谷、大阪、愛知、浜川崎、三重、姫路、北九州、大分、四日市
8)	関連会社	―
9)	業績推移	売上高（百万円）　経常利益（百万円）　当期利益（百万円） 1997年3月期　　　3,821,676　　　　96,801　　　　　60,135 1998年3月期　　　3,699,969　　　　38,601　　　　　33,047 1999年3月期　　　3,407,612　　　　 4,921　　　　　-15,578 2000年3月期　　　3,505,339　　　　16,280　　　　 -244,516 2001年3月期　　　3,678,977　　　　95,327　　　　　26,412
10)	主要製品	半導体製造装置
11)	主な取引先	東芝キャピタル・アジア社、東芝インターナショナルファイナンス英国社、東芝アメリカ電子部品社、東芝デバイス、東京電力
12)	技術移転窓口	知的財産部 企画担当　港区芝浦1-1-1　TEL.03-3457-2501

2.17.2 技術移転事例

表2.17.2-1に東芝の技術導入例を示す。

・技術導入

表2.17.2-1 東芝の技術導入例

相手先	国名	内容
PKA	ドイツ	次世代型のごみ処理装置とされる熱分解ガス化システムを技術導入した。ごみを熱分解し、ガスをさらに高温で分解するため、不完全燃焼の場合に発生しやすい猛毒のダイオキシンも抑制できるという。 （1997/12/17の日経産業新聞より）

2.17.3 焼却炉排ガス処理技術に関連する製品・技術

東芝の焼却炉排ガス処理技術関連の製品・技術は、調査した範囲では見当たらない。

2.17.4 技術開発課題対応保有特許の概要

図 2.17.4-1 に東芝の焼却炉排ガス処理技術の技術要素と課題の分布を示す。

図 2.17.4-1 東芝の技術要素と課題の分布

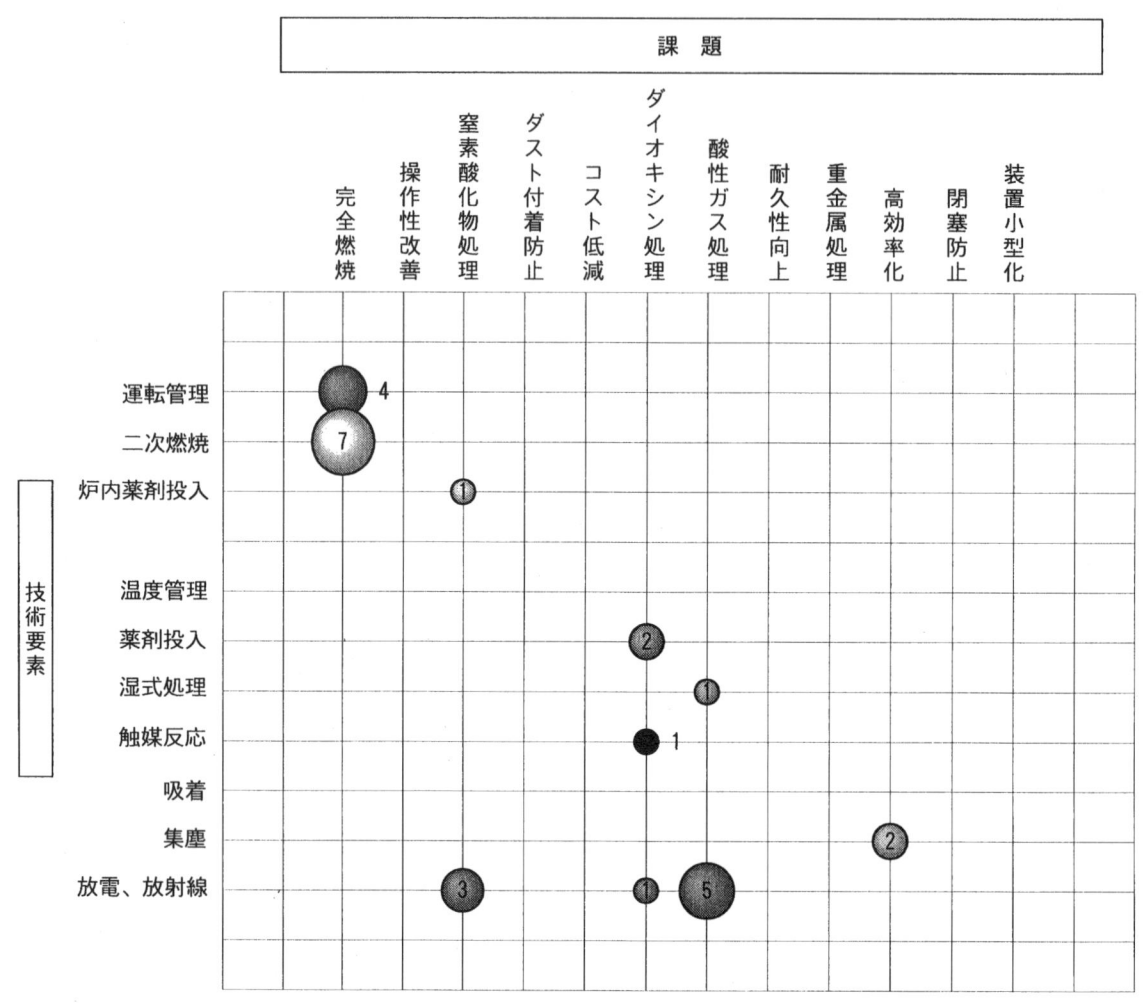

1991年から2001年8月公開の権利存続中または係属中の出願（課題「その他」を除く）

技術要素と課題別に出願件数が多いのは、下記のようになる。

　　　二次燃焼：　　　　　　完全燃焼
　　　放電、放射線：　　　　酸性ガス処理
　　　運転管理：　　　　　　完全燃焼
　　　放電、放射線：　　　　窒素酸化物処理

表 2.17.4-1 に東芝の焼却炉排ガス処理技術の課題対応保有特許を示す。出願取下げ、拒絶査定の確定、権利放棄、抹消、満了したものは除かれている。

○：開放の用意がある特許

表 2.17-4-1 東芝の焼却炉排ガス処理技術の課題対応保有特許（1/4）

技術要素	課題	解決手段	特許no.	特許分類(IPC)	発明の名称（概要）	
運転管理	完全燃焼	炉構造	特開 2000-257833	F23G5/50ZAB	ごみ焼却プラントの運転監視装置 ダイオキシンが発生する可能性のある運転パターンを予め記憶する手段とダイオキシンを発生する可能性のある運転状態を検知する手段を備える	
			特開 2000-176403	B09B3/00,302	廃棄物処理装置および方法、二酸化炭素の吸蔵装置ならびに二酸化炭素の利用方法	
			特開平 10-99815 (*)	B09B3/00	処理装置および処理方法	
		計測法	特開平 10-244298	C02F11/06ZAB	汚泥処理装置	
二次燃焼	完全燃焼	制御法	特開平 11-38189	G21F9/32ZAB	放射性廃棄物焼却装置	
			特開平 11-290810	B09B3/00	廃棄物の処理方法および廃棄物処理装置	
			特開 2001-201024	F23G5/027ZAB	廃棄物処理システム	
			特開 2001-208308	F23G5/027ZAB	廃プラスチック処理装置	
			特開 2001-164269	C10J3/00	廃棄物処理複合プラント	
			特開 2000-176934	B29B17/00	廃プラスチック処理装置	
			特開平 11-294727	F23G5/027ZAB	廃プラスチック処理装置	
	その他	水噴霧	特許 3056819	F23G7/06ZAB	流体の燃焼方法	○
炉内薬剤投入	窒素酸化物処理	薬剤種類	特開 2001-208327	F23G7/06,101	廃プラスチック処理装置 燃焼ガスを発生させる燃焼バーナと、その熱を利用して排ガスを燃焼させる燃焼装置から成り、燃焼装置内に尿素水を吹きかけ窒素酸化物を処理する	

203

○：開放の用意がある特許

表 2.17-4-1 東芝の焼却炉排ガス処理技術の課題対応保有特許（2/4）

技術要素	課題	解決手段	特許 no.	特許分類（IPC）	発明の名称（概要）
薬剤投入	ダイオキシン処理	薬剤種類	特開 2000-202419	B09B5/00ZAB	廃棄物の処理方法および処理装置
			特開 2000-336378	C10J3/00ZAB	廃棄物処理方法および熱分解装置
湿式処理	酸性ガス処理	制御法	特開平 11-57786	C02F9/00,502	焼却炉スクラバー廃液処理方法およびその装置 酸性排ガスをスクラバーでアルカリを含む洗浄液で中和し、有害金属の懸濁物を濾過分離し、COD成分を電気分解し、フッ素イオンを塩化カルシウムと反応させ沈殿させる
触媒反応	ダイオキシン処理	制御法	特開平 11-211052	F23G7/00ZAB	廃棄物の焼却装置及び廃棄物の焼却方法 ハロゲンを含む廃棄物を焼却した後の高温の排ガス中から炭化水素を一定濃度以下に除去した後に冷却する
集塵	高効率化	制御法	特開平 11-141828	F23G5/00,115	廃棄物の溶融処理装置および溶融処理方法

204

○:開放の用意がある特許

表 2.17-4-1 東芝の焼却炉排ガス処理技術の課題対応保有特許 (3/4)

技術要素	課題	解決手段	特許no.	特許分類（IPC）	発明の名称（概要）	
集塵	高効率化	その他	特開平 11-138128	B09B3/00	蒸発物回収システムおよび金属回収装置 ガス化炉と高温燃焼溶融炉の後段の廃熱ボイラからの排ガス中の粉塵を除去する集塵装置の廃熱ボイラの前段に高融点物質を充填したシリカ、アルミナなどを回収する装置を設ける	
放電、放射線	窒素酸化物処理	放電、放射線種類	特開平 9-234335	B01D53/56	ＮＯｘ除去放電装置	
			特開平 9-141051	B01D53/56	ＮＯｘ除去装置	
			特開平 9-141044	B01D53/32	ＮＯｘ除去装置	
	酸性ガス処理	放電、放射線種類	特開平 9-66221	B01D53/60	排煙分解装置 排ガスに放電空間内で大径の電子生成用電極と小径の電子加速用電極とを備えた、排煙中の窒素酸化物、硫黄酸化物の分解装置	
			特開平 8-318128 (*)	B01D53/60	排煙処理装置	
			特開平 10-249136	B01D53/32	燃焼排ガスのガス処理装置	

205

表 2.17-4-1 東芝の焼却炉排ガス処理技術の課題対応保有特許（4/4）　　　○：開放の用意がある特許

技術要素	課題	解決手段	特許no.	特許分類（IPC）	発明の名称（概要）	
放電、放射線	酸性ガス処理	放電、放射線種類	特開平 9-192451	B01D53/56	ＮＯｘ／ＳＯｘ処理装置	
			特開平 10-5541	B01D53/60	ＮＯｘ／ＳＯｘ処理装置	
	ダイオキシン処理	放電、放射線種類	特開平 11-300159	B01D53/70	ダイオキシン類処理装置	

2.17.5 技術開発拠点と研究者

図2.17.5-1に焼却炉排ガス処理技術の東芝の出願件数と発明者数を示す。発明者数は明細書の発明者を年次毎にカウントしたものである。

東芝の開発拠点：

No.	都道府県名	事業所・研究所
1	東京都	東芝本社事務所
2	神奈川県	横浜事業所
3	神奈川県	京浜事業所
4	神奈川県	研究開発センター
5	神奈川県	多摩川工場
6	神奈川県	浜川崎工場
7	東京都	府中工場

図 2.17.5-1 東芝の出願件数と発明者数

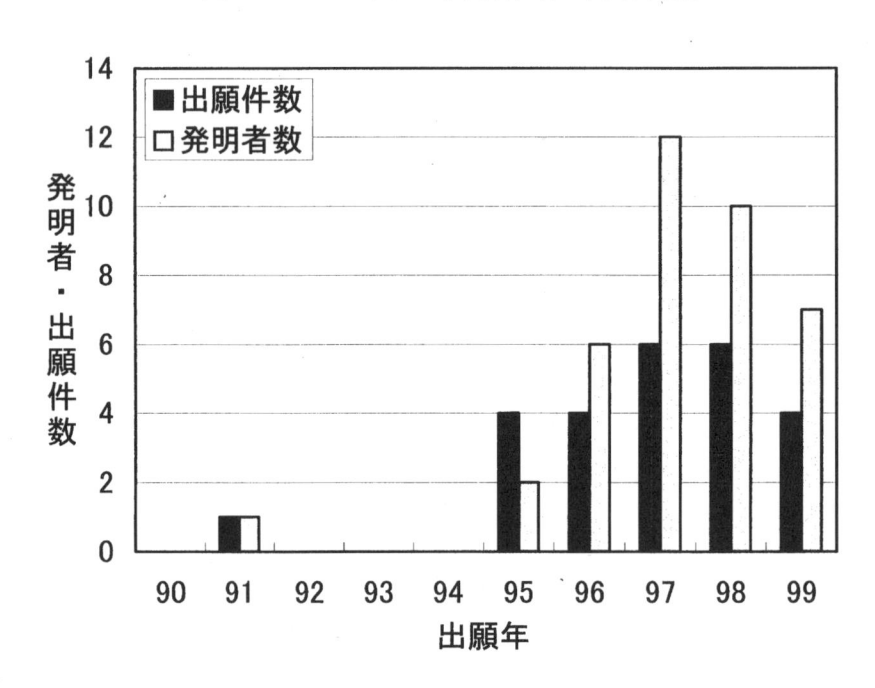

2.18 千代田化工建設

2.18.1 企業の概要
表2.18.1-1に千代田化工建設の企業概要を示す。

表2.18.1-1 千代田化工建設の企業概要

1)	商号	千代田化工建設株式会社
2)	設立年月日	1948年（昭和23年）1月20日
3)	資本金	12,027（百万円　2001年3月）
4)	従業員	1,254人
5)	事業内容	各種プラントの設計・建設・資材調達、研究・医療・健康施設関連工事、国内中小工事、電気・計装機器設置工事、熱交換機・圧力容器の製造・販売、環境技術・エンジニアリングのコンサルティング、各種産業設備等の総合コンサルティングなどのエンジニアリング事業、その他
6)	技術・資本提携関係	ユーオーピー（米）＝炭酸ガス・硫化水素除去装置の設計、建設に関する技術の導入、ユーオーピー社の当社保有ビスフェノールA（CT-BISA）プロセス販売協力、メタノール法酢酸製造プロセスに関する共同開発と商業化に関するアライアンス契約 ジェイコブス・エンジニアリング・ネーデルランド（蘭）＝硫黄回収技術の導入 シェル・リサーチ（英）＝硫化水素ガス等酸性ガス除去装置、硫黄回収装置のテールガスを処理する装置、酸性ガス除去装置に関する技術の導入 アスペン・テクノロジー（米）＝プラントの予測制御システムに関する技術導入 ブラック・アンド・ヴィーチ（米）＝排煙脱硫プロセス（CT-121）の技術供与 クライド（英）＝電力会社向けフライアッシュ取扱装置に関するシステム販売協力 ロッジ・スターティバンド（英）＝電力会社向け排ガス処理用電気集塵機に関する国内販売協力
7)	事業所	本社/横浜　事業所/水島、仙台
8)	関連会社	千代田工商、千代田テクノエース、千代田計装、ユーテック・コンサルティング、イー・アンド・イーソリューションズ
9)	業績推移		売上高（百万円）	経常利益（百万円）	当期利益（百万円）
		1997年3月期	411,976	-45,973	-48,265
		1998年3月期	272,674	-40,044	-53,753
		1999年3月期	278,009	-15,612	-12,024
		2000年3月期	136,592	73	323
		2001年3月期	92,077	-14,406	-6,028
10)	主要製品	ごみ焼却炉
11)	主な取引先	三菱化学、北陸電力、テイジンポリカーボネイト
12)	技術移転窓口	技術業務室　横浜市鶴見区鶴見中央2-12-1　TEL.045-521-1231

2.18.2 技術移転事例
表2.18.2-1、表2.18.2-2に千代田化工建設の技術導入例及び技術供与例を示す。

・技術導入

表2.18.2-1 千代田化工建設の技術導入例

相手先	国名	内容
昭和電工	日本	都市ごみ・産業廃棄物を直接溶融する焼却炉プロセスを技術導入。販売実施権を取得、廃棄物溶融炉市場に新規参入した。 （1997/1/29の日刊工業新聞より）

・技術供与

表2.18.2-2 千代田化工建設の技術供与例

相手先	国名	内容
ケポス・イド	チェコスロバキア	排煙脱硫プロセス技術を供与する。期間7年のライセンス契約。日本企業が東欧諸国に同分野で技術供与するのは初めて。 （1991/4/18の日本経済新聞朝刊より）
バーメイスター・アンド・バイン・エネルギー	デンマーク	排煙脱硫技術「サラブレッド121」を供与した。 （1992/1/27の日経産業新聞より）
サイモンカーブス・オーストラリア	オーストラリア	排煙脱硫技術を供与した。排煙中の硫黄酸化物を吸収した後、酸化、中和し、最後に石膏として固定するプロセスからなり、90％以上の硫黄酸化物を除去する能力を持つ。 （1993/1/28日の日経産業新聞より）
大宇	韓国	排煙脱硫技術を供与する。供与する排煙脱硫技術は石灰を溶かした液体の中に排ガスを送り込み、硫黄酸化物を除去する。 （1994/1/28の日経産業新聞より）
ブラック・アンド・ビーチ	米国	排煙の脱硫技術を供与した。装置内の液体に排煙の気泡を通して硫黄酸化物を取り除く仕組みで、同時に煤塵を除去できる。排煙にシャワー状の液体をかける従来主流の仕組みに比べて装置を簡略化でき、運転費用も低く抑えられるという。 （2001/8/30の日経産業新聞より）

2.18.3 焼却炉排ガス処理技術に関連する製品・技術

表2.18.3-1に千代田化工建設の製品例を示す。

表2.18.3-1 千代田化工建設の製品例

製品名	概要
ダイオキシン常温触媒分解技術「ダイオストッパー(R)」	ダイオキシン常温触媒分解技術「ダイオストッパー(R)」は、千代田化工建設の長年における排煙脱硫装置や触媒技術の開発及び実績を基盤に開発された。 これまで多量のエネルギーを使用して分解されていたダイオキシンを、独自に開発した触媒を用いて、常温常圧の液相中で分解する画期的な技術である。 湿式処理の特長を活かし、ダイオキシン類分解と重金属類の同時除去・安定化および飛灰の減容・塩類除去の統合型プロセスが構築できる。 このプロセスではダイオキシン分解残渣中の塩素濃度が減少するため、セメント原料へのリサイクルが可能であり、また分離した重金属の山元還元も可能となるのでリサイクル社会への貢献が期待されている。 さらに、現在開発中の排ガス・飛灰同時処理設備が完成すれば、排ガス中の塩化水素、硫黄酸化物、煤塵の除去、ダイオキシン類の除去および分解が可能となる。加えて湿式の特長を活かし、排ガス中の重金属除去にも対応が可能である。 （千代田化工建設のHP（http://www.chiyoda-corp.com/index_j.html）より）

2.18.4 技術開発課題対応保有特許の概要

図2.18.4-1に千代田化工建設の焼却炉排ガス処理技術の技術要素と課題の分布を示す。

図2.18.4-1 千代田化工建設の技術要素と課題の分布

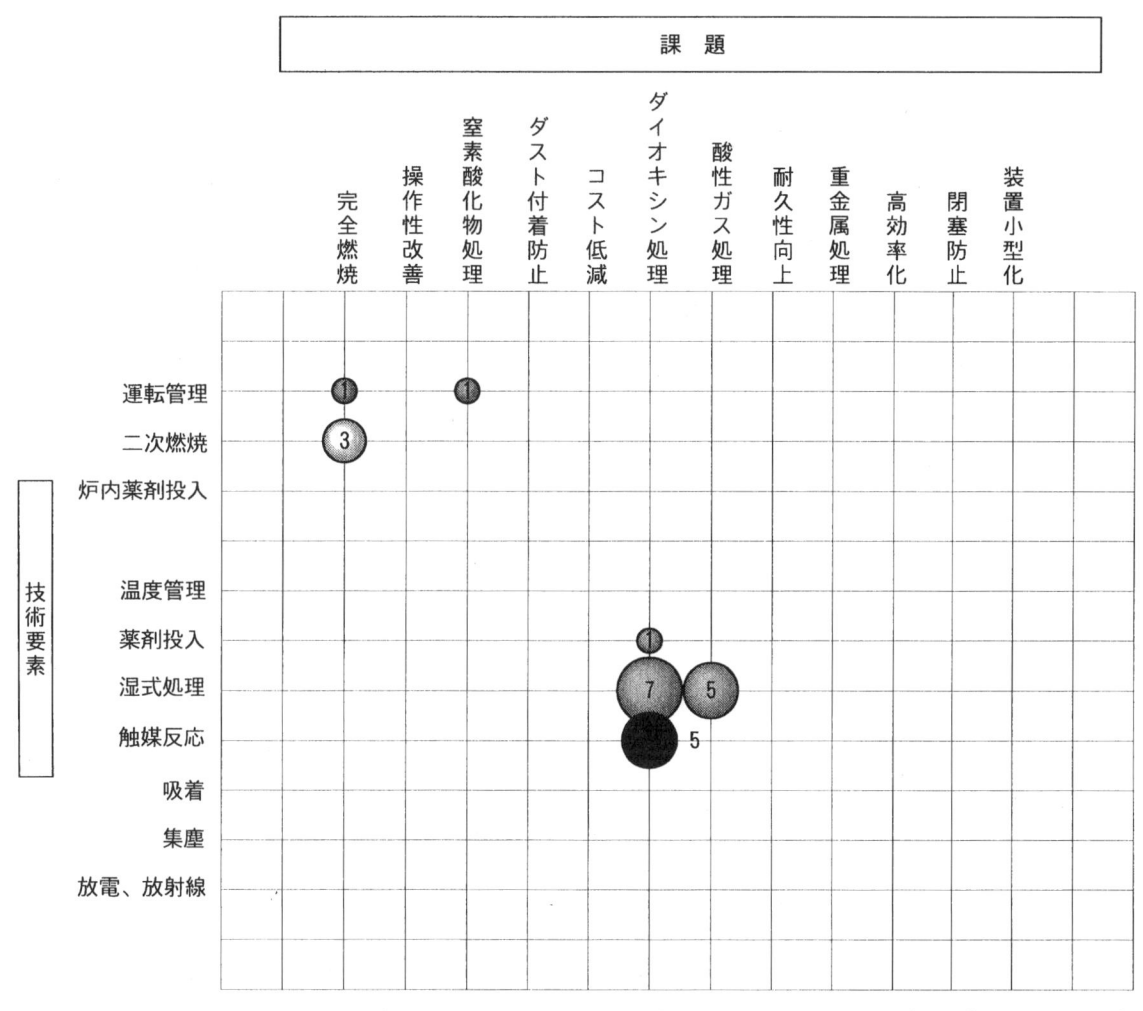

1991年から2001年8月公開の権利存続中または係属中の出願（課題「その他」を除く）

技術要素と課題別に出願件数が多いのは、下記のようになる。

　　　湿式処理：　　　　　ダイオキシン処理
　　　触媒反応：　　　　　ダイオキシン処理
　　　湿式処理：　　　　　酸性ガス処理
　　　二次燃焼：　　　　　完全燃焼

表2.18.4-1に千代田化工建設の焼却炉排ガス処理技術の課題対応保有特許を示す。出願取下げ、拒絶査定の確定、権利放棄、抹消、満了したものは除かれている。

○：開放の用意がある特許

表2.18.4-1 千代田化工建設の焼却炉排ガス処理技術の課題対応保有特許（1/2）

技術要素	課題	解決手段	特許no.	特許分類（IPC）	発明の名称（概要）	
運転管理	窒素酸化物処理	制御法	特開平10-9538	F23G5/16ZAB	都市ゴミの焼却方法	○
	完全燃焼	炉構造	特開平11-201430	F23G5/24ZAB	直接溶融炉	○
	その他	炉構造	特許2745074(*)	F23G7/06ZAB	逆火防止装置及びこれを含む排ガス燃焼処理装置	
		制御法	特許2799891(*)	F23J15/04	有毒性排ガス燃焼処理装置における燃焼排ガスの除塵方法および装置	
			特許2968986(*)	F23G7/06ZAB	可燃性ガスの逆火防止方法と装置及びこの装置を含む可燃性ガス燃焼処理装置	
二次燃焼	完全燃焼	制御法	特許2808310(*)	F23G7/06ZAB	燃焼炉の圧力変動の伝達防止方法	
		炉構造	特開平11-14025	F23G5/24ZAB	ごみ焼却溶融装置	○
		空気吹込、排ガス再循環	特開平11-264530	F23G5/46ZAB	燃焼設備	○
薬剤投入	ダイオキシン処理	薬剤種類	特開平11-19624	B09B3/00	飛灰の処理方法および排ガスの処理装置並びにごみ処理システム	
湿式処理	酸性ガス処理	薬剤種類	特開平11-90169	B01D53/50	飛灰を含む排ガスの処理方法および処理装置	
			特開2000-262850	B01D53/50	排煙脱硫方法および排煙脱硫システム	
			特開平10-253039	F23J15/00	飛灰を含む排ガスの処理方法および処理装置	
			特開平11-141855	F23J15/00ZAB	排ガスの処理システム	
			特開平11-188230	B01D53/40	飛灰を含む排ガスの処理方法および処理装置	
	ダイオキシン処理	薬剤種類	特開2000-317266	B01D53/70	ダイオキシン類の湿式無害化処理方法 100℃以下の温度で、鉄化合物を固体状態で含む塩酸酸性水溶液と接触させてダイオキシン類を分解無害化する	

○：開放の用意がある特許

表2.18.4-1 千代田化工建設の焼却炉排ガス処理技術の課題対応保有特許（2/2）

技術要素	課題	解決手段	特許no.	特許分類（IPC）	発明の名称（概要）	
湿式処理	ダイオキシン処理	薬剤種類	特開 2001-46837	B01D53/70	排ガスの処理装置	
			特開 2000-334063	A62D3/00ZAB	ミルスケールを用いるダイオキシン類の湿式無害化処理方法	
			特開 2000-334065	A62D3/00ZAB	廃塩酸を用いるダイオキシン類の湿式無害化処理方法	
			特開 2000-334064	A62D3/00ZAB	石炭灰を用いるダイオキシン類の湿式無害化処理方法	
		制御法	特開平 11-285617	B01D53/70	有機塩素化合物を含む排ガスの処理方法	
			特開 2000-274622	F23G5/00,115	高濃度ダイオキシン類を含む廃棄物の処理方法	
触媒反応処理	ダイオキシン処理	制御法	特開平 11-244826	B09B3/00	焼却炉ガスの湿式無害化処理方法	
			特開 2000-185216	B01D53/70	焼却炉排ガスの処理方法	
			特開 2000-254619	B09B3/00	ダイオキシン類を含有した固体及び排ガスの処理方法	
		触媒種類、形状	特開 2000-176245	B01D53/70	ダイオキシン類の湿式無害化処理方法 100℃以下の温度でダイオキシン類に反応触媒を溶解状態で含む塩酸酸性水溶液を接触させる	
			特開 2000-176244	B01D53/70	焼却炉排ガスの処理方法	
	その他	触媒種類、形状	特開 2000-24461	B01D53/86ZAB	排煙脱硫方法および排煙脱硫システム	
吸着	その他	制御法	特許 2881210(*)	B01D53/34	有毒性排ガスの処理方法及び装置	

211

2.18.5 技術開発拠点と研究者

図2.18.5-1に焼却炉排ガス処理技術の千代田化工建設の出願件数と発明者数を示す。発明者数は明細書の発明者を年次毎にカウントしたものである。

千代田化工建設の開発拠点：

No.	都道府県名	事業所・研究所
1	神奈川県	千代田化工建設本社

図2.18.5-1 千代田化工建設の出願件数と発明者数

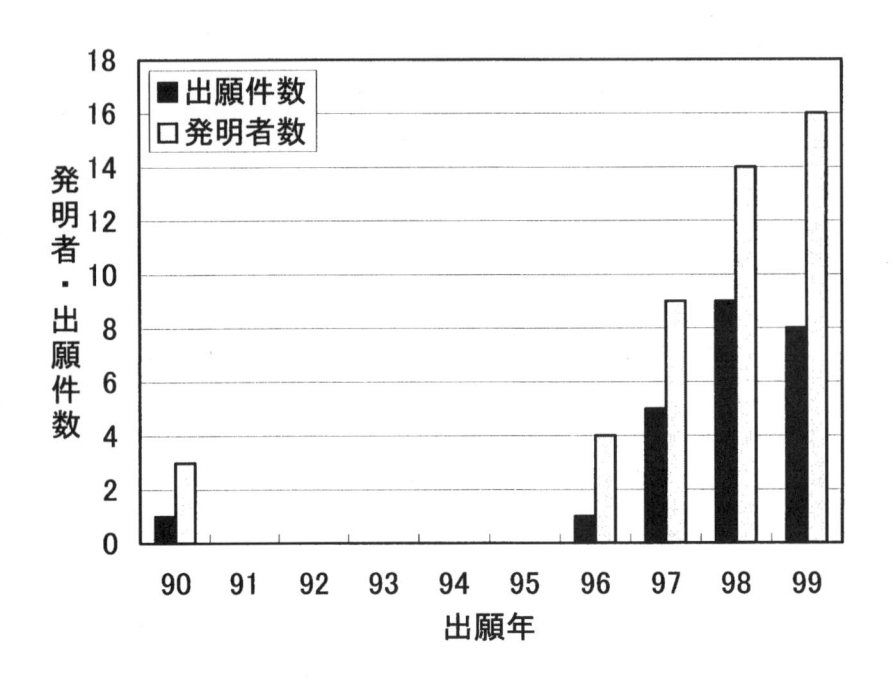

2.19 日本碍子

表2.19.1-1に日本碍子の企業概要を示す。

2.19.1 企業の概要

表2.19.1-1 日本碍子の企業概要

1)	商号	日本碍子株式会社			
2)	設立年月日	1919年（大正8年）5月5日			
3)	資本金	69,849（百万円　2001年3月）			
4)	従業員	3,921人			
5)	事業内容	電力関連事業、セラミックス事業、エンジニアリング事業、エレクトロニクス事業、素形材事業			
6)	技術・資本提携関係	大川トランスティル＝粉塵を除去するセラミックスフィルタや、圧縮エアーを送り込んで完全燃焼を促進する焼却炉技術提携			
7)	事業所	本社/名古屋　工場/名古屋、知多、小牧			
8)	関連会社	日碍環境サービス、日本フリット			
9)	業績推移		売上高（百万円）	経常利益（百万円）	当期利益（百万円）
		1997年3月期	225,933	20,030	9,043
		1998年3月期	234,500	20,360	10,632
		1999年3月期	235,630	22,959	11,500
		2000年3月期	223,265	16,001	10,064
		2001年3月期	231,194	20,775	12,020
10)	主要製品	汚泥脱水・焼却装置、ごみ処理装置、放射性廃棄物処理装置等設計・施工・販売、半導体製造装置用セラミック製品等製造販売			
11)	主な取引先	セイコーエプソン、東京電力、中部電力			
12)	技術移転窓口	法務部　知的財産グループ　名古屋市瑞穂区須田町2-56　TEL.052-872-7726			

2.19.2 技術移転事例

表2.19.2-1に日本碍子の技術供与例を示す。

・技術供与

表2.19.2-1 日本碍子の技術供与例

No.	相手先	国名	内容
1	LG電線	韓国	下水汚泥処理用の流動焼却炉の技術を供与する。日本碍子が汚泥焼却システムの技術を輸出するのはドイツ、イギリスの企業に次いで3社目。流動焼却炉は下水汚泥を高温で攪拌、混合し汚泥を乾燥、焼却する装置。 （1997/2/28の日経産業新聞より）

2.19.3 焼却炉排ガス処理技術に関連する製品・技術

表2.19.3-1に日本碍子の製品例を示す。

表2.19.3-1 日本碍子の製品例（1/2）

製品名	概要
流動焼却炉	流動焼却炉とは、炉内に投入した硅砂（流動層）を、下部より加熱した空気で流動させることで汚泥を瞬時に燃焼・焼却させる焼却炉であり、流動層の熱容量が大きいため間欠運転が容易で、炉内が800℃と高温のため、臭気も完全に分解される。（特許3015296） （日本碍子のHP（http://www.ngk.co.jp/）より）

表 2.19.3-1 日本碍子の製品例 (2/2)

製品名	概要
循環流動焼却炉	高温の流動砂を高速で循環させることにより、燃焼の効率化と均一化を実現した。省エネ、省スペース、熱回収率の向上など、時代の要請に合わせた次世代の流動焼却炉である。 （日本碍子のHP (http://www.ngk.co.jp/) より）
溶融炉	脱水・乾燥された下水汚泥を高温の焼却空気にさらすことにより、溶融する。汚泥を溶融スラグ化することにより、より一層の減容量化、重金属の安定化、汚泥の資源化が可能になる。 （日本碍子のHP (http://www.ngk.co.jp/) より）

2.19.4 技術開発課題対応保有特許の概要

図2.19.4-1に日本碍子の焼却炉排ガス処理技術の技術要素と課題の分布を示す。

図2.19.4-1 日本碍子の技術要素と課題の分布

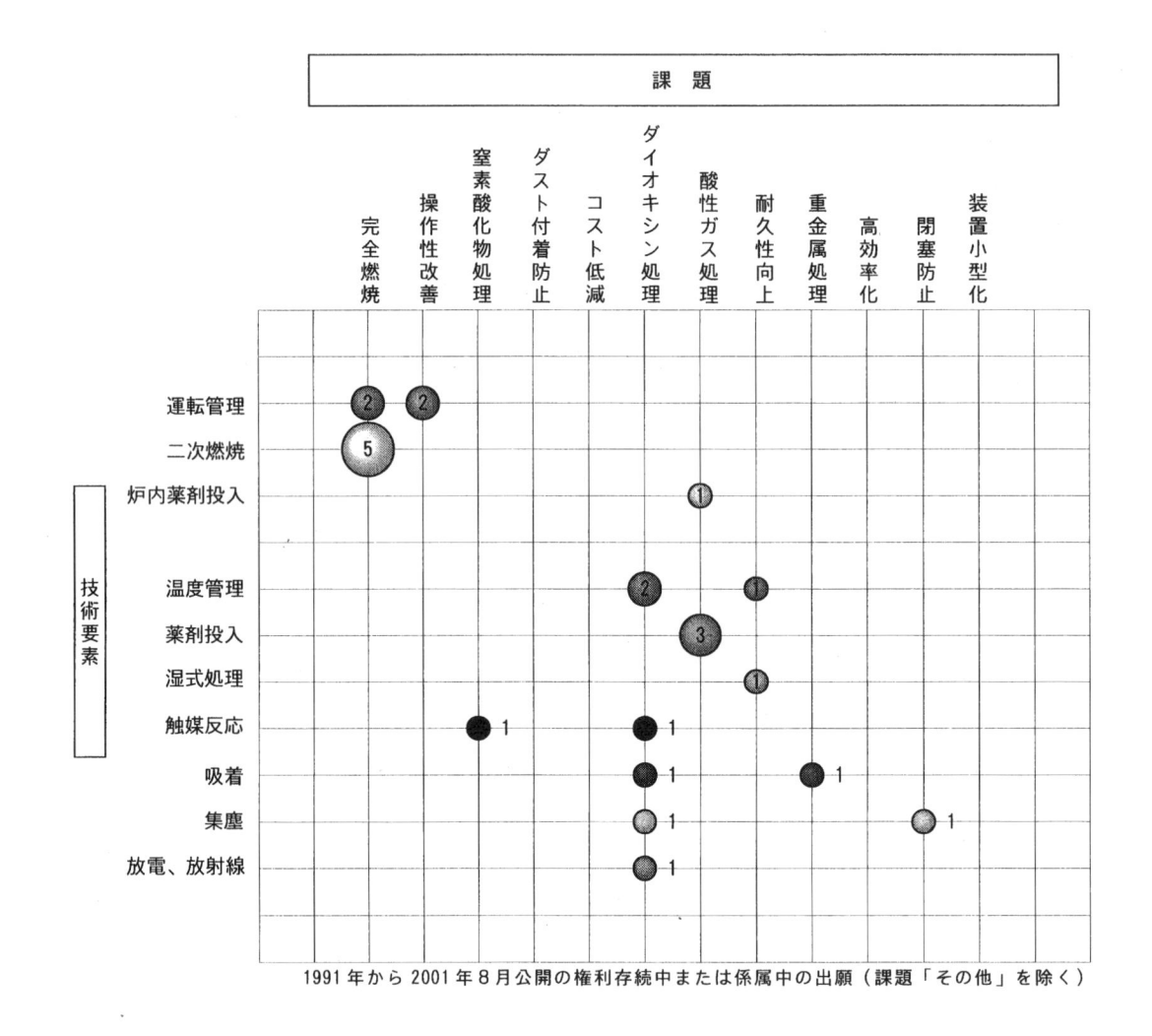

技術要素と課題別に出願件数が多いのは、下記のようになる。

　　　二次燃焼：　　　　　　完全燃焼
　　　薬剤投入：　　　　　　酸性ガス処理

表2.19.4-1に日本碍子の焼却炉排ガス処理技術の課題対応保有特許を示す。出願取下げ、拒絶査定の確定、権利放棄、抹消、満了したものは除かれている。

○：開放の用意がある特許

表2.19.4-1 日本碍子の焼却炉排ガス処理技術の課題対応保有特許 (1/4)

技術要素	課題	解決手段	特許no.	特許分類（IPC）	発明の名称（概要）
運転管理	操作性改善	制御法	特許 3015296	F23G5/50ZAB	流動床焼却炉及びその運転方法 分散装置に接続される均圧室または流動空気配管の圧力と連動して分散装置の孔数またはその開度を調節することにより、分散装置における圧力損失の変動を抑制する
			特許 3172356	F23G5/50ZAB	抑制流動炉の燃焼制御装置及び方法
	完全燃焼	炉構造	特許 2831863	F23G5/14ZAB	竪型焼却炉
		制御法	特開平 7-243764	F26B21/00	乾燥機の乾燥排ガス循環制御装置
二次燃焼	完全燃焼	炉構造	特許 2945304	F23G5/027ZAB	廃棄物焼却装置 流動炉の上方を噴流炉に開口させて、噴流炉での余剰砂をオーバーフローさせて、流動炉内に落下させるとともに、流動炉内で生じた熱分解ガスを噴流炉に流入させる

215

○：開放の用意がある特許

表2.19.4-1 日本碍子の焼却炉排ガス処理技術の課題対応保有特許（2/4）

技術要素	課題	解決手段	特許no.	特許分類（IPC）	発明の名称（概要）	
二次燃焼	完全燃焼	炉構造	特許2991639	F23G7/00,102	廃棄物焼却装置 廃棄物投入口を備えた熱分解ゾーンと、その下方に隣接して区画された燃焼ゾーンと、熱分解ゾーンの上部空間が連通するクリーン燃焼ゾーンを積層して備える	
			特許3105843	G21F9/32ZAB	放射性廃ガスの二次燃焼炉	
			特開平10-132229	F23G5/00,115	廃棄物溶融炉及び廃棄物溶融方法	
		燃焼法	特開2001-12717	F23G7/06ZAB	燃焼脱臭炉	
炉内薬剤投入	酸性ガス処理	制御法	特開2000-39121	F23G5/027ZAB	廃棄物焼却方法	
温度管理	耐久性向上	温度管理法	特公平4-18034	C23F15/00	排ガス処理系統の防食方法	
	ダイオキシン処理	除塵	特開平11-337046	F23J15/06	廃棄物処理システムにおけるダイオキシン抑制方法	
		温度管理法	特許3148705	B09B3/00	廃棄物処理設備の飛灰処理方法	
薬剤投入	酸性ガス処理	薬剤種類	特開2000-262848	B01D53/50	排ガス処理方法	

216

○：開放の用意がある特許

表2.19.4-1 日本碍子の焼却炉排ガス処理技術の課題対応保有特許（3/4）

技術要素	課題	解決手段	特許no.	特許分類（IPC）	発明の名称（概要）
薬剤投入	酸性ガス処理	吹込法	特許2718875	B01D53/40	排ガス処理方法 消石灰の中和剤スラリーの流路に細管を設け、細管中に超音波発振子より超音波を照射し、スラリー中の粗大な消石灰粒子を予め粉砕後、排ガスに噴霧する
			特開平10-216572	B05B7/06	噴霧ノズル
湿式処理	耐久性向上	制御法	特許3138649	F23G5/027ZAB	廃棄物溶融システム
触媒反応	窒素酸化物処理	その他	特許2702662	B01D53/68	燃焼排ガス処理装置および処理方法 中和剤のスプレー塔と、セラミックフィルターと、アンモニアによる脱硝のための触媒反応塔と、白煙防止空気予熱器から成る

○：開放の用意がある特許

表2.19.4-1 日本碍子の焼却炉排ガス処理技術の課題対応保有特許 (4/4)

技術要素	課題	解決手段	特許no.	特許分類(IPC)	発明の名称（概要）
触媒反応	ダイオキシン処理	触媒種類、形状	特許2609393(*)	B01D53/86ZAB	排ガス処理方法 Ti、Si、Zr、Al、Vから選択されVを1～20重量％必ず含む1種の金属の単独金属系酸化物または2種以上の金属の複合多元系酸化物群から選ばれる1種以上と、Pt、Pd、Ru、Mn、Cu、Cr、Feのうち1種以上金属またはその酸化物を含む組成物を所定の温度条件などで使用する
吸着	重金属処理	吸着剤種類	特開2001-96134	B01D53/64	重金属を含む燃焼排ガスの処理方法
	ダイオキシン処理	吸着剤種類	特開2000-213732	F23J15/00	廃棄物の処理方法
集塵	閉塞防止	払落し方法	特公平7-32852	B01D46/24	排ガス処理用フィルタの再生方法及び装置
	ダイオキシン処理	高温集塵	特開平11-239706	B01D46/00,302	焼却炉排ガスの集塵方法および装置
放電、放射線	ダイオキシン処理	放電、放射線種類	特開2001-38138(*)	B01D53/32	物質処理方法および装置

2.19.5 技術開発拠点と研究者

図2.19.5-1に焼却炉排ガス処理技術の日本碍子の出願件数と発明者数を示す。発明者数は明細書の発明者を年次毎にカウントしたものである。

日本碍子の開発拠点：大阪府　松下電器本社

No.	都道府県名	事業所・研究所
1	愛知県	日本碍子本社

図2.19.5-1 日本碍子の出願件数と発明者数

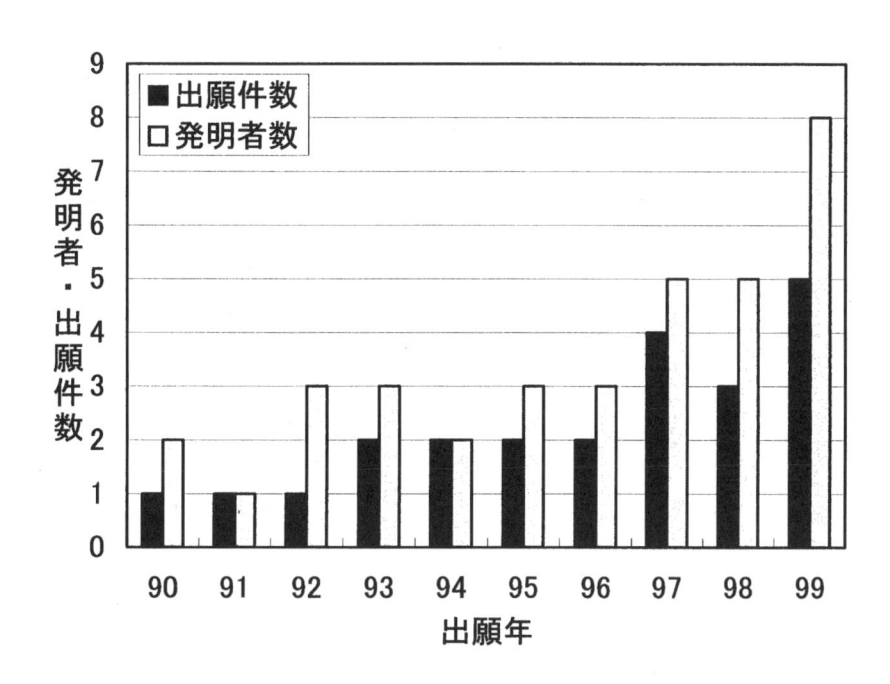

2.20 松下電器産業

2.20.1 企業の概要

表2.20.1-1に松下電器産業の企業概要を示す。

表2.20.1-1 松下電器産業の企業概要

1)	商号	松下電器産業株式会社
2)	設立年月日	1935年（昭和10年）12月15日
3)	資本金	210,994（百万円　2001年3月）
4)	従業員	44,951人
5)	事業内容	情報・通信機器、家庭電化・住宅設備機器、産業機器、半導体・電子部品・電池等
6)	技術・資本提携関係	ロイヤル・フィリップス・エレクトロニクス・エヌ・ヴィ（蘭）＝電子管及び半導体に関する特許実施の相互許諾、GSMに関する特許実施の相互許諾、ブラウン管に関する特許実施の許諾 テキサス・インスツルメンツ（米）＝半導体に関する特許実施の相互許諾
7)	事業所	本社/大阪府門真　支社/東京
8)	関連会社	松下精工
9)	業績推移	

	売上高（百万円）	経常利益（百万円）	当期利益（百万円）
1997年3月期	4,797,706	143,312	83,125
1998年3月期	4,874,526	156,350	91,203
1999年3月期	4,597,561	122,746	62,019
2000年3月期	4,874,526	113,536	42,349
2001年3月期	4,831,866	115,494	63,687

10)	主要製品	―
11)	主な取引先	（仕入）新日鉄、川崎製鉄、住友金属工業
12)	技術移転窓口	IPRオペレーションカンパニー　ライセンスセンター 大阪市中央区城見1-3-7松下IMPビル19F　TEL.06-6949-4525

2.20.2 技術移転事例

松下電器産業の焼却炉排ガス処理技術関連の技術移転事例は、調査した範囲では見当たらない。

2.20.3 焼却炉排ガス処理技術に関連する製品・技術

松下電器産業の焼却炉排ガス処理技術関連の製品・技術は、調査した範囲では見当たらない。

2.20.4 技術開発課題対応保有特許の概要

図2.20.4-1に松下電器産業の焼却炉排ガス処理技術の技術要素と課題の分布を示す。

図2.20.4-1 松下電機産業の技術要素と課題の分布

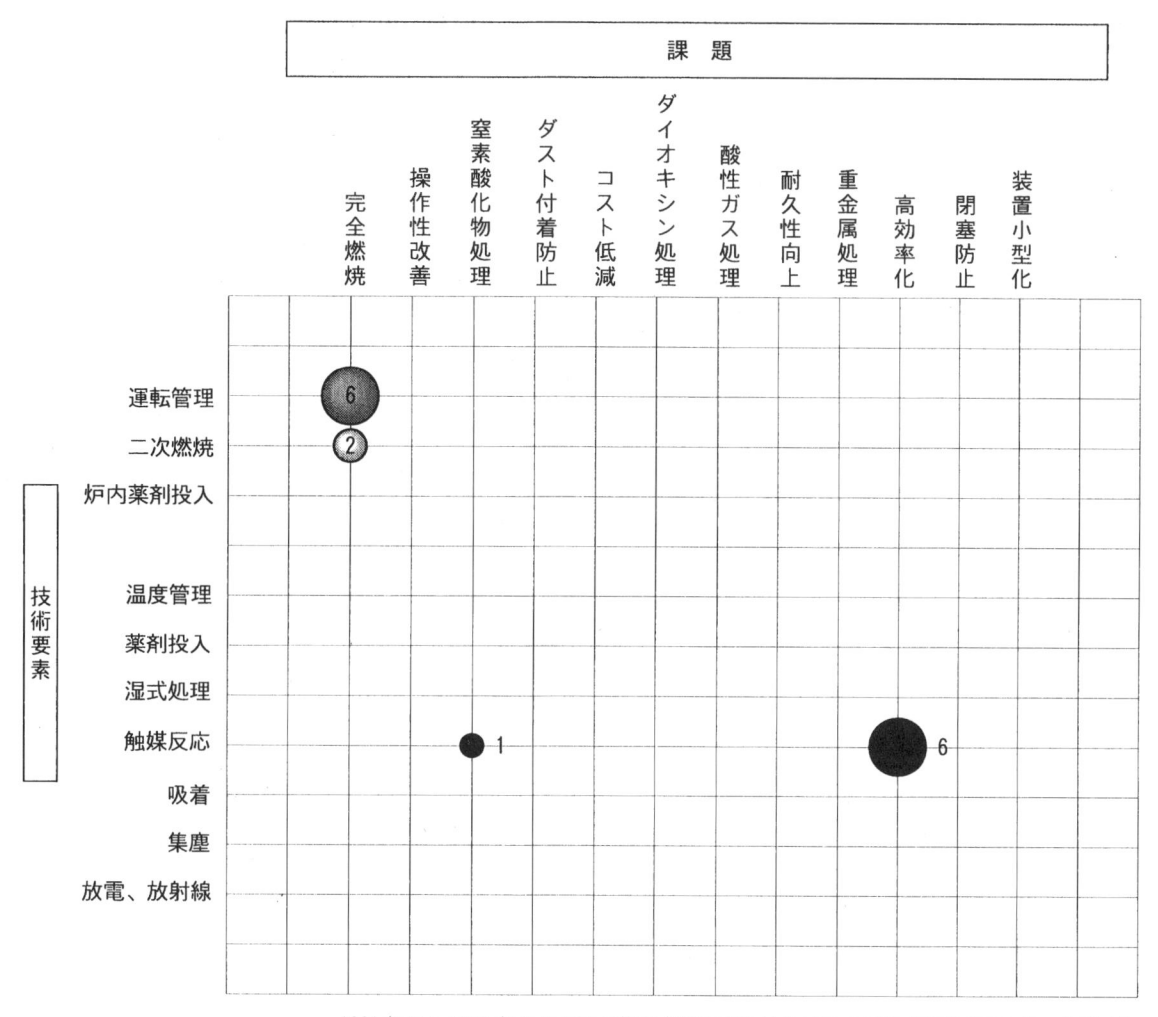

技術要素と課題別に出願件数が多いのは、下記のようになる。

　　　運転管理：　　　　　　完全燃焼
　　　触媒反応：　　　　　　高効率化

表2.20.4-1に松下電器産業の焼却炉排ガス処理技術の課題対応保有特許を示す。出願取下げ、拒絶査定の確定、権利放棄、抹消、満了したものは除かれている。

○：開放の用
意がある特許

表2.20.4-1 松下電機産業の焼却炉排ガス処理技術の課題対応保有特許（1/2）

技術要素	課題	解決手段	特許no.	特許分類（IPC）	発明の名称（概要）
運転管理	完全燃焼	炉構造	特公平7-81693	F23G7/06,102	廃棄物処理装置 触媒温度検出手段からの信号と所定の設定値との比較によりごみ加熱手段の運転を制御し、設定値を性状着火時の触媒温度より高く設定する
			特許2720648	F23G7/06,103	有害ガス加熱浄化装置およびその運転方法
			特開2000-297919	F23G7/06,102	有機ハロゲンガス分解装置
		制御法	特開2001-50518	F23G5/00,115	廃棄物乾留処理装置
			特開平4-103907	F23G5/00,119	廃棄物処理装置
			特許3180354	B09B3/00	生ごみ処理装置の運転方法
二次燃焼	完全燃焼	炉構造	特許3012757(*)	F23G5/16ZAB	貯湯器付き焼却装置 加熱手段により可燃性廃棄物を乾燥燃焼させる一次燃焼室と、一次燃焼室で発生したガスを燃焼させる二次燃焼室と、二次燃焼室からの排ガスを浄化する排ガス浄化室を有する

○：開放の用意がある特許

表2.20.4-1 松下電機産業の焼却炉排ガス処理技術の課題対応保有特許（2/2）

技術要素	課題	解決手段	特許no.	特許分類（IPC）	発明の名称（概要）	
二次燃焼	完全燃焼	燃焼法	特開2000-213719 (*16)	F23G5/16ZAB	廃棄物焼却炉	
触媒反応	窒素酸化物処理	反応器構造	特開平7-103575	F24H3/00	暖房器	
	高効率化	反応器構造	特開平9-250729	F23G7/06,102	触媒反応器 反応ガスのガス通路の途中に備えられ、ガス通路と平行に多数の通気口を有するセラミック製触媒体と、ガス通路の入口と触媒体の間に配置された加熱器を有する	
			特許2830674	F01N320	触媒機能を有する高周波発熱体	
			特開平7-96136	B01D53/87ZAB	触媒反応器	
		制御法	特開平9-273747	F23N5/02,350	脱臭装置	
			特開2000-28117	F23G5/14ZAB	汚物焼却器	
			特開平10-146830	B29B17/00	発泡ポリスチレン減容化装置	

223

2.20.5 技術開発拠点と研究者

図2.20.5-1に焼却炉排ガス処理技術の松下電器産業の出願件数と発明者数を示す。発明者数は明細書の発明者を年次毎にカウントしたものである。

松下電器産業の開発拠点：

No.	都道府県名	事業所・研究所
1	大阪府	松下電器産業本社

図2.20.5-1 松下電器産業の出願件数と発明者数

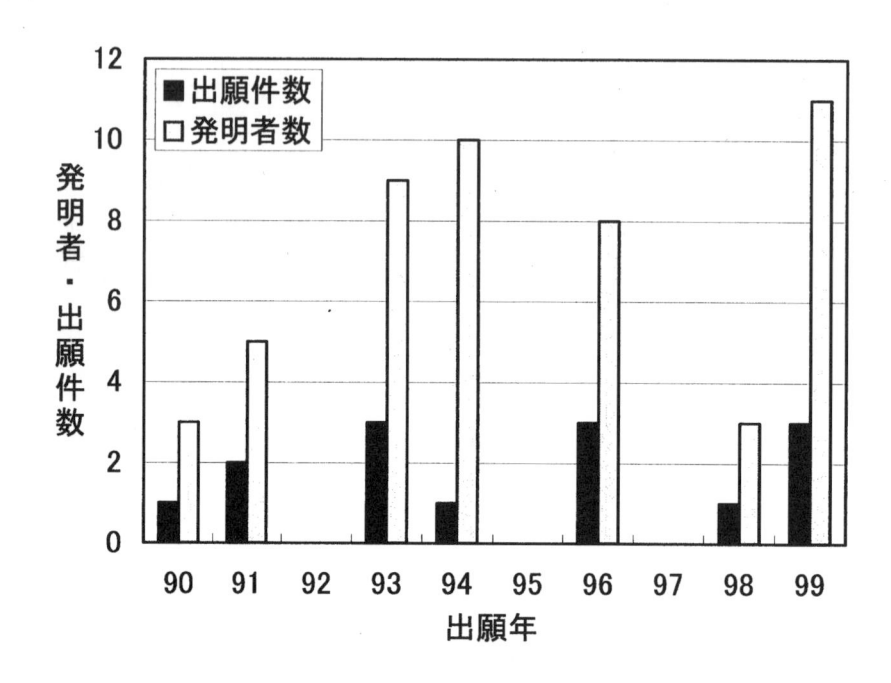

3．主要企業の技術開発拠点

3.1 焼却炉
3.2 排ガス処理装置

> 特許流通
> 支援チャート
>
> # 3．主要企業の技術開発拠点
>
> 日本全国各地において、優秀な人々の知恵が結集され、
> 焼却炉排ガス処理に関連したさまざまな技術が生まれ、
> 改良されてますますその価値を高めていく。

　本章では、2章で採り上げた焼却炉排ガス処理技術関連の権利存続中または係属中の特許2,135件について、技術要素毎に、件数の多い企業について、公報に記載されている発明者名及び住所について整理し、各企業が開発を行っている事業所、研究所などの技術開発拠点を、地図上に示して紹介する。

　発明者住所が外国の場合は、国名のみ記載する。

　各技術要素によって、件数上位20社を紹介するが、20位以内と21位が同じ件数の場合は、その件数の企業は全て除く。

3.1 焼却炉

3.1.1 運転管理

図3.1.1-1 運転管理の技術開発拠点図

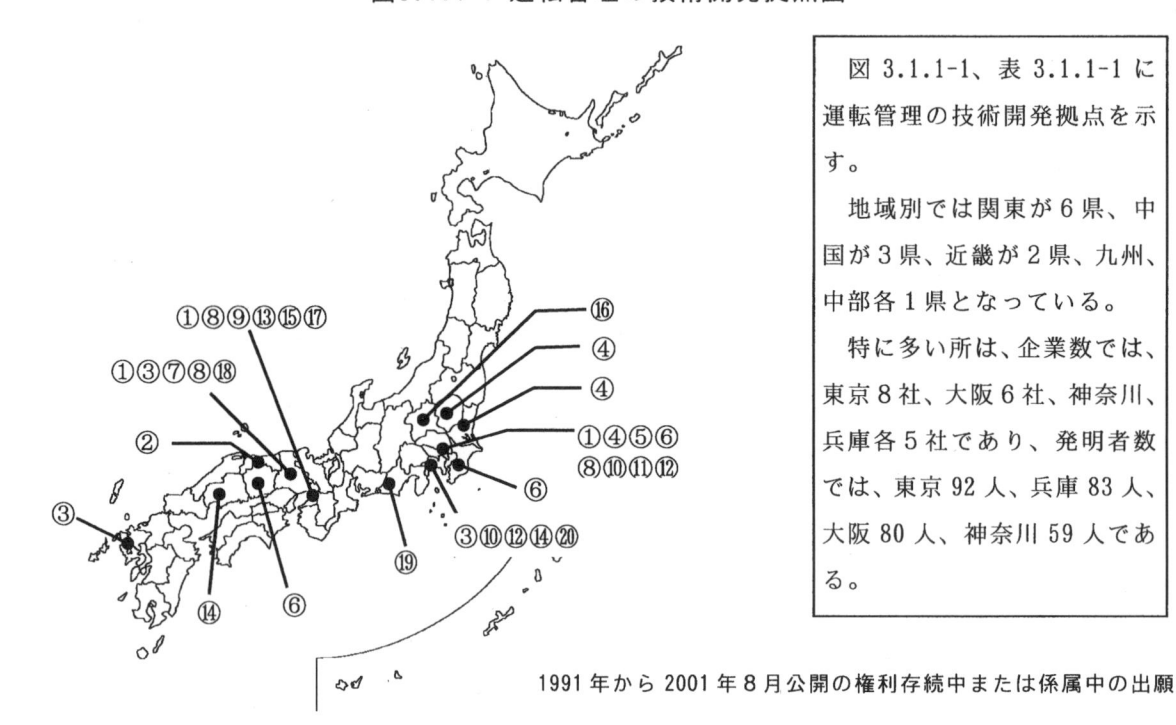

図3.1.1-1、表3.1.1-1に運転管理の技術開発拠点を示す。

地域別では関東が6県、中国が3県、近畿が2県、九州、中部各1県となっている。

特に多い所は、企業数では、東京8社、大阪6社、神奈川、兵庫各5社であり、発明者数では、東京92人、兵庫83人、大阪80人、神奈川59人である。

1991年から2001年8月公開の権利存続中または係属中の出願

表3.1.1-1 運転管理の技術開発拠点一覧表

No.	企業名	特許件数	事業所名(発明者数)	住所
①	クボタ	44	大阪本社(24) 淀川環境プラントセンター(2) 東京本社(3) 技術開発研究所(22)	大阪府 東京都 兵庫県
②	三洋電機	39	鳥取三洋電機本社(13)	鳥取県
③	三菱重工業	28	長崎研究所(6) 長崎造船所(5) 横浜研究所(16) 横浜製作所(24) 神戸造船所(2)	長崎県 神奈川県 兵庫県
④	日立製作所	24	東京本社(1) 東京中央研究所(3) 日立工場(7) 日立研究所(27) 電力・電機開発本部(4) 那珂工場(1) 計測器事業部(3) 栃木冷熱事業部(2)	東京都 茨城県 栃木県
⑤	日本鋼管	18	本社(28)	東京都
⑥	三井造船	17	東京本社(16) 千葉事業所(11) 玉野事業所(8)	東京都 千葉県 岡山県
⑦	神戸製鋼所	17	神戸本社(16) 総合技術研究所(11)	兵庫県
⑧	川崎重工業	14	明石工場(16) 神戸本社(15) 東京本社(2) 東京設計事務所(1) 大阪設計事務所(6)	兵庫県 東京都 大阪府
⑨	日立造船	12	本社(22)	大阪府
⑩	住友重機械工業	8	東京本社(1) 神田事務所(2) 平塚総合研究所(2) 平塚事業所(4)	東京都 神奈川県
⑪	荏原製作所	8	本社(19)	東京都
⑫	石川島播磨重工業	7	東二テクニカルセンター(3) 東京第一工場(13) 神奈川技術研究所(3)	東京都 神奈川県
⑬	松下精工	7	本社(2)	大阪府
⑭	バブコック日立	6	呉研究所(3) 呉工場(6) 横浜エンジニアリングセンター(1)	広島県 神奈川県
⑮	タクマ	6	大阪本社(12)	大阪府
⑯	キンセイ産業	6	本社(1)	群馬県
⑰	松下電器産業	6	本社(12)	大阪府
⑱	万鎔工業	6	本社(1)	兵庫県
⑲	東芝テック	6	大仁事業所(9)	静岡県
⑳	千代田化工建設	5	本社(9)	神奈川県

3.1.2 二次燃焼

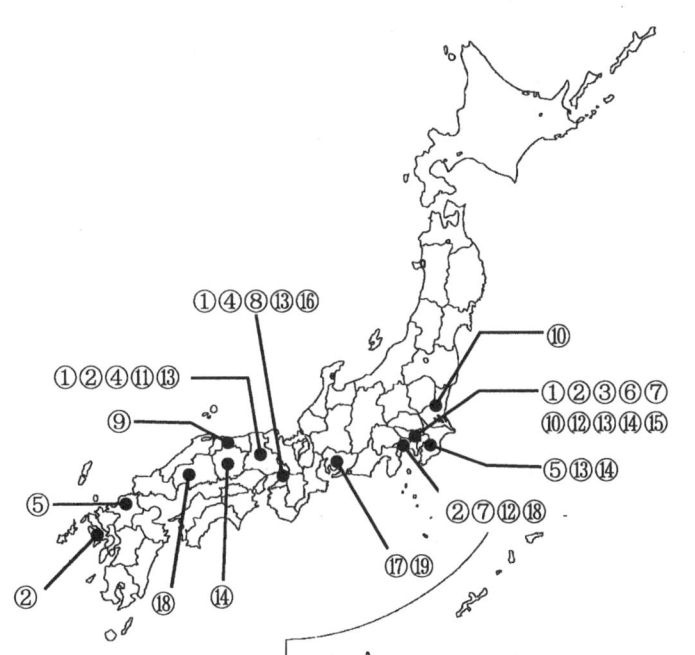

図3.1.2-1 二次燃焼の技術開発拠点図

図 3.1.2-1、表 3.1.2-1 に二次燃焼の技術開発拠点を示す。

地域別では関東が4県で最も多く、中国が3県、九州、近畿が2県、中部1県となっている。

特に多い所は、企業数では、東京10社、大阪、兵庫各5社、神奈川4社、千葉3社であり、発明者数では、東京113人、大阪91人、兵庫68人、神奈川62人である。

1991年から2001年8月公開の権利存続中または係属中の出願

表3.1.2-1 二次燃焼の技術開発拠点一覧表

No.	企業名	特許件数	事業所名(発明者数)	住所
①	クボタ	44	東京本社(1) 大阪本社(29) 技術開発研究所(22) 久宝寺工場(1)	東京都 大阪府 兵庫県
②	三菱重工業	42	長崎研究所(2) 横浜研究所(16) 横浜製作所(21) 東京本社(3) 高砂研究所(2)	長崎県 神奈川県 東京都 兵庫県
③	日本鋼管	21	本社(30)	東京都
④	タクマ	21	大阪本社(18) 中央研究所(3) 尼崎本社(2)	大阪府 兵庫県
⑤	新日本製鉄	20	技術開発本部(6) 機械・プラント事業部(20) エンジニアリング事業本部(6)	千葉県 福岡県
⑥	荏原製作所	20	本社(34)	東京都
⑦	石川島播磨重工業	19	東京技術研究所(8) 東京エンジニアリングセンター(2) 東京第一工場(13) 豊洲事務所(3) 神奈川技術研究所(14)	東京都 神奈川県
⑧	日立造船	19	本社(34)	大阪府
⑨	三洋電機	14	鳥取三洋電機本社(17)	鳥取県
⑩	日立製作所	13	東京本社(3) 日立工場(8) 日立研究所(11) 電力・電機開発本部(12)	東京都 茨城県
⑪	神戸製鋼所	12	神戸本社(8) 総合技術研究所(14)	兵庫県
⑫	東芝	8	横浜事業所(1) 京浜事業所(7) 多摩川工場(1) 東京本社(1) 府中工場(1)	神奈川県 東京都
⑬	川崎重工業	7	明石工場(12) 神戸本社(5) 東京本社(1) 東京設計事務所(4) 大阪設計事務所(6) 八千代工場(1)	兵庫県 東京都 大阪府 千葉県
⑭	三井造船	6	東京本社(6) 千葉事業所(4) 玉野事業所(2)	東京都 千葉県 岡山県
⑮	明電舎	6	本社(3)	東京都
⑯	プランテック	5	本社(3)	大阪府
⑰	大同特殊鋼	5	本社(6)	愛知県
⑱	バブコック日立	5	呉研究所(5) 呉工場(2) 横浜エンジニアリングセンター(2)	広島県 神奈川県
⑲	日本碍子	5	本社(9)	愛知県

3.1.3 炉内薬剤投入

図3.1.3-1 炉内薬剤投入の技術開発拠点図

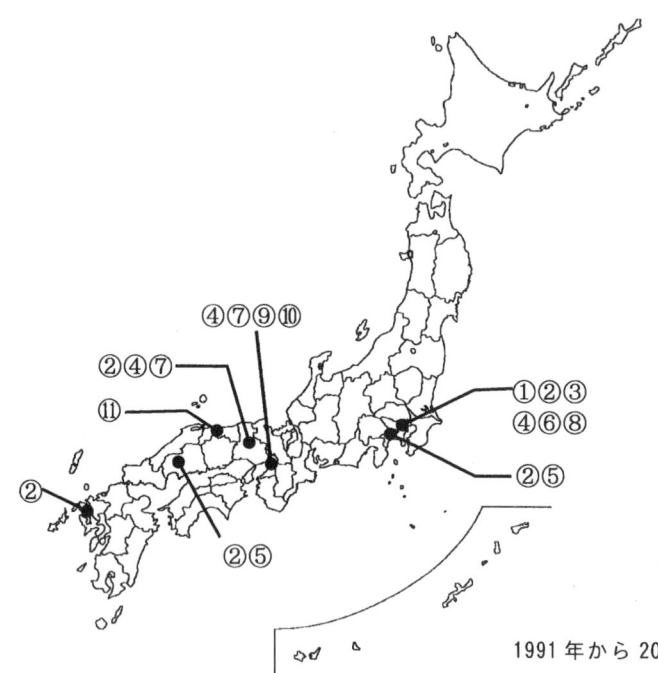

図 3.1.3-1、表 3.1.3-1 に炉内薬剤投入の技術開発拠点を示す。

地域別では関東、近畿、中国が各2県で、九州1県となっている。

特に多い所は、企業数では、東京6社、大阪4社、兵庫3社であり、発明者数では、東京37人、兵庫21人、大阪20人である。

1991年から2001年8月公開の権利存続中または係属中の出願

表3.1.3-1 炉内薬剤投入の技術開発拠点一覧表

No.	企業名	特許件数	事業所名(発明者数)	住所
①	明電舎	20	本社(5)	東京都
②	三菱重工業	17	東京本社(3) 長崎研究所(10) 長崎造船所(1) 横浜研究所(6) 横浜製作所(4) 広島研究所(1) 高砂研究所(9) 神戸造船所(4)	東京都 長崎県 神奈川県 広島県 兵庫県
③	日本鋼管	14	本社(22)	東京都
④	川崎重工業	12	明石工場(5) 神戸本社(1) 東京設計事務所(1) 大阪設計事務所(3)	兵庫県 東京都 大阪府
⑤	バブコック日立	9	呉研究所(9) 呉工場(2) 横浜エンジニアリングセンター(4)	広島県 神奈川県
⑥	前田信秀	5	(1)	東京都
⑦	タクマ	4	大阪本社(10) 尼崎本社(2)	大阪府 兵庫県
⑧	ミヨシ油脂	2	本社(5)	東京都
⑨	小林義雄	2	(2)	大阪府
⑩	クボタ	2	大阪本社(5)	大阪府
⑪	三洋電機	2	鳥取三洋電機本社(5)	鳥取県

3．2 排ガス処理装置

3.2.1 温度管理

図3.2.1-1 温度管理の技術開発拠点図

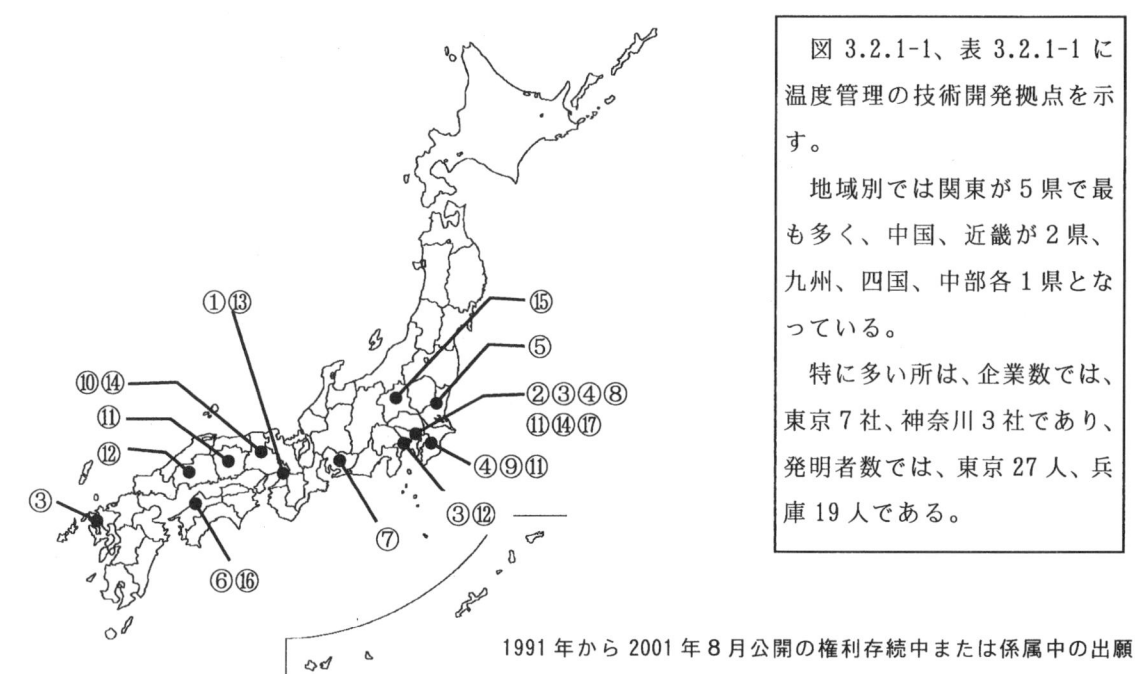

図 3.2.1-1、表 3.2.1-1 に温度管理の技術開発拠点を示す。

地域別では関東が5県で最も多く、中国、近畿が2県、九州、四国、中部各1県となっている。

特に多い所は、企業数では、東京7社、神奈川3社であり、発明者数では、東京27人、兵庫19人である。

1991年から2001年8月公開の権利存続中または係属中の出願

表3.2.1-1 温度管理の技術開発拠点一覧表

No.	企業名	特許件数	事業所名(発明者数)	住所
①	クボタ	7	大阪本社(11)	大阪府
②	日本鋼管	6	本社(13)	東京都
③	三菱重工業	6	長崎研究所(3) 長崎造船所(1) 横浜研究所(4) 横浜製作所(4) 東京本社(1)	長崎県 神奈川県 東京都
④	三井造船	5	東京本社(4) 千葉事業所(3)	東京都 千葉県
⑤	日立製作所	5	日立工場(5) 日立研究所(6) 電力・電機開発本部(6)	茨城県
⑥	加藤憲治	4	(1)	愛媛県
⑦	日本碍子	3	本社(4)	愛知県
⑧	東京瓦斯	3	本社(2)	東京都
⑨	新日本製鉄	3	技術開発本部(3)	千葉県
⑩	神戸製鋼所	3	神戸本社(7) 総合技術研究所(3)	兵庫県
⑪	川崎製鉄	3	技術研究所(2) 水島製鉄所(3) 東京本社(1)	千葉県 岡山県 東京都
⑫	バブコック日立	2	呉研究所(6) 横浜エンジニアリングセンター(1)	広島県 神奈川県
⑬	中外炉工業	2	本社(3)	大阪府
⑭	川崎重工業	2	明石工場(3) 神戸本社(6) 東京本社(1)	兵庫県 東京都
⑮	キンセイ産業	2	本社(1)	群馬県
⑯	タステム	2	本社(1)	愛媛県
⑰	荏原製作所	2	本社(5)	東京都

3.2.2 薬剤投入

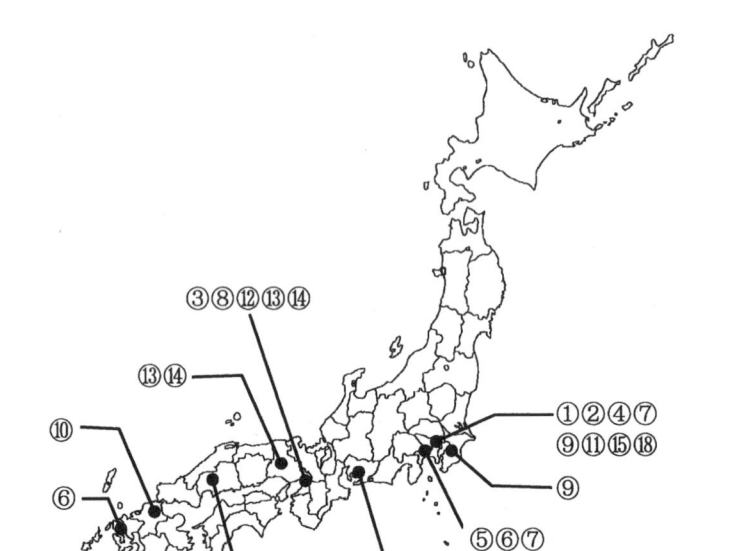

図3.2.2-1 薬剤投入の技術開発拠点図

図 3.2.2-1、表 3.2.2-1 に薬剤投入の技術開発拠点を示す。

地域別では関東が3県で最も多く、近畿、九州、各2県、中部、中国各1県となっている。

特に多い所は、企業数では、東京8社、大阪5社、神奈川3社であり、発明者数では、東京78人、大阪65人である。

1991年から2001年8月公開の権利存続中または係属中の出願

表3.2.2-1 薬剤投入の技術開発拠点一覧表

No.	企業名	特許件数	事業所名(発明者数)	住所
①	明電舎	34	本社(4)	東京都
②	日本鋼管	25	本社(27)	東京都
③	日立造船	15	本社(31)	大阪府
④	奥多摩工業	12	本社(13)	東京都
⑤	バブコック日立	12	呉研究所(9) 呉工場(3) 横浜エンジニアリングセンター(6)	広島県 神奈川県
⑥	三菱重工業	11	長崎造船所(3) 横浜研究所(6) 横浜製作所(8)	長崎県 神奈川県
⑦	石川島播磨重工業	8	豊洲事務所(4) 東ニテクニカルセンター(3) 神奈川技術研究所(6)	東京都 神奈川県
⑧	鐘淵化学工業	6	本社(8)	大阪府
⑨	三井造船	5	東京本社(5) 千葉事業所(3)	東京都 千葉県
⑩	新日本製鉄	5	機械・プラント事業部(8)	福岡県
⑪	栗田工業	5	本社(8)	東京都
⑫	旭化成工業	4	本社(10)	大阪府
⑬	タクマ	4	大阪本社(10) 中央研究所(2)	大阪府 兵庫県
⑭	クボタ	4	大阪本社(6) 技術開発研究所(6)	大阪府 兵庫県
⑮	ミヨシ油脂	3	本社(6)	東京都
⑯	高温酸性ガス固定化技術研究組合	3	(5)	愛知県
⑰	日本碍子	3	本社(5)	愛知県
⑱	荏原製作所	3	本社(8)	東京都

3.2.3 湿式処理

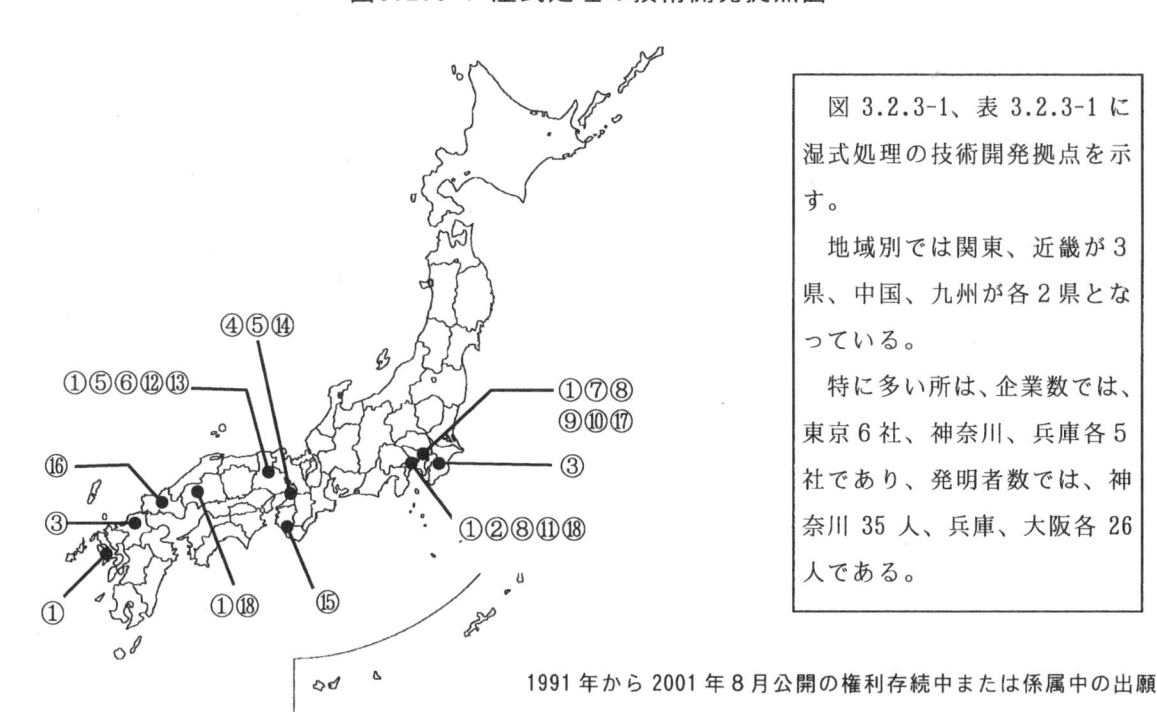

図3.2.3-1 湿式処理の技術開発拠点図

図3.2.3-1、表3.2.3-1に湿式処理の技術開発拠点を示す。

地域別では関東、近畿が3県、中国、九州が各2県となっている。

特に多い所は、企業数では、東京6社、神奈川、兵庫各5社であり、発明者数では、神奈川35人、兵庫、大阪各26人である。

1991年から2001年8月公開の権利存続中または係属中の出願

表3.2.3-1 湿式処理の技術開発拠点一覧表

No.	企業名	特許件数	事業所名（発明者数）	住所
①	三菱重工業	15	長崎研究所(2) 長崎造船所(4) 横浜研究所(4) 横浜製作所(2) 広島研究所(2) 高砂研究所(3) 神戸造船所(5) 東京本社(1)	長崎県 神奈川県 広島県 兵庫県 東京都
②	千代田化工建設	12	本社(20)	神奈川県
③	新日本製鉄	6	技術開発本部(7) 機械・プラント事業部(10) エンジニアリング事業本部(5) 設備技術本部(1) 八幡製鉄所(1)	千葉県 福岡県
④	日立造船	5	本社(18)	大阪府
⑤	タクマ	5	大阪本社(5) 中央研究所(6)	大阪府 兵庫県
⑥	神戸製鋼所	2	神戸本社(5)	兵庫県
⑦	千代田エンジニアリング	2	本社(2)	東京都
⑧	石川島播磨重工業	2	東京第一工場(1) 神奈川技術研究所(6)	東京都 神奈川県
⑨	キヤノン	2	本社(5)	東京都
⑩	中村啓次郎	2	(1)	東京都
⑪	住友重機械工業	2	平塚総合研究所(2)	神奈川県
⑫	中川重義	2	(2)	兵庫県
⑬	川崎重工業	2	明石工場(3) 神戸工場(2)	兵庫県
⑭	鐘淵化学工業	2	本社(3)	大阪府
⑮	戸川通則	2	(1)	和歌山県
⑯	トクヤマ	2	本社(5)	山口県
⑰	日本製鋼所	2	本社(4)	東京都
⑱	バブコック日立	2	呉研究所(3) 呉事業所(1) 横浜エンジニアリングセンター(1)	広島県 神奈川県

3.2.4 触媒反応

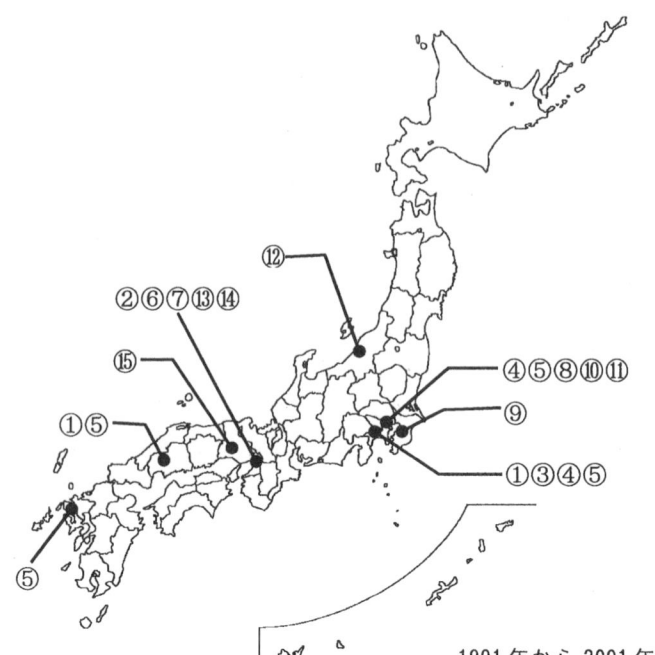

図3.2.4-1 触媒反応の技術開発拠点図

図3.2.4-1、表3.2.4-1に触媒反応の技術開発拠点を示す。

地域別では関東が3県で最も多く、近畿が2県、北陸、中国、九州、各1県となっている。

特に多い所は、企業数では、東京、大阪、各5社、神奈川4社であり、発明者数では、大阪44人、神奈川28人、広島24人である。

1991年から2001年8月公開の権利存続中または係属中の出願

表3.2.4-1 触媒反応の技術開発拠点一覧表

No.	企業名	特許件数	事業所名(発明者数)	住所
①	バブコック日立	15	呉研究所(11) 呉工場(11) 横浜エンジニアリングセンター(1) 横浜研究所(1)	広島県 神奈川県
②	松下電器産業	7	本社(21)	大阪府
③	千代田化工建設	6	本社(12)	神奈川県
④	住友重機械工業	5	田無製造所(2) 平塚総合研究所(2) 平塚事業所(3)	東京都 神奈川県
⑤	三菱重工業	5	長崎研究所(3) 長崎造船所(1) 横浜研究所(1) 横浜製作所(8) 広島研究所(2) 東京本社(2)	長崎県 神奈川県 広島県 東京都
⑥	日立造船	5	本社(16)	大阪府
⑦	タクマ	4	大阪本社(2)	大阪府
⑧	トリニティ工業	4	本社(4)	東京都
⑨	佐藤㐂	2	(2)	千葉県
⑩	溶融炭酸塩型燃焼電池システム技術研究組合	2	(6)	東京都
⑪	ヤマダインダストリー	2	本社(2)	東京都
⑫	ダイニチ工業	2	本社(2)	新潟県
⑬	大阪瓦斯	2	本社(4)	大阪府
⑭	クボタ	2	大阪本社(1)	大阪府
⑮	神戸製鋼所	2	総合技術研究所(4)	兵庫県

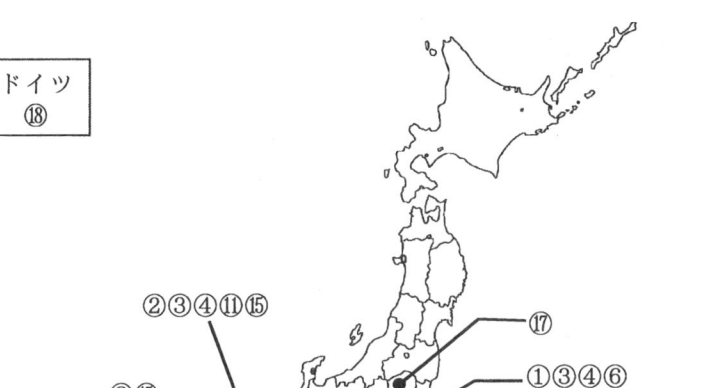

3.2.5 吸着

図3.2.5-1 吸着の技術開発拠点図

図3.2.5-1、表3.2.5-1に吸着の技術開発拠点を示す。

地域別では関東が4県で最も多く、近畿、九州が2県、中部、中国、四国が各1県となっている。

特に多い所は、企業数では、東京8社、大阪5社、神奈川4社であり、発明者数では、東京66人、大阪56人、兵庫21人、神奈川16人である。

1991年から2001年8月公開の権利存続中または係属中の出願

表3.2.5-1 吸着の技術開発拠点一覧表

No.	企業名	特許件数	事業所名(発明者数)	住所
①	住友重機械工業	21	田無製造所(2) 平塚総合研究所(2) 平塚事業所(4)	東京都 神奈川県
②	日立造船	14	本社(25)	大阪府
③	石川島播磨重工業	11	東京技術研究所(3)東京第一工場(7) 豊洲事務所(2) 東ニテクニカルセンター(3) 神奈川技術研究所(3) 横浜エンジニアリングセンター(1) 機械プラント開発センター(4)	東京都 神奈川県 大阪府
④	クボタ	11	大阪本社(15) 東京本社(2)	大阪府 東京都
⑤	新日本製鉄	10	名古屋製鉄所(2) 技術開発本部(6) 機械・プラント事業部(3) エンジニアリング事業本部(4)	愛知県 千葉県 福岡県
⑥	栗田工業	9	本社(6)	東京都
⑦	日本鋼管	9	本社(25)	東京都
⑧	川崎重工業	8	明石工場(10) 神戸本社(8) 東京本社(1)	兵庫県 東京都
⑨	三菱重工業	7	長崎研究所(6) 横浜研究所(2) 横浜製作所(3)	長崎県 神奈川県
⑩	ミヨシ油脂	7	本社(11) 名古屋工場(1)	東京都 愛知県
⑪	プランテック	6	本社(3)	大阪府
⑫	大同特殊鋼	6	本社(4)	愛知県
⑬	三浦工業	5	本社(5)	愛媛県
⑭	荏原製作所	5	本社(4)	東京都
⑮	タクマ	4	大阪本社(9) 中央研究所(3)	大阪府 兵庫県
⑯	バブコック日立	4	呉研究所(4) 呉工場(3) 横浜エンジニアリングセンター(1)	広島県 神奈川県
⑰	三井鉱山	4	栃木事業所(1) 総合研究所(2)	栃木県 福岡県
⑱	メタル G AG (ドイツ)	3	本社(8)	ドイツ

3.2.6 集塵

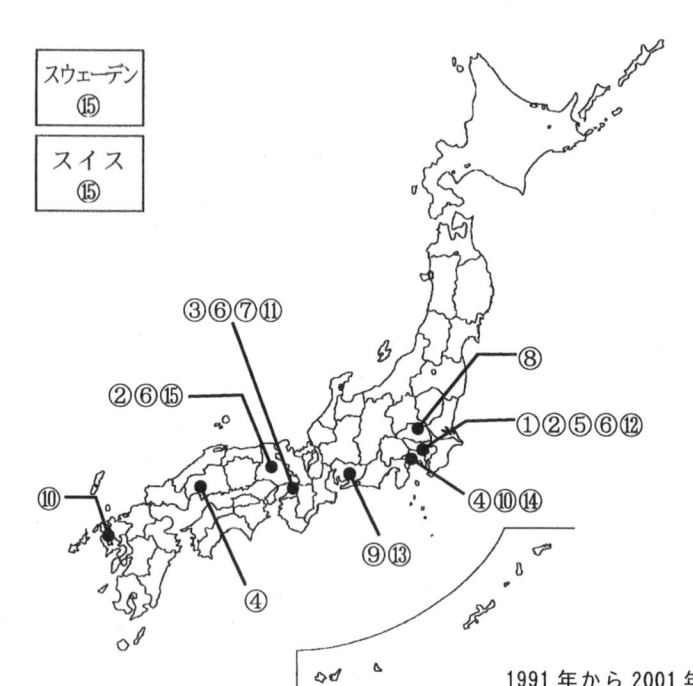

図3.2.6-1 集塵の技術開発拠点図

図3.2.6-1、表3.2.6-1に集塵の技術開発拠点を示す。

地域別では関東が3県で最も多く、近畿が2県、中部、中国、九州が各1県となっている。

特に多い所は、企業数では、東京5社、大阪4社、兵庫、神奈川3社であり、発明者数では、東京33人、大阪21人、兵庫19人、広島13人である。

1991年から2001年8月公開の権利存続中または係属中の出願

表3.2.6-1 集塵の技術開発拠点一覧表

No.	企業名	特許件数	事業所名(発明者数)	住所
①	日本鋼管	10	本社(18)	東京都
②	川崎重工業	6	明石工場(7) 神戸本社(3) 東京本社(1)	兵庫県 東京都
③	タクマ	6	大阪本社(7)	大阪府
④	バブコック日立	5	呉研究所(9) 呉工場(4) 横浜エンジニアリングセンター(1)	広島県 神奈川県
⑤	荏原製作所	5	本社(11)	東京都
⑥	クボタ	3	東京本社(1) 枚方製造所(2) 技術開発研究所(4)	東京都 大阪府 兵庫県
⑦	日立造船	2	本社(9)	大阪府
⑧	マメトラ農機	2	本社(1)	埼玉県
⑨	大同特殊鋼	2	本社(4)	愛知県
⑩	三菱重工業	2	長崎造船所(1) 横浜研究所(3)	長崎県 神奈川県
⑪	大阪瓦斯	2	本社(3)	大阪府
⑫	三井造船	2	東京本社(2)	東京都
⑬	日本碍子	2	本社(3)	愛知県
⑭	東芝	2	京浜事業所(2)	神奈川県
⑮	エービービー	2	フレクトインダストリーエービー(1) パワージェネレーショングループリミテッド(1) 神戸事業所(5)	スウェーデン スイス 兵庫県

3.2.7 放電、放射線

図3.2.7-1 放電、放射線の技術開発拠点図

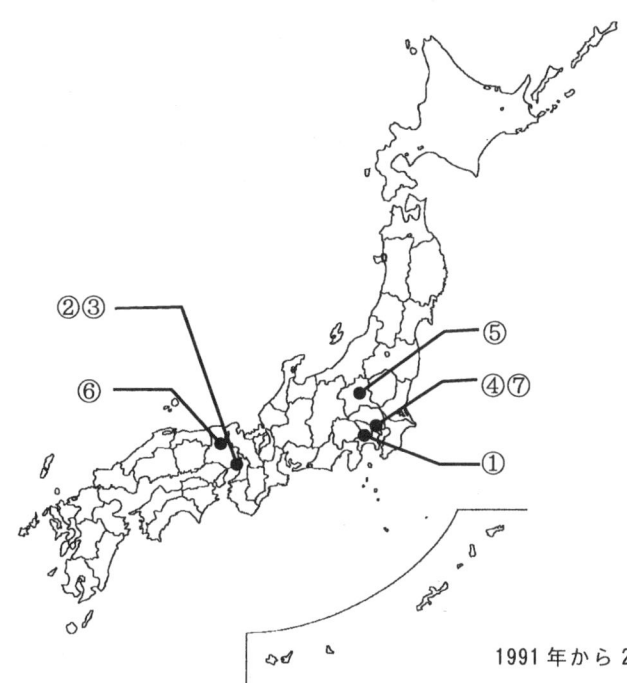

図 3.2.7-1、表 3.2.7-1 に放電、放射線の技術開発拠点を示す。

地域別では関東が3県で最も多く、近畿が2県となっている。

特に多い所は、企業数では、東京、大阪が2社であり、発明者数では大阪が16人、東京14人である。

1991年から2001年8月公開の権利存続中または係属中の出願

表3.2.7-1 放電、放射線の技術開発拠点一覧表

No.	企業名	特許件数	事業所名(発明者数)	住所
①	東芝	9	浜川崎工場(3) 京浜事業所(4)	神奈川県
②	日立造船	4	本社(9)	大阪府
③	タクマ	4	大阪本社(7)	大阪府
④	日立プラント建設	2	本社(3)	東京都
⑤	日本原子力研究所	2	高崎研究所(6)	群馬県
⑥	万鎔工業	2	本社(1)	兵庫県
⑦	日本鋼管	2	本社(11)	東京都

資料

1. 工業所有権総合情報館と特許流通促進事業
2. 特許流通アドバイザー一覧
3. 特許電子図書館情報検索指導アドバイザー一覧
4. 知的所有権センター一覧
5. 平成13年度25技術テーマの特許流通の概要
6. 特許番号一覧

資料1．工業所有権総合情報館と特許流通促進事業

　特許庁工業所有権総合情報館は、明治20年に特許局官制が施行され、農商務省特許局庶務部内に図書館を置き、図書等の保管・閲覧を開始したことにより、組織上のスタートを切りました。
　その後、我が国が明治32年に「工業所有権の保護等に関するパリ同盟条約」に加入することにより、同条約に基づく公報等の閲覧を行う中央資料館として、国際的な地位を獲得しました。
　平成9年からは、工業所有権相談業務と情報流通業務を新たに加え、総合的な情報提供機関として、その役割を果たしております。さらに平成13年4月以降は、独立行政法人工業所有権総合情報館として生まれ変わり、より一層の利用者ニーズに機敏に対応する業務運営を目指し、特許公報等の情報提供及び工業所有権に関する相談等による出願人支援、審査審判協力のための図書等の提供、開放特許活用等の特許流通促進事業を推進しております。

1　事業の概要

(1) 内外国公報類の収集・閲覧

　下記の公報閲覧室でどなたでも内外国公報等の調査を行うことができる環境と体制を整備しています。

閲覧室	所在地	TEL
札幌閲覧室	北海道札幌市北区北7条西2-8　北ビル7F	011-747-3061
仙台閲覧室	宮城県仙台市青葉区本町3-4-18　太陽生命仙台本町ビル7F	022-711-1339
第一公報閲覧室	東京都千代田区霞が関3-4-3　特許庁2F	03-3580-7947
第二公報閲覧室	東京都千代田区霞が関1-3-1　経済産業省別館1F	03-3581-1101（内線3819）
名古屋閲覧室	愛知県名古屋市中区栄2-10-19　名古屋商工会議所ビルB2F	052-223-5764
大阪閲覧室	大阪府大阪市天王寺区伶人町2-7　関西特許情報センター1F	06-4305-0211
広島閲覧室	広島県広島市中区上八丁堀6-30　広島合同庁舎3号館	082-222-4595
高松閲覧室	香川県高松市林町2217-15　香川産業頭脳化センタービル2F	087-869-0661
福岡閲覧室	福岡県福岡市博多区博多駅東2-6-23　住友博多駅前第2ビル2F	092-414-7101
那覇閲覧室	沖縄県那覇市前島3-1-15　大同生命那覇ビル5F	098-867-9610

(2) 審査審判用図書等の収集・閲覧

　審査に利用する図書等を収集・整理し、特許庁の審査に提供すると同時に、「図書閲覧室（特許庁2F）」において、調査を希望する方々へ提供しています。【TEL：03-3592-2920】

(3) 工業所有権に関する相談

　相談窓口（特許庁 2F）を開設し、工業所有権に関する一般的な相談に応じています。

手紙、電話、e-mail 等による相談も受け付けています。
　【TEL：03-3581-1101(内線 2121～2123)】【FAX：03-3502-8916】
　【e-mail：PA8102@ncipi.jpo.go.jp】

(4) 特許流通の促進
　特許権の活用を促進するための特許流通市場の整備に向け、各種事業を行っています。
(詳細は 2 項参照)【TEL：03-3580-6949】

2　特許流通促進事業
　先行き不透明な経済情勢の中、企業が生き残り、発展して行くためには、新しいビジネスの創造が重要であり、その際、知的資産の活用、とりわけ技術情報の宝庫である特許の活用がキーポイントとなりつつあります。
　また、企業が技術開発を行う場合、まず自社で開発を行うことが考えられますが、商品のライフサイクルの短縮化、技術開発のスピードアップ化が求められている今日、外部からの技術を積極的に導入することも必要になってきています。
　このような状況下、特許庁では、特許の流通を通じた技術移転・新規事業の創出を促進するため、特許流通促進事業を展開していますが、2001 年 4 月から、これらの事業は、特許庁から独立をした「独立行政法人　工業所有権総合情報館」が引き継いでいます。

(1) 特許流通の促進
① 特許流通アドバイザー
　全国の知的所有権センター・TLO 等からの要請に応じて、知的所有権や技術移転についての豊富な知識・経験を有する専門家を特許流通アドバイザーとして派遣しています。
　知的所有権センターでは、地域の活用可能な特許の調査、当該特許の提供支援及び大学・研究機関が保有する特許と地域企業との橋渡しを行っています。(資料 2 参照)

② 特許流通促進説明会
　地域特性に合った特許情報の有効活用の普及・啓発を図るため、技術移転の実例を紹介しながら特許流通のプロセスや特許電子図書館を利用した特許情報検索方法等を内容とした説明会を開催しています。

(2) 開放特許情報等の提供
① 特許流通データベース
　活用可能な開放特許を産業界、特に中小・ベンチャー企業に円滑に流通させ実用化を推進していくため、企業や研究機関・大学等が保有する提供意思のある特許をデータベース化し、インターネットを通じて公開しています。(http://www.ncipi.go.jp)

② 開放特許活用例集
　特許流通データベースに登録されている開放特許の中から製品化ポテンシャルが高い案

件を選定し、これら有用な開放特許を有効に使ってもらうためのビジネスアイデア集を作成しています。

③ 特許流通支援チャート
　企業が新規事業創出時の技術導入・技術移転を図る上で指標となりうる国内特許の動向を技術テーマごとに、分析したものです。出願上位企業の特許取得状況、技術開発課題に対応した特許保有状況、技術開発拠点等を紹介しています。

④ 特許電子図書館情報検索指導アドバイザー
　知的財産権及びその情報に関する専門的知識を有するアドバイザーを全国の知的所有権センターに派遣し、特許情報の検索に必要な基礎知識から特許情報の活用の仕方まで、無料でアドバイス・相談を行っています。(資料3参照)

(3) 知的財産権取引業の育成
① 知的財産権取引業者データベース
　特許を始めとする知的財産権の取引や技術移転の促進には、欧米の技術移転先進国に見られるように、民間の仲介事業者の存在が不可欠です。こうした民間ビジネスが質・量ともに不足し、社会的認知度も低いことから、事業者の情報を収集してデータベース化し、インターネットを通じて公開しています。

② 国際セミナー・研修会等
　著名海外取引業者と我が国取引業者との情報交換、議論の場(国際セミナー)を開催しています。また、産学官の技術移転を促進して、企業の新商品開発や技術力向上を促進するために不可欠な、技術移転に携わる人材の育成を目的とした研修事業を開催しています。

資料2．特許流通アドバイザー一覧 （平成14年3月1日現在）

○経済産業局特許室および知的所有権センターへの派遣

派遣先	氏名	所在地	TEL
北海道経済産業局特許室	杉谷 克彦	〒060-0807 札幌市北区北7条西2丁目8番地1北ビル7階	011-708-5783
北海道知的所有権センター (北海道立工業試験場)	宮本 剛汎	〒060-0819 札幌市北区北19条西11丁目 北海道立工業試験場内	011-747-2211
東北経済産業局特許室	三澤 輝起	〒980-0014 仙台市青葉区本町3-4-18 太陽生命仙台本町ビル7階	022-223-9761
青森県知的所有権センター ((社)発明協会青森県支部)	内藤 規雄	〒030-0112 青森県大字八ッ役字芦谷202-4 青森県産業技術開発センター内	017-762-3912
岩手県知的所有権センター (岩手県工業技術センター)	阿部 新喜司	〒020-0852 盛岡市飯岡新田3-35-2 岩手県工業技術センター内	019-635-8182
宮城県知的所有権センター (宮城県産業技術総合センター)	小野 賢悟	〒981-3206 仙台市泉区明通二丁目2番地 宮城県産業技術総合センター内	022-377-8725
秋田県知的所有権センター (秋田県工業技術センター)	石川 順三	〒010-1623 秋田市新屋町字砂奴寄4-11 秋田県工業技術センター内	018-862-3417
山形県知的所有権センター (山形県工業技術センター)	冨樫 富雄	〒990-2473 山形市松栄1-3-8 山形県産業創造支援センター内	023-647-8130
福島県知的所有権センター ((社)発明協会福島県支部)	相澤 正彬	〒963-0215 郡山市待池台1-12 福島県ハイテクプラザ内	024-959-3351
関東経済産業局特許室	村上 義英	〒330-9715 さいたま市上落合2-11 さいたま新都心合同庁舎1号館	048-600-0501
茨城県知的所有権センター ((財)茨城県中小企業振興公社)	齋藤 幸一	〒312-0005 ひたちなか市新光町38 ひたちなかテクノセンタービル内	029-264-2077
栃木県知的所有権センター ((社)発明協会栃木県支部)	坂本 武	〒322-0011 鹿沼市白桑田516-1 栃木県工業技術センター内	0289-60-1811
群馬県知的所有権センター ((社)発明協会群馬県支部)	三田 隆志	〒371-0845 前橋市鳥羽町190 群馬県工業試験場内	027-280-4416
	金井 澄雄	〒371-0845 前橋市鳥羽町190 群馬県工業試験場内	027-280-4416
埼玉県知的所有権センター (埼玉県工業技術センター)	野口 満	〒333-0848 川口市芝下1-1-56 埼玉県工業技術センター内	048-269-3108
	清水 修	〒333-0848 川口市芝下1-1-56 埼玉県工業技術センター内	048-269-3108
千葉県知的所有権センター ((社)発明協会千葉県支部)	稲谷 稔宏	〒260-0854 千葉市中央区長洲1-9-1 千葉県庁南庁舎内	043-223-6536
	阿草 一男	〒260-0854 千葉市中央区長洲1-9-1 千葉県庁南庁舎内	043-223-6536
東京都知的所有権センター (東京都城南地域中小企業振興センター)	鷹見 紀彦	〒144-0035 大田区南蒲田1-20-20 城南地域中小企業振興センター内	03-3737-1435
神奈川県知的所有権センター支部 ((財)神奈川高度技術支援財団)	小森 幹雄	〒213-0012 川崎市高津区坂戸3-2-1 かながわサイエンスパーク内	044-819-2100
新潟県知的所有権センター ((財)信濃川テクノポリス開発機構)	小林 靖幸	〒940-2127 長岡市新産4-1-9 長岡地域技術開発振興センター内	0258-46-9711
山梨県知的所有権センター (山梨県工業技術センター)	廣川 幸生	〒400-0055 甲府市大津町2094 山梨県工業技術センター内	055-220-2409
長野県知的所有権センター ((社)発明協会長野県支部)	徳永 正明	〒380-0928 長野市若里1-18-1 長野県工業試験場内	026-229-7688
静岡県知的所有権センター ((社)発明協会静岡県支部)	神長 邦雄	〒421-1221 静岡市牧ヶ谷2078 静岡工業技術センター内	054-276-1516
	山田 修寧	〒421-1221 静岡市牧ヶ谷2078 静岡工業技術センター内	054-276-1516
中部経済産業局特許室	原口 邦弘	〒460-0008 名古屋市中区栄2-10-19 名古屋商工会議所ビルB2F	052-223-6549
富山県知的所有権センター (富山県工業技術センター)	小坂 郁雄	〒933-0981 高岡市二上町150 富山県工業技術センター内	0766-29-2081
石川県知的所有権センター (財)石川県産業創出支援機構	一丸 義次	〒920-0223 金沢市戸水町イ65番地 石川県地場産業振興センター新館1階	076-267-8117
岐阜県知的所有権センター (岐阜県科学技術振興センター)	松永 孝義	〒509-0108 各務原市須衛町4-179-1 テクノプラザ5F	0583-79-2250
	木下 裕雄	〒509-0108 各務原市須衛町4-179-1 テクノプラザ5F	0583-79-2250
愛知県知的所有権センター (愛知県工業技術センター)	森 孝和	〒448-0003 刈谷市一ツ木町西新割 愛知県工業技術センター内	0566-24-1841
	三浦 元久	〒448-0003 刈谷市一ツ木町西新割 愛知県工業技術センター内	0566-24-1841

派遣先	氏名	所在地	TEL
三重県知的所有権センター (三重県工業技術総合研究所)	馬渡 建一	〒514-0819 津市高茶屋5－5－45 三重県科学振興センター工業研究部内	059-234-4150
近畿経済産業局特許室	下田 英宣	〒543-0061 大阪市天王寺区伶人町2－7 関西特許情報センター1階	06-6776-8491
福井県知的所有権センター (福井県工業技術センター)	上坂 旭	〒910-0102 福井市川合鷲塚町61字北稲田10 福井県工業技術センター内	0776-55-2100
滋賀県知的所有権センター (滋賀県工業技術センター)	新屋 正男	〒520-3004 栗東市上砥山232 滋賀県工業技術総合センター別館内	077-558-4040
京都府知的所有権センター ((社)発明協会京都支部)	衣川 清彦	〒600-8813 京都市下京区中堂寺南町17番地 京都リサーチパーク京都高度技術研究所ビル4階	075-326-0066
大阪府知的所有権センター (大阪府立特許情報センター)	大空 一博	〒543-0061 大阪市天王寺区伶人町2－7 関西特許情報センター内	06-6772-0704
	梶原 淳治	〒577-0809 東大阪市永和1-11-10	06-6722-1151
兵庫県知的所有権センター ((財)新産業創造研究機構)	園田 憲一	〒650-0047 神戸市中央区港島南町1－5－2 神戸キメックセンタービル6F	078-306-6808
	島田 一男	〒650-0047 神戸市中央区港島南町1－5－2 神戸キメックセンタービル6F	078-306-6808
和歌山県知的所有権センター ((社)発明協会和歌山支部)	北澤 宏造	〒640-8214 和歌山県寄合町25 和歌山市発明館4階	073-432-0087
中国経済産業局特許室	木村 郁男	〒730-8531 広島市中区上八丁堀6－30 広島合同庁舎3号館1階	082-502-6828
鳥取県知的所有権センター ((社)発明協会鳥取県支部)	五十嵐 善司	〒689-1112 鳥取市若葉台南7－5－1 新産業創造センター1階	0857-52-6728
島根県知的所有権センター ((社)発明協会島根支部)	佐野 馨	〒690-0816 島根県松江市北陵町1 テクノアークしまね内	0852-60-5146
岡山県知的所有権センター ((社)発明協会岡山支部)	横田 悦造	〒701-1221 岡山市芳賀5301 テクノサポート岡山内	086-286-9102
広島県知的所有権センター ((社)発明協会広島支部)	壹岐 正弘	〒730-0052 広島市中区千田町3－13－11 広島発明会館2階	082-544-2066
山口県知的所有権センター ((社)発明協会山口支部)	滝川 尚久	〒753-0077 山口市熊野町1-10 NPYビル10階 (財)山口県産業技術開発機構内	083-922-9927
四国経済産業局特許室	鶴野 弘章	〒761-0301 香川県高松市林町2217－15 香川産業頭脳化センタービル2階	087-869-3790
徳島県知的所有権センター ((社)発明協会徳島県支部)	武岡 明夫	〒770-8021 徳島市雑賀町西開11－2 徳島県立工業技術センター内	088-669-0117
香川県知的所有権センター ((社)発明協会香川県支部)	谷田 吉成	〒761-0301 香川県高松市林町2217－15 香川産業頭脳化センタービル2階	087-869-9004
	福家 康矩	〒761-0301 香川県高松市林町2217－15 香川産業頭脳化センタービル2階	087-869-9004
愛媛県知的所有権センター ((社)発明協会愛媛県支部)	川野 辰己	〒791-1101 松山市久米窪田町337－1 テクノプラザ愛媛	089-960-1489
高知県知的所有権センター ((財)高知県産業振興センター)	吉本 忠男	〒781-5101 高知市布師田3992－2 高知県中小企業会館2階	0888-46-7087
九州経済産業局特許室	簗田 克志	〒812-8546 福岡市博多区博多駅東2－11－1 福岡合同庁舎内	092-436-7260
福岡県知的所有権センター ((社)発明協会福岡県支部)	道津 毅	〒812-0013 福岡市博多区博多駅東2－6－23 住友博多駅前第2ビル1階	092-415-6777
福岡県知的所有権センター北九州支部 ((株)北九州テクノセンター)	沖 宏治	〒804-0003 北九州市戸畑区中原新町2－1 (株)北九州テクノセンター内	093-873-1432
佐賀県知的所有権センター (佐賀県工業技術センター)	光武 章二	〒849-0932 佐賀市鍋島町大字八戸溝114 佐賀県工業技術センター内	0952-30-8161
	村上 忠郎	〒849-0932 佐賀市鍋島町大字八戸溝114 佐賀県工業技術センター内	0952-30-8161
長崎県知的所有権センター ((社)発明協会長崎県支部)	嶋北 正俊	〒856-0026 大村市池田2－1303－8 長崎県工業技術センター内	0957-52-1138
熊本県知的所有権センター ((社)発明協会熊本県支部)	深見 毅	〒862-0901 熊本市東町3－11－38 熊本県工業技術センター内	096-331-7023
大分県知的所有権センター (大分県産業科学技術センター)	古崎 宣	〒870-1117 大分市高江西1－4361－10 大分県産業科学技術センター内	097-596-7121
宮崎県知的所有権センター ((社)発明協会宮崎県支部)	久保田 英世	〒880-0303 宮崎県宮崎郡佐土原町東上那珂16500-2 宮崎県工業技術センター内	0985-74-2953
鹿児島県知的所有権センター (鹿児島県工業技術センター)	山田 式典	〒899-5105 鹿児島県姶良郡隼人町小田1445-1 鹿児島県工業技術センター内	0995-64-2056
沖縄総合事務局特許室	下司 義雄	〒900-0016 那覇市前島3－1－15 大同生命那覇ビル5階	098-867-3293
沖縄県知的所有権センター (沖縄県工業技術センター)	木村 薫	〒904-2234 具志川市州崎12－2 沖縄県工業技術センター内1階	098-939-2372

○技術移転機関（TLO）への派遣

派遣先	氏名	所在地	TEL
北海道ティー・エル・オー(株)	山田 邦重	〒060-0808 札幌市北区北8条西5丁目 北海道大学事務局分館2館	011-708-3633
	岩城 全紀	〒060-0808 札幌市北区北8条西5丁目 北海道大学事務局分館2館	011-708-3633
(株)東北テクノアーチ	井硲 弘	〒980-0845 仙台市青葉区荒巻字青葉468番地 東北大学未来科学技術共同センター	022-222-3049
(株)筑波リエゾン研究所	関 淳次	〒305-8577 茨城県つくば市天王台1-1-1 筑波大学共同研究棟A303	0298-50-0195
	綾 紀元	〒305-8577 茨城県つくば市天王台1-1-1 筑波大学共同研究棟A303	0298-50-0195
(財)日本産業技術振興協会 産総研イノベーションズ	坂 光	〒305-8568 茨城県つくば市梅園1-1-1 つくば中央第二事業所D-7階	0298-61-5210
日本大学国際産業技術・ビジネス育成センター	斎藤 光史	〒102-8275 東京都千代田区九段南4-8-24	03-5275-8139
	加根魯 和宏	〒102-8275 東京都千代田区九段南4-8-24	03-5275-8139
学校法人早稲田大学知的財産センター	菅野 淳	〒162-0041 東京都新宿区早稲田鶴巻町513 早稲田大学研究開発センター120-1号館1F	03-5286-9867
	風間 孝彦	〒162-0041 東京都新宿区早稲田鶴巻町513 早稲田大学研究開発センター120-1号館1F	03-5286-9867
(財)理工学振興会	鷹巣 征行	〒226-8503 横浜市緑区長津田町4259 フロンティア創造共同研究センター内	045-921-4391
	北川 謙一	〒226-8503 横浜市緑区長津田町4259 フロンティア創造共同研究センター内	045-921-4391
よこはまティーエルオー(株)	小原 郁	〒240-8501 横浜市保土ヶ谷区常盤台79-5 横浜国立大学共同研究推進センター内	045-339-4441
学校法人慶応義塾大学知的資産センター	道井 敏	〒108-0073 港区三田2-11-15 三田川崎ビル3階	03-5427-1678
	鈴木 泰	〒108-0073 港区三田2-11-15 三田川崎ビル3階	03-5427-1678
学校法人東京電機大学産官学交流センター	河村 幸夫	〒101-8457 千代田区神田錦町2-2	03-5280-3640
タマティーエルオー(株)	古瀬 武弘	〒192-0083 八王子市旭町9-1 八王子スクエアビル11階	0426-31-1325
学校法人明治大学知的資産センター	竹田 幹男	〒101-8301 千代田区神田駿河台1-1	03-3296-4327
(株)山梨ティー・エル・オー	田中 正男	〒400-8511 甲府市武田4-3-11 山梨大学地域共同開発研究センター内	055-220-8760
(財)浜松科学技術研究振興会	小野 義光	〒432-8561 浜松市城北3-5-1	053-412-6703
(財)名古屋産業科学研究所	杉本 勝	〒460-0008 名古屋市中区栄二丁目十番十九号 名古屋商工会議所ビル	052-223-5691
	小西 富雅	〒460-0008 名古屋市中区栄二丁目十番十九号 名古屋商工会議所ビル	052-223-5694
関西ティー・エル・オー(株)	山田 富義	〒600-8813 京都市下京区中堂寺南町17 京都リサーチパークサイエンスセンタービル1号館2階	075-315-8250
	斎田 雄一	〒600-8813 京都市下京区中堂寺南町17 京都リサーチパークサイエンスセンタービル1号館2階	075-315-8250
(財)新産業創造研究機構	井上 勝彦	〒650-0047 神戸市中央区港島南町1-5-2 神戸キメックセンタービル6F	078-306-6805
	長冨 弘充	〒650-0047 神戸市中央区港島南町1-5-2 神戸キメックセンタービル6F	078-306-6805
(財)大阪産業振興機構	有馬 秀平	〒565-0871 大阪府吹田市山田丘2-1 大阪大学先端科学技術共同研究センター4F	06-6879-4196
(有)山口ティー・エル・オー	松本 孝三	〒755-8611 山口県宇部市常盤台2-16-1 山口大学地域共同研究開発センター内	0836-22-9768
	熊原 尋美	〒755-8611 山口県宇部市常盤台2-16-1 山口大学地域共同研究開発センター内	0836-22-9768
(株)テクノネットワーク四国	佐藤 博正	〒760-0033 香川県高松市丸の内2-5 ヨンデンビル別館4F	087-811-5039
(株)北九州テクノセンター	乾 全	〒804-0003 北九州市戸畑区中原新町2番1号	093-873-1448
(株)産学連携機構九州	堀 浩一	〒812-8581 福岡市東区箱崎6-10-1 九州大学技術移転推進室内	092-642-4363
(財)くまもとテクノ産業財団	桂 真郎	〒861-2202 熊本県上益城郡益城町田原2081-10	096-289-2340

資料3．特許電子図書館情報検索指導アドバイザー一覧 （平成14年3月1日現在）

○知的所有権センターへの派遣

派遣先	氏名	所在地	TEL
北海道知的所有権センター (北海道立工業試験場)	平野 徹	〒060-0819 札幌市北区北19条西11丁目	011-747-2211
青森県知的所有権センター ((社)発明協会青森県支部)	佐々木 泰樹	〒030-0112 青森市第二問屋町4-11-6	017-762-3912
岩手県知的所有権センター (岩手県工業技術センター)	中嶋 孝弘	〒020-0852 盛岡市飯岡新田3-35-2	019-634-0684
宮城県知的所有権センター (宮城県産業技術総合センター)	小林 保	〒981-3206 仙台市泉区明通2-2	022-377-8725
秋田県知的所有権センター (秋田県工業技術センター)	田嶋 正夫	〒010-1623 秋田市新屋町字砂奴寄4-11	018-862-3417
山形県知的所有権センター (山形県工業技術センター)	大澤 忠行	〒990-2473 山形市松栄1-3-8	023-647-8130
福島県知的所有権センター ((社)発明協会福島県支部)	栗田 広	〒963-0215 郡山市待池台1-12 福島県ハイテクプラザ内	024-963-0242
茨城県知的所有権センター ((財)茨城県中小企業振興公社)	猪野 正己	〒312-0005 ひたちなか市新光町38 ひたちなかテクノセンタービル1階	029-264-2211
栃木県知的所有権センター ((社)発明協会栃木県支部)	中里 浩	〒322-0011 鹿沼市白桑田516-1 栃木県工業技術センター内	0289-65-7550
群馬県知的所有権センター ((社)発明協会群馬県支部)	神林 賢蔵	〒371-0845 前橋市鳥羽町190 群馬県工業試験場内	027-254-0627
埼玉県知的所有権センター ((社)発明協会埼玉県支部)	田中 廣雅	〒331-8669 さいたま市桜木町1-7-5 ソニックシティ10階	048-644-4806
千葉県知的所有権センター ((社)発明協会千葉県支部)	中原 照義	〒260-0854 千葉市中央区長洲1-9-1 千葉県庁南庁舎R3階	043-223-7748
東京都知的所有権センター ((社)発明協会東京支部)	福澤 勝義	〒105-0001 港区虎ノ門2-9-14	03-3502-5521
神奈川県知的所有権センター (神奈川県産業技術総合研究所)	森 啓次	〒243-0435 海老名市下今泉705-1	046-236-1500
神奈川県知的所有権センター支部 ((財)神奈川高度技術支援財団)	大井 隆	〒213-0012 川崎市高津区坂戸3-2-1 かながわサイエンスパーク西棟205	044-819-2100
神奈川県知的所有権センター支部 ((社)発明協会神奈川県支部)	蓮見 亮	〒231-0015 横浜市中区尾上町5-80 神奈川中小企業センター10階	045-633-5055
新潟県知的所有権センター ((財)信濃川テクノポリス開発機構)	石谷 速夫	〒940-2127 長岡市新産4-1-9	0258-46-9711
山梨県知的所有権センター (山梨県工業技術センター)	山下 知	〒400-0055 甲府市大津町2094	055-243-6111
長野県知的所有権センター ((社)発明協会長野県支部)	岡田 光正	〒380-0928 長野市若里1-18-1 長野県工業試験場内	026-228-5559
静岡県知的所有権センター ((社)発明協会静岡県支部)	吉井 和夫	〒421-1221 静岡市牧ヶ谷2078 静岡工業技術センター資料館内	054-278-6111
富山県知的所有権センター (富山県工業技術センター)	齋藤 靖雄	〒933-0981 高岡市二上町150	0766-29-1252
石川県知的所有権センター (財)石川県産業創出支援機構	辻 寛司	〒920-0223 金沢市戸水町イ65番地 石川県地場産業振興センター	076-267-5918
岐阜県知的所有権センター (岐阜県科学技術振興センター)	林 邦明	〒509-0108 各務原市須衛町4-179-1 テクノプラザ5F	0583-79-2250
愛知県知的所有権センター (愛知県工業技術センター)	加藤 英昭	〒448-0003 刈谷市一ツ木町西新割	0566-24-1841
三重県知的所有権センター (三重県工業技術総合研究所)	長峰 隆	〒514-0819 津市高茶屋5-5-45	059-234-4150
福井県知的所有権センター (福井県工業技術センター)	川・ 好昭	〒910-0102 福井市川合鷲塚町61字北稲田10	0776-55-1195
滋賀県知的所有権センター (滋賀県工業技術センター)	森 久子	〒520-3004 栗東市上砥山232	077-558-4040
京都府知的所有権センター ((社)発明協会京都支部)	中野 剛	〒600-8813 京都市下京区中堂寺南町17 京都リサーチパーク内 京都高度技研ビル4階	075-315-8686
大阪府知的所有権センター (大阪府立特許情報センター)	秋田 伸一	〒543-0061 大阪市天王寺区伶人町2-7	06-6771-2646
大阪府知的所有権センター支部 ((社)発明協会大阪支部知的財産センター)	戎 邦夫	〒564-0062 吹田市垂水町3-24-1 シンプレス江坂ビル2階	06-6330-7725
兵庫県知的所有権センター ((社)発明協会兵庫県支部)	山口 克己	〒654-0037 神戸市須磨区行平町3-1-31 兵庫県立産業技術センター4階	078-731-5847
奈良県知的所有権センター (奈良県工業技術センター)	北田 友彦	〒630-8031 奈良市柏木町129-1	0742-33-0863

派遣先	氏名	所在地	TEL
和歌山県知的所有権センター ((社)発明協会和歌山県支部)	木村 武司	〒640-8214 和歌山県寄合町25 和歌山市発明館4階	073-432-0087
鳥取県知的所有権センター ((社)発明協会鳥取県支部)	奥村 隆一	〒689-1112 鳥取市若葉台南7−5−1 新産業創造センター1階	0857-52-6728
島根県知的所有権センター ((社)発明協会島根県支部)	門脇 みどり	〒690-0816 島根県松江市北陵町1番地 テクノアークしまね1F内	0852-60-5146
岡山県知的所有権センター ((社)発明協会岡山県支部)	佐藤 新吾	〒701-1221 岡山市芳賀5301 テクノサポート岡山内	086-286-9656
広島県知的所有権センター ((社)発明協会広島県支部)	若木 幸蔵	〒730-0052 広島市中区千田町3−13−11 広島発明会館内	082-544-0775
広島県知的所有権センター支部 ((社)発明協会広島県支部備後支会)	渡部 武徳	〒720-0067 福山市西町2−10−1	0849-21-2349
広島県知的所有権センター支部 (呉地域産業振興センター)	三上 達矢	〒737-0004 呉市阿賀南2−10−1	0823-76-3766
山口県知的所有権センター ((社)発明協会山口県支部)	大段 恭二	〒753-0077 山口市熊野町1-10 NPYビル10階	083-922-9927
徳島県知的所有権センター ((社)発明協会徳島県支部)	平野 稔	〒770-8021 徳島市雑賀町西開11−2 徳島県立工業技術センター内	088-636-3388
香川県知的所有権センター ((社)発明協会香川県支部)	中元 恒	〒761-0301 香川県高松市林町2217-15 香川産業頭脳化センタービル2階	087-869-9005
愛媛県知的所有権センター ((社)発明協会愛媛県支部)	片山 忠徳	〒791-1101 松山市久米窪田町337−1 テクノプラザ愛媛	089-960-1118
高知県知的所有権センター (高知県工業技術センター)	柏井 富雄	〒781-5101 高知市布師田3992−3	088-845-7664
福岡県知的所有権センター ((社)発明協会福岡県支部)	浦井 正章	〒812-0013 福岡市博多区博多駅東2−6−23 住友博多駅前第2ビル2階	092-474-7255
福岡県知的所有権センター北九州支部 ((株)北九州テクノセンター)	重藤 務	〒804-0003 北九州市戸畑区中原新町2−1	093-873-1432
佐賀県知的所有権センター (佐賀県工業技術センター)	塚島 誠一郎	〒849-0932 佐賀市鍋島町八戸溝114	0952-30-8161
長崎県知的所有権センター ((社)発明協会長崎県支部)	川添 早苗	〒856-0026 大村市池田2−1303−8 長崎県工業技術センター内	0957-52-1144
熊本県知的所有権センター ((社)発明協会熊本県支部)	松山 彰雄	〒862-0901 熊本市東町3−11−38 熊本県工業技術センター内	096-360-3291
大分県知的所有権センター (大分県産業科学技術センター)	鎌田 正道	〒870-1117 大分市高江西1−4361−10	097-596-7121
宮崎県知的所有権センター ((社)発明協会宮崎県支部)	黒田 護	〒880-0303 宮崎県宮崎郡佐土原町東上那珂16500-2 宮崎県工業技術センター内	0985-74-2953
鹿児島県知的所有権センター (鹿児島県工業技術センター)	大井 敏民	〒899-5105 鹿児島県姶良郡隼人町小田1445-1	0995-64-2445
沖縄県知的所有権センター (沖縄県工業技術センター)	和田 修	〒904-2234 具志川市字州崎12−2 中城湾港新港地区トロピカルテクノパーク内	098-929-0111

資料4．知的所有権センター一覧 （平成14年3月1日現在）

都道府県	名称	所在地	TEL
北海道	北海道知的所有権センター （北海道立工業試験場）	〒060-0819 札幌市北区北19条西11丁目	011-747-2211
青森県	青森県知的所有権センター （（社）発明協会青森県支部）	〒030-0112 青森市第二問屋町4-11-6	017-762-3912
岩手県	岩手県知的所有権センター （岩手県工業技術センター）	〒020-0852 盛岡市飯岡新田3-35-2	019-634-0684
宮城県	宮城県知的所有権センター （宮城県産業技術総合センター）	〒981-3206 仙台市泉区明通2-2	022-377-8725
秋田県	秋田県知的所有権センター （秋田県工業技術センター）	〒010-1623 秋田市新屋町字砂奴寄4-11	018-862-3417
山形県	山形県知的所有権センター （山形県工業技術センター）	〒990-2473 山形市松栄1-3-8	023-647-8130
福島県	福島県知的所有権センター （（社）発明協会福島県支部）	〒963-0215 郡山市待池台1-12 福島県ハイテクプラザ内	024-963-0242
茨城県	茨城県知的所有権センター （（財）茨城県中小企業振興公社）	〒312-0005 ひたちなか市新光町38 ひたちなかテクノセンタービル1階	029-264-2211
栃木県	栃木県知的所有権センター （（社）発明協会栃木県支部）	〒322-0011 鹿沼市白桑田516-1 栃木県工業技術センター内	0289-65-7550
群馬県	群馬県知的所有権センター （（社）発明協会群馬県支部）	〒371-0845 前橋市鳥羽町190 群馬県工業試験場内	027-254-0627
埼玉県	埼玉県知的所有権センター （（社）発明協会埼玉県支部）	〒331-8669 さいたま市桜木町1-7-5 ソニックシティ10階	048-644-4806
千葉県	千葉県知的所有権センター （（社）発明協会千葉県支部）	〒260-0854 千葉市中央区長洲1-9-1 千葉県庁南庁舎R3階	043-223-7748
東京都	東京都知的所有権センター （（社）発明協会東京支部）	〒105-0001 港区虎ノ門2-9-14	03-3502-5521
神奈川県	神奈川県知的所有権センター （神奈川県産業技術総合研究所）	〒243-0435 海老名市下今泉705-1	046-236-1500
	神奈川県知的所有権センター支部 （（財）神奈川高度技術支援財団）	〒213-0012 川崎市高津区坂戸3-2-1 かながわサイエンスパーク西棟205	044-819-2100
	神奈川県知的所有権センター支部 （（社）発明協会神奈川県支部）	〒231-0015 横浜市中区尾上町5-80 神奈川中小企業センター10階	045-633-5055
新潟県	新潟県知的所有権センター （（財）信濃川テクノポリス開発機構）	〒940-2127 長岡市新産4-1-9	0258-46-9711
山梨県	山梨県知的所有権センター （山梨県工業技術センター）	〒400-0055 甲府市大津町2094	055-243-6111
長野県	長野県知的所有権センター （（社）発明協会長野県支部）	〒380-0928 長野市若里1-18-1 長野県工業試験場内	026-228-5559
静岡県	静岡県知的所有権センター （（社）発明協会静岡県支部）	〒421-1221 静岡市牧ヶ谷2078 静岡工業技術センター資料館内	054-278-6111
富山県	富山県知的所有権センター （富山県工業技術センター）	〒933-0981 高岡市二上町150	0766-29-1252
石川県	石川県知的所有権センター （財）石川県産業創出支援機構	〒920-0223 金沢市戸水町イ65番地 石川県地場産業振興センター	076-267-5918
岐阜県	岐阜県知的所有権センター （岐阜県科学技術振興センター）	〒509-0108 各務原市須衛町4-179-1 テクノプラザ5F	0583-79-2250
愛知県	愛知県知的所有権センター （愛知県工業技術センター）	〒448-0003 刈谷市一ツ木町西新割	0566-24-1841
三重県	三重県知的所有権センター （三重県工業技術総合研究所）	〒514-0819 津市高茶屋5-5-45	059-234-4150
福井県	福井県知的所有権センター （福井県工業技術センター）	〒910-0102 福井市川合鷲塚町61字北稲田10	0776-55-1195
滋賀県	滋賀県知的所有権センター （滋賀県工業技術センター）	〒520-3004 栗東市上砥山232	077-558-4040
京都府	京都府知的所有権センター （（社）発明協会京都支部）	〒600-8813 京都市下京区中堂寺南町17 京都リサーチパーク内 京都高度技研ビル4階	075-315-8686
大阪府	大阪府知的所有権センター （大阪府立特許情報センター）	〒543-0061 大阪市天王寺区伶人町2-7	06-6771-2646
	大阪府知的所有権センター支部 （（社）発明協会大阪支部知的財産センター）	〒564-0062 吹田市垂水町3-24-1 シンプレス江坂ビル2階	06-6330-7725
兵庫県	兵庫県知的所有権センター （（社）発明協会兵庫県支部）	〒654-0037 神戸市須磨区行平町3-1-31 兵庫県立産業技術センター4階	078-731-5847

都道府県	名称	所在地	TEL
奈良県	奈良県知的所有権センター (奈良県工業技術センター)	〒630-8031 奈良市柏木町129－1	0742-33-0863
和歌山県	和歌山県知的所有権センター ((社)発明協会和歌山県支部)	〒640-8214 和歌山県寄合町25 和歌山市発明館4階	073-432-0087
鳥取県	鳥取県知的所有権センター ((社)発明協会鳥取県支部)	〒689-1112 鳥取市若葉台南7－5－1 新産業創造センター1階	0857-52-6728
島根県	島根県知的所有権センター ((社)発明協会島根県支部)	〒690-0816 島根県松江市北陵町1番地 テクノアークしまね1F内	0852-60-5146
岡山県	岡山県知的所有権センター ((社)発明協会岡山県支部)	〒701-1221 岡山市芳賀5301 テクノサポート岡山内	086-286-9656
広島県	広島県知的所有権センター ((社)発明協会広島県支部)	〒730-0052 広島市中区千田町3－13－11 広島発明会館内	082-544-0775
	広島県知的所有権センター支部 ((社)発明協会広島県支部備後支会)	〒720-0067 福山市西町2－10－1	0849-21-2349
	広島県知的所有権センター支部 (呉地域産業振興センター)	〒737-0004 呉市阿賀南2－10－1	0823-76-3766
山口県	山口県知的所有権センター ((社)発明協会山口県支部)	〒753-0077 山口市熊野町1-10 NPYビル10階	083-922-9927
徳島県	徳島県知的所有権センター ((社)発明協会徳島県支部)	〒770-8021 徳島市雑賀町西開11－2 徳島県立工業技術センター内	088-636-3388
香川県	香川県知的所有権センター ((社)発明協会香川県支部)	〒761-0301 香川県高松市林町2217－15 香川産業頭脳化センタービル2階	087-869-9005
愛媛県	愛媛県知的所有権センター ((社)発明協会愛媛県支部)	〒791-1101 松山市久米窪田町337－1 テクノプラザ愛媛	089-960-1118
高知県	高知県知的所有権センター (高知県工業技術センター)	〒781-5101 高知市布師田3992－3	088-845-7664
福岡県	福岡県知的所有権センター ((社)発明協会福岡県支部)	〒812-0013 福岡市博多区博多駅東2－6－23 住友博多駅前第2ビル2階	092-474-7255
	福岡県知的所有権センター北九州支部 ((株)北九州テクノセンター)	〒804-0003 北九州市戸畑区中原新町2－1	093-873-1432
佐賀県	佐賀県知的所有権センター (佐賀県工業技術センター)	〒849-0932 佐賀市鍋島町八戸溝114	0952-30-8161
長崎県	長崎県知的所有権センター ((社)発明協会長崎県支部)	〒856-0026 大村市池田2－1303－8 長崎県工業技術センター内	0957-52-1144
熊本県	熊本県知的所有権センター ((社)発明協会熊本県支部)	〒862-0901 熊本市東町3－11－38 熊本県工業技術センター内	096-360-3291
大分県	大分県知的所有権センター (大分県産業科学技術センター)	〒870-1117 大分市高江西1－4361－10	097-596-7121
宮崎県	宮崎県知的所有権センター ((社)発明協会宮崎県支部)	〒880-0303 宮崎県宮崎郡佐土原町東上那珂16500-2 宮崎県工業技術センター内	0985-74-2953
鹿児島県	鹿児島県知的所有権センター (鹿児島県工業技術センター)	〒899-5105 鹿児島県姶良郡隼人町小田1445-1	0995-64-2445
沖縄県	沖縄県知的所有権センター (沖縄県工業技術センター)	〒904-2234 具志川市字州崎12－2 中城湾港新港地区トロピカルテクノパーク内	098-929-0111

資料5．平成13年度25技術テーマの特許流通の概要

5.1 アンケート送付先と回収率

平成13年度は、25の技術テーマにおいて「特許流通支援チャート」を作成し、その中で特許流通に対する意識調査として各技術テーマの出願件数上位企業を対象としてアンケート調査を行った。平成13年12月7日に郵送によりアンケートを送付し、平成14年1月31日までに回収されたものを対象に解析した。

表5.1-1に、アンケート調査表の回収状況を示す。送付数578件、回収数306件、回収率52.9%であった。

表5.1-1 アンケートの回収状況

送付数	回収数	未回収数	回収率
578	306	272	52.9%

表5.1-2に、業種別の回収状況を示す。各業種を一般系、機械系、化学系、電気系と大きく4つに分類した。以下、「〇〇系」と表現する場合は、各企業の業種別に基づく分類を示す。それぞれの回収率は、一般系56.5%、機械系63.5%、化学系41.1%、電気系51.6%であった。

表5.1-2 アンケートの業種別回収件数と回収率

業種と回収率	業種	回収件数
一般系 48/85=56.5%	建設	5
	窯業	12
	鉄鋼	6
	非鉄金属	17
	金属製品	2
	その他製造業	6
化学系 39/95=41.1%	食品	1
	繊維	12
	紙・パルプ	3
	化学	22
	石油・ゴム	1
機械系 73/115=63.5%	機械	23
	精密機器	28
	輸送機器	22
電気系 146/283=51.6%	電気	144
	通信	2

図5.1に、全回収件数を母数にして業種別に回収率を示す。全回収件数に占める業種別の回収率は電気系47.7%、機械系23.9%、一般系15.7%、化学系12.7%である。

図5.1 回収件数の業種別比率

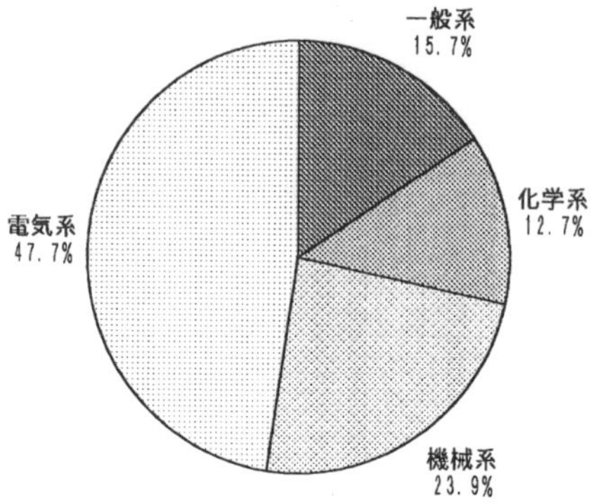

一般系	化学系	機械系	電気系	合計
48	39	73	146	306

表5.1-3に、技術テーマ別の回収件数と回収率を示す。この表では、技術テーマを一般分野、化学分野、機械分野、電気分野に分類した。以下、「○○分野」と表現する場合は、技術テーマによる分類を示す。回収率の最も良かった技術テーマは焼却炉排ガス処理技術の71.4%で、最も悪かったのは有機EL素子の34.6%である。

表5.1-3 テーマ別の回収件数と回収率

分野	技術テーマ名	送付数	回収数	回収率
一般分野	カーテンウォール	24	13	54.2%
	気体膜分離装置	25	12	48.0%
	半導体洗浄と環境適応技術	23	14	60.9%
	焼却炉排ガス処理技術	21	15	71.4%
	はんだ付け鉛フリー技術	20	11	55.0%
化学分野	プラスティックリサイクル	25	15	60.0%
	バイオセンサ	24	16	66.7%
	セラミックスの接合	23	12	52.2%
	有機EL素子	26	9	34.6%
	生分解ポリエステル	23	12	52.2%
	有機導電性ポリマー	24	15	62.5%
	リチウムポリマー電池	29	13	44.8%
機械分野	車いす	21	12	57.1%
	金属射出成形技術	28	14	50.0%
	微細レーザ加工	20	10	50.0%
	ヒートパイプ	22	10	45.5%
電気分野	圧力センサ	22	13	59.1%
	個人照合	29	12	41.4%
	非接触型ICカード	21	10	47.6%
	ビルドアップ多層プリント配線板	23	11	47.8%
	携帯電話表示技術	20	11	55.0%
	アクティブマトリックス液晶駆動技術	21	12	57.1%
	プログラム制御技術	21	12	57.1%
	半導体レーザの活性層	22	11	50.0%
	無線LAN	21	11	52.4%

5.2 アンケート結果
5.2.1 開放特許に関して
(1) 開放特許と非開放特許

他者にライセンスしてもよい特許を「開放特許」、ライセンスの可能性のない特許を「非開放特許」と定義した。その上で、各技術テーマにおける保有特許のうち、自社での実施状況と開放状況について質問を行った。

306件中257件の回答があった（回答率84.0%）。保有特許件数に対する開放特許件数の割合を開放比率とし、保有特許件数に対する非開放特許件数の割合を非開放比率と定義した。

図5.2.1-1に、業種別の特許の開放比率と非開放比率を示す。全体の開放比率は58.3%で、業種別では一般系が37.1%、化学系が20.6%、機械系が39.4%、電気系が77.4%である。化学系（20.6%）の企業の開放比率は、化学分野における開放比率（図5.2.1-2）の最低値である「生分解ポリエステル」の22.6%よりさらに低い値となっている。これは、化学分野においても、機械系、電気系の企業であれば、保有特許について比較的開放的であることを示唆している。

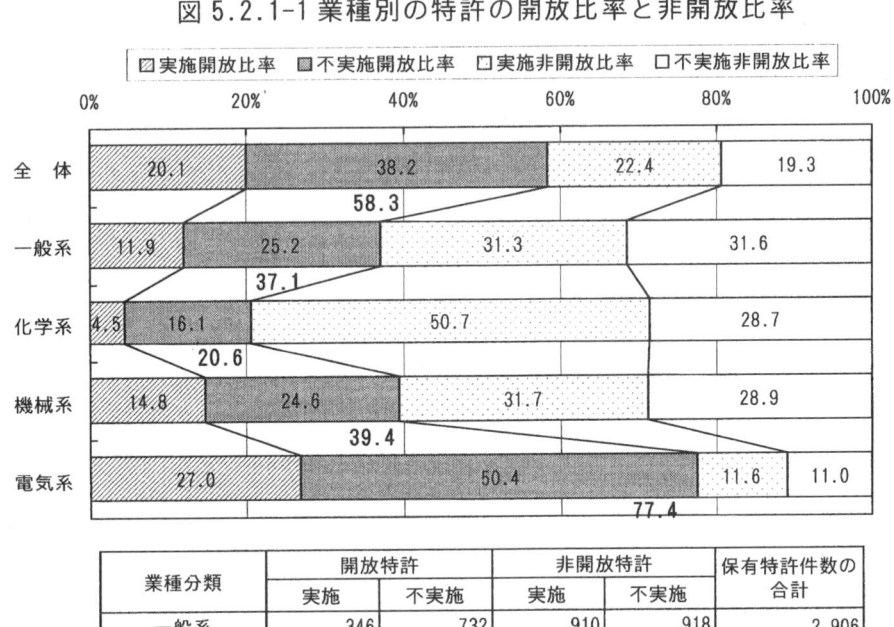

図5.2.1-1 業種別の特許の開放比率と非開放比率

業種分類	開放特許 実施	開放特許 不実施	非開放特許 実施	非開放特許 不実施	保有特許件数の合計
一般系	346	732	910	918	2,906
化学系	90	323	1,017	576	2,006
機械系	494	821	1,058	964	3,337
電気系	2,835	5,291	1,218	1,155	10,499
全体	3,765	7,167	4,203	3,613	18,748

図5.2.1-2に、技術テーマ別の開放比率と非開放比率を示す。

開放比率（実施開放比率と不実施開放比率を加算。）が高い技術テーマを見てみると、最高値は「個人照合」の84.7%で、次いで「はんだ付け鉛フリー技術」の83.2%、「無線LAN」の82.4%、「携帯電話表示技術」の80.0%となっている。一方、低い方から見ると、「生分解ポリエステル」の22.6%で、次いで「カーテンウォール」の29.3%、「有機EL」の30.5%である。

図 5.2.1-2 技術テーマ別の開放比率と非開放比率

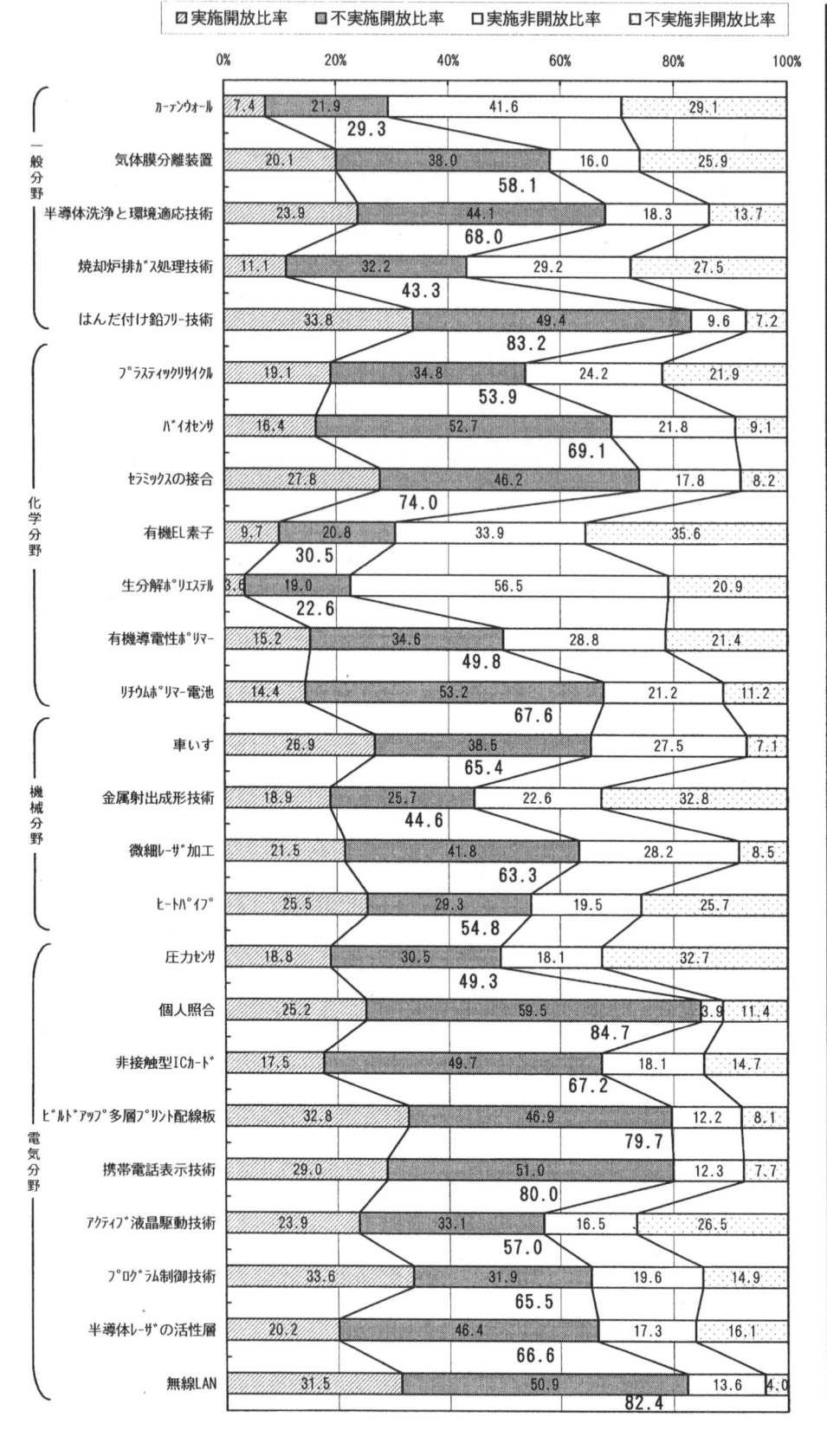

凡例: ■実施開放比率　■不実施開放比率　□実施非開放比率　□不実施非開放比率

分野	技術テーマ	実施開放比率	不実施開放比率	実施非開放比率	不実施非開放比率	開放計	開放特許 実施	開放特許 不実施	非開放特許 実施	非開放特許 不実施	保有特許件数の合計
一般分野	カーテンウォール	7.4	21.9	41.6	29.1	29.3	67	198	376	264	905
一般分野	気体膜分離装置	20.1	38.0	16.0	25.9	58.1	88	166	70	113	437
一般分野	半導体洗浄と環境適応技術	23.9	44.1	18.3	13.7	68.0	155	286	119	89	649
一般分野	焼却炉排ガス処理技術	11.1	32.2	29.2	27.5	43.3	133	387	351	330	1,201
一般分野	はんだ付け鉛フリー技術	33.8	49.4	9.6	7.2	83.2	139	204	40	30	413
化学分野	プラスティックリサイクル	19.1	34.8	24.2	21.9	53.9	196	357	248	225	1,026
化学分野	バイオセンサ	16.4	52.7	21.8	9.1	69.1	106	340	141	59	646
化学分野	セラミックスの接合	27.8	46.2	17.8	8.2	74.0	145	241	93	42	521
化学分野	有機EL素子	9.7	20.8	33.9	35.6	30.5	90	193	316	332	931
化学分野	生分解ポリエステル	3.6	19.0	56.5	20.9	22.6	28	147	437	162	774
化学分野	有機導電性ポリマー	15.2	34.6	28.8	21.4	49.8	125	285	237	176	823
化学分野	リチウムポリマー電池	14.4	53.2	21.2	11.2	67.6	140	515	205	108	968
機械分野	車いす	26.9	38.5	27.5	7.1	65.4	107	154	110	28	399
機械分野	金属射出成形技術	18.9	25.7	22.6	32.8	44.6	147	200	175	255	777
機械分野	微細レーザ加工	21.5	41.8	28.2	8.5	63.3	68	133	89	27	317
機械分野	ヒートパイプ	25.5	29.3	19.5	25.7	54.8	215	248	164	217	844
電気分野	圧力センサ	18.8	30.5	18.1	32.7	49.3	164	267	158	286	875
電気分野	個人照合	25.2	59.5	3.9	11.4	84.7	220	521	34	100	875
電気分野	非接触型ICカード	17.5	49.7	18.1	14.7	67.2	140	398	145	117	800
電気分野	ビルドアップ多層プリント配線板	32.8	46.9	12.2	8.1	79.7	177	254	66	44	541
電気分野	携帯電話表示技術	29.0	51.0	12.3	7.7	80.0	235	414	100	62	811
電気分野	アクティブ液晶駆動技術	23.9	33.1	16.5	26.5	57.0	252	349	174	278	1,053
電気分野	プログラム制御技術	33.6	31.9	19.6	14.9	65.5	280	265	163	124	832
電気分野	半導体レーザの活性層	20.2	46.4	17.3	16.1	66.6	123	282	105	99	609
電気分野	無線LAN	31.5	50.9	13.6	4.0	82.4	227	367	98	29	721
合計							3,767	7,171	4,214	3,596	18,748

図5.2.1-3は、業種別に、各企業の特許の開放比率を示したものである。

開放比率は、化学系で最も低く、電気系で最も高い。機械系と一般系はその中間に位置する。推測するに、化学系の企業では、保有特許は「物質特許」である場合が多く、自社の市場独占を確保するため、特許を開放しづらい状況にあるのではないかと思われる。逆に、電気・機械系の企業は、商品のライフサイクルが短いため、せっかく取得した特許も短期間で新技術と入れ替える必要があり、不実施となった特許を開放特許として供出やすい環境にあるのではないかと考えられる。また、より効率性の高い技術開発を進めるべく他社とのアライアンスを目的とした開放特許戦略を採るケースも、最近出てきているのではないだろうか。

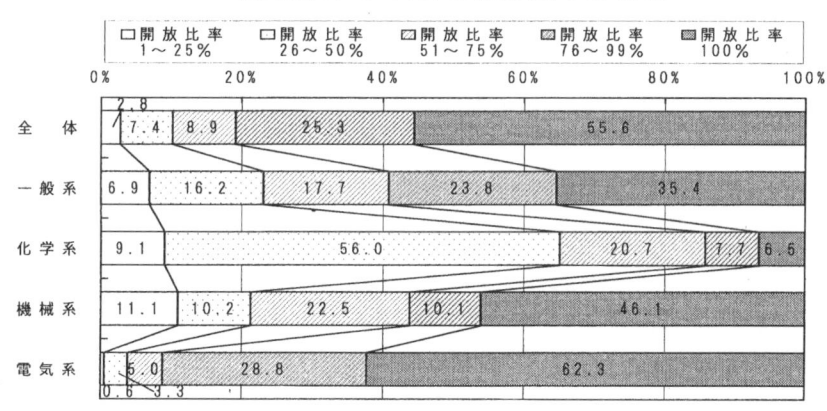

図5.2.1-3 特許の開放比率の構成

図5.2.1-4に、業種別の自社実施比率と不実施比率を示す。全体の自社実施比率は42.5%で、業種別では化学系55.2%、機械系46.5%、一般系43.2%、電気系38.6%である。化学系の企業は、自社実施比率が高く開放比率が低い。電気・機械系の企業は、その逆で自社実施比率が低く開放比率は高い。自社実施比率と開放比率は、反比例の関係にあるといえる。

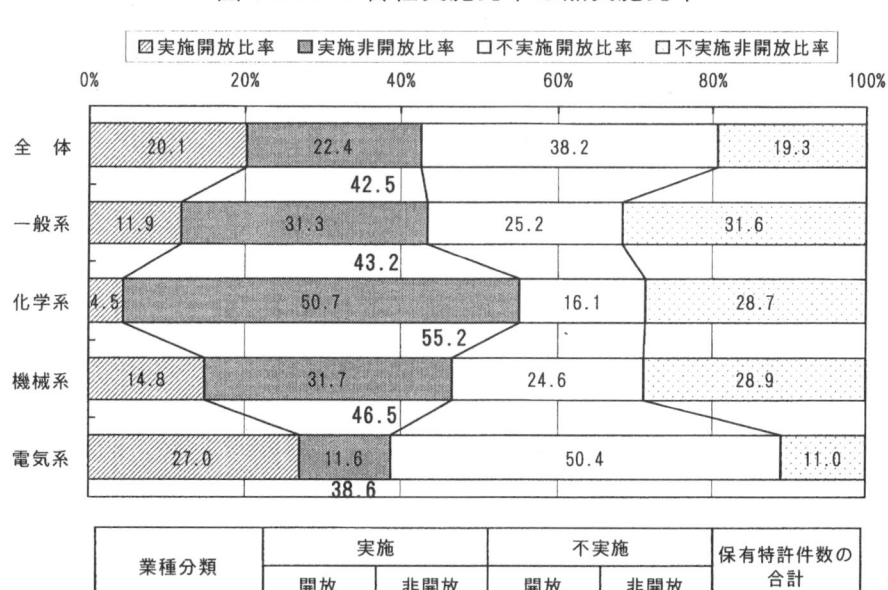

図5.2.1-4 自社実施比率と無実施比率

業種分類	実施 開放	実施 非開放	不実施 開放	不実施 非開放	保有特許件数の合計
一般系	346	910	732	918	2,906
化学系	90	1,017	323	576	2,006
機械系	494	1,058	821	964	3,337
電気系	2,835	1,218	5,291	1,155	10,499
全　体	3,765	4,203	7,167	3,613	18,748

(2) 非開放特許の理由

開放可能性のない特許の理由について質問を行った（複数回答）。

質問内容	一般系	化学系	機械系	電気系	全体
・独占的排他権の行使により、ライバル企業を排除するため（ライバル企業排除）	36.3%	36.7%	36.4%	34.5%	36.0%
・他社に対する技術の優位性の喪失（優位性喪失）	31.9%	31.6%	30.5%	29.9%	30.9%
・技術の価値評価が困難なため（価値評価困難）	12.1%	16.5%	15.3%	13.8%	14.4%
・企業秘密がもれるから（企業秘密）	5.5%	7.6%	3.4%	14.9%	7.5%
・相手先を見つけるのが困難であるため（相手先探し）	7.7%	5.1%	8.5%	2.3%	6.1%
・ライセンス経験不足等のため提供に不安があるから（経験不足）	4.4%	0.0%	0.8%	0.0%	1.3%
・その他	2.1%	2.5%	5.1%	4.6%	3.8%

図5.2.1-5は非開放特許の理由の内容を示す。

「ライバル企業の排除」が最も多く36.0%、次いで「優位性喪失」が30.9%と高かった。特許権を「技術の市場における排他的独占権」として充分に行使していることが伺える。「価値評価困難」は14.4%となっているが、今回の「特許流通支援チャート」作成にあたり分析対象とした特許は直近10年間だったため、登録前の特許が多く、権利範囲が未確定なものが多かったためと思われる。

電気系の企業で「企業秘密がもれるから」という理由が14.9%と高いのは、技術のライフサイクルが短く新技術開発が激化しており、さらに、技術自体が模倣されやすいことが原因であるのではないだろうか。

化学系の企業で「企業秘密がもれるから」という理由が7.6%と高いのは、物質特許のノウハウ漏洩に細心の注意を払う必要があるためと思われる。

機械系や一般系の企業で「相手先探し」が、それぞれ8.5%、7.7%と高いことは、これらの分野で技術移転を仲介する者の活躍できる潜在性が高いことを示している。

なお、その他の理由としては、「共同出願先との調整」が12件と多かった。

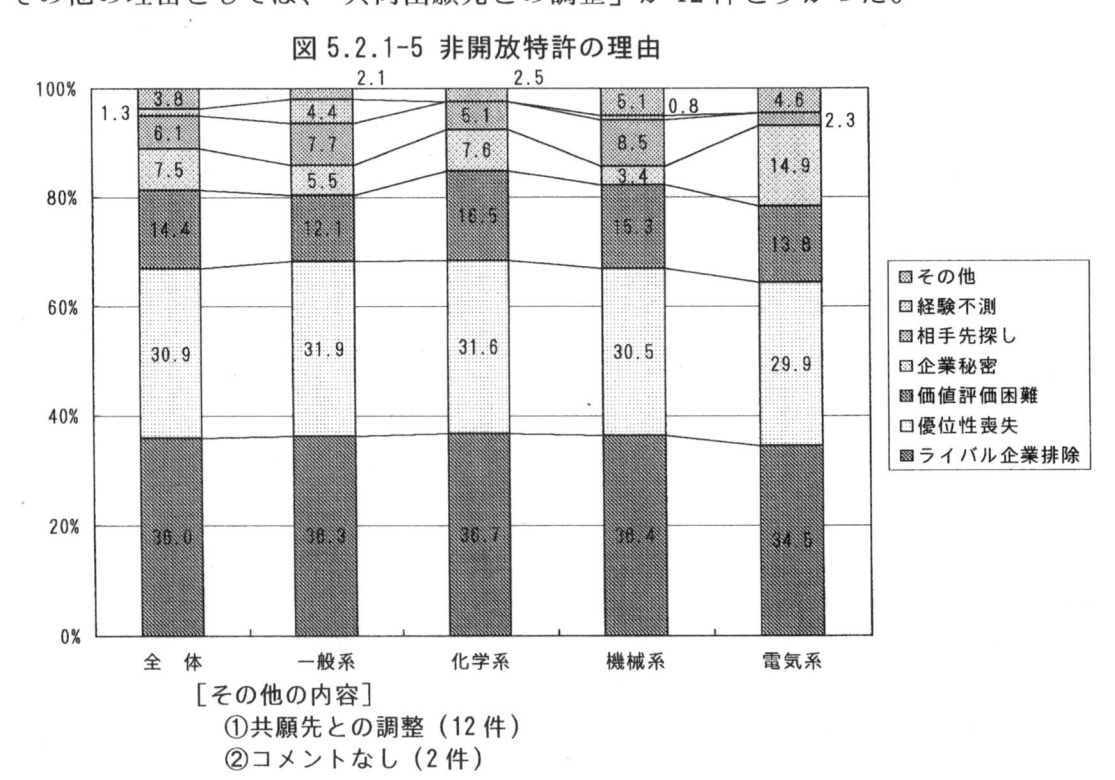

図5.2.1-5 非開放特許の理由

［その他の内容］
①共願先との調整（12件）
②コメントなし（2件）

5.2.2 ライセンス供与に関して
(1) ライセンス活動

ライセンス供与の活動姿勢について質問を行った。

質問内容	一般系	化学系	機械系	電気系	全体
・特許ライセンス供与のための活動を積極的に行っている（積極的）	2.0%	15.8%	4.3%	8.9%	7.5%
・特許ライセンス供与のための活動を行っている（普通）	36.7%	15.8%	25.7%	57.7%	41.2%
・特許ライセンス供与のための活動はやや消極的である（消極的）	24.5%	13.2%	14.3%	10.4%	14.0%
・特許ライセンス供与のための活動を行っていない（しない）	36.8%	55.2%	55.7%	23.0%	37.3%

その結果を、図5.2.2-1 ライセンス活動に示す。306件中295件の回答であった(回答率96.4％)。

何らかの形で特許ライセンス活動を行っている企業は62.7％を占めた。そのうち、比較的積極的に活動を行っている企業は48.7％に上る（「積極的」＋「普通」）。これは、技術移転を仲介する者の活躍できる潜在性がかなり高いことを示唆している。

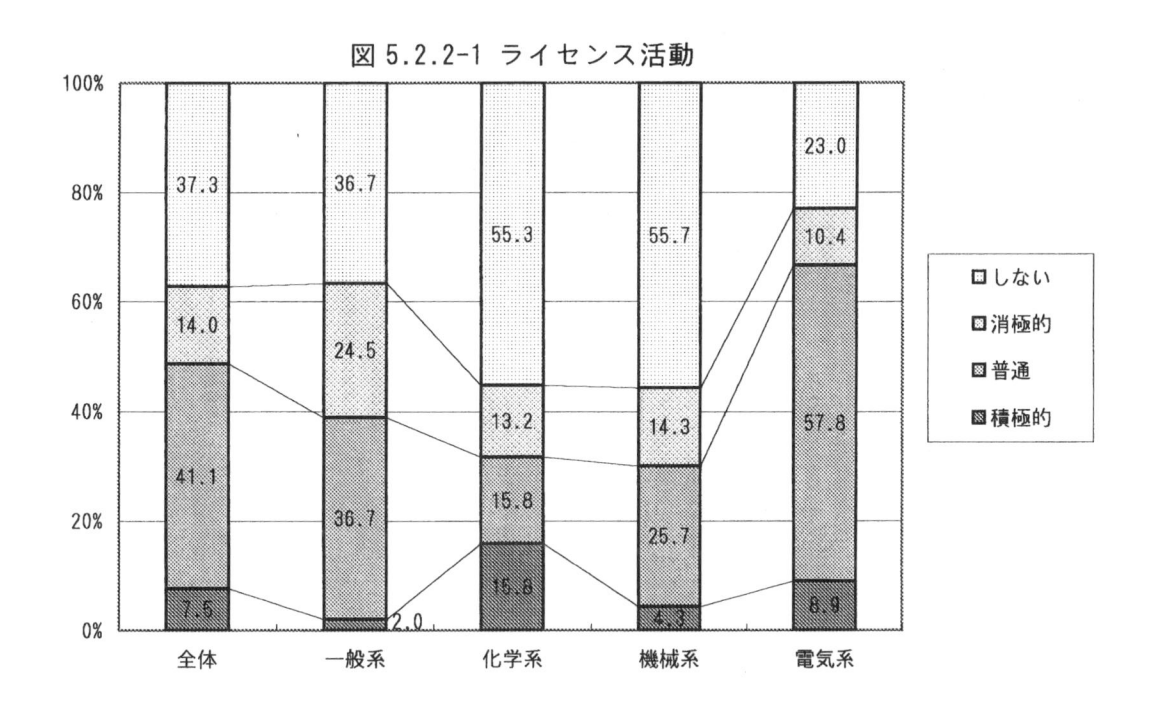

図5.2.2-1 ライセンス活動

(2) ライセンス実績

ライセンス供与の実績について質問を行った。

質問内容	一般系	化学系	機械系	電気系	全体
・供与実績はないが今後も行う方針(実績無し今後も実施)	54.5%	48.0%	43.6%	74.6%	58.3%
・供与実績があり今後も行う方針(実績有り今後も実施)	72.2%	61.5%	95.5%	67.3%	73.5%
・供与実績はなく今後は不明(実績無し今後は不明)	36.4%	24.0%	46.1%	20.3%	30.8%
・供与実績はあるが今後は不明(実績有り今後は不明)	27.8%	38.5%	4.5%	30.7%	25.5%
・供与実績はなく今後も行わない方針(実績無し今後も実施せず)	9.1%	28.0%	10.3%	5.1%	10.9%
・供与実績はあるが今後は行わない方針(実績有り今後は実施せず)	0.0%	0.0%	0.0%	2.0%	1.0%

図5.2.2-2に、ライセンス実績を示す。306件中295件の回答があった(回答率96.4%)。ライセンス実績有りとライセンス実績無しを分けて示す。

「供与実績があり、今後も実施」は73.5%と非常に高い割合であり、特許ライセンスの有効性を認識した企業はさらにライセンス活動を活発化させる傾向にあるといえる。また、「供与実績はないが、今後は実施」が58.3%あり、ライセンスに対する関心の高まりが感じられる。

機械系や一般系の企業で「実績有り今後も実施」がそれぞれ90%、70%を越えており、他業種の企業よりもライセンスに対する関心が非常に高いことがわかる。

図5.2.2-2 ライセンス実績

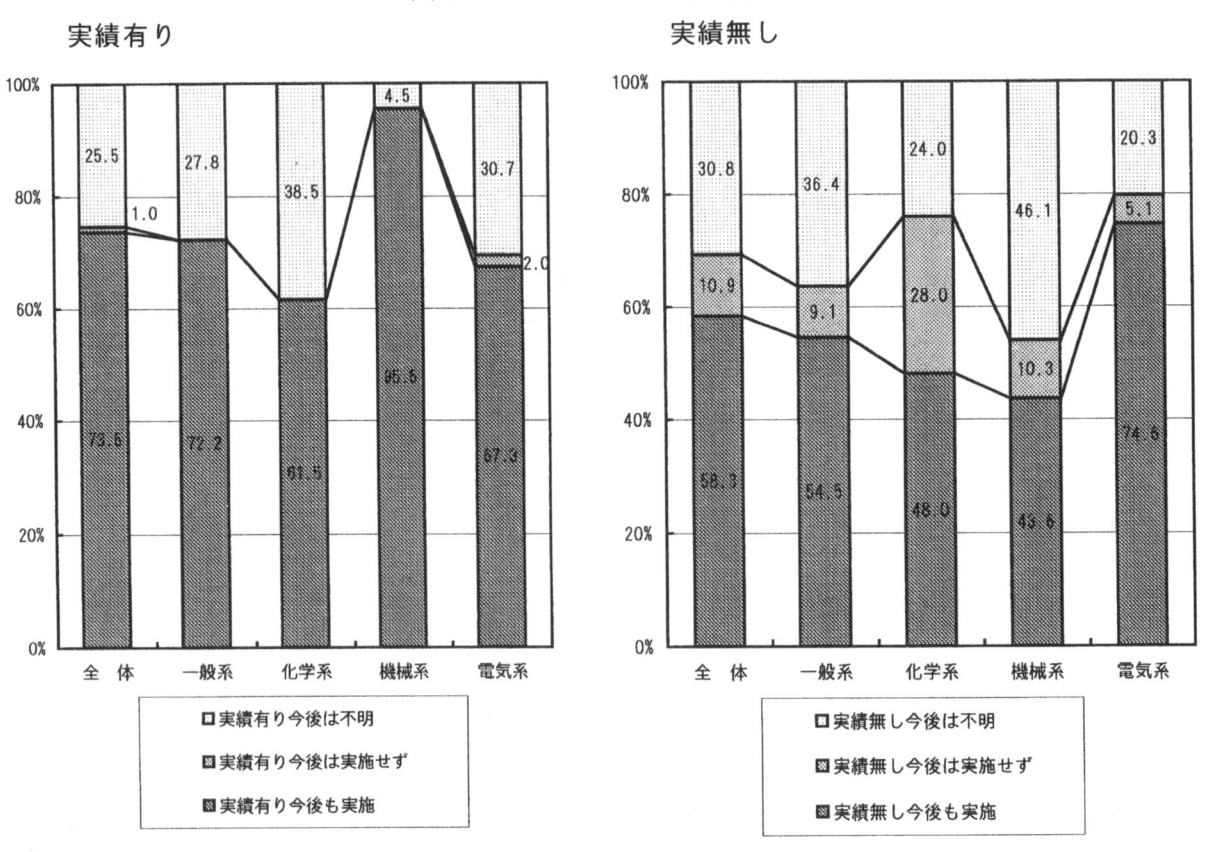

(3) ライセンス先の見つけ方

ライセンス供与の実績があると 5.2.2 項の(2)で回答したテーマ出願人にライセンス先の見つけ方について質問を行った(複数回答)。

質問内容	一般系	化学系	機械系	電気系	全体
・先方からの申し入れ(申入れ)	27.8%	43.2%	37.7%	32.0%	33.7%
・権利侵害調査の結果(侵害発)	22.2%	10.8%	17.4%	21.3%	19.3%
・系列企業の情報網(内部情報)	9.7%	10.8%	11.6%	11.5%	11.0%
・系列企業を除く取引先企業(外部情報)	2.8%	10.8%	8.7%	10.7%	8.3%
・新聞、雑誌、TV、インターネット等(メディア)	5.6%	2.7%	2.9%	12.3%	7.3%
・イベント、展示会等(展示会)	12.5%	5.4%	7.2%	3.3%	6.7%
・特許公報	5.6%	5.4%	2.9%	1.6%	3.3%
・相手先に相談できる人がいた等(人的ネットワーク)	1.4%	8.2%	7.3%	0.8%	3.3%
・学会発表、学会誌(学会)	5.6%	8.2%	1.4%	1.6%	2.7%
・データベース(DB)	6.8%	2.7%	0.0%	0.0%	1.7%
・国・公立研究機関(官公庁)	0.0%	0.0%	0.0%	3.3%	1.3%
・弁理士、特許事務所(特許事務所)	0.0%	0.0%	2.9%	0.0%	0.7%
・その他	0.0%	0.0%	0.0%	1.6%	0.7%

その結果を、図 5.2.2-3 ライセンス先の見つけ方に示す。「申入れ」が 33.7%と最も多く、次いで侵害警告を発した「侵害発」が 19.3%、「内部情報」によりものが 11.0%、「外部情報」によるものが 8.3%であった。特許流通データベースなどの「DB」からは 1.7%であった。化学系において、「申入れ」が 40%を越えている。

図 5.2.2-3 ライセンス先の見つけ方

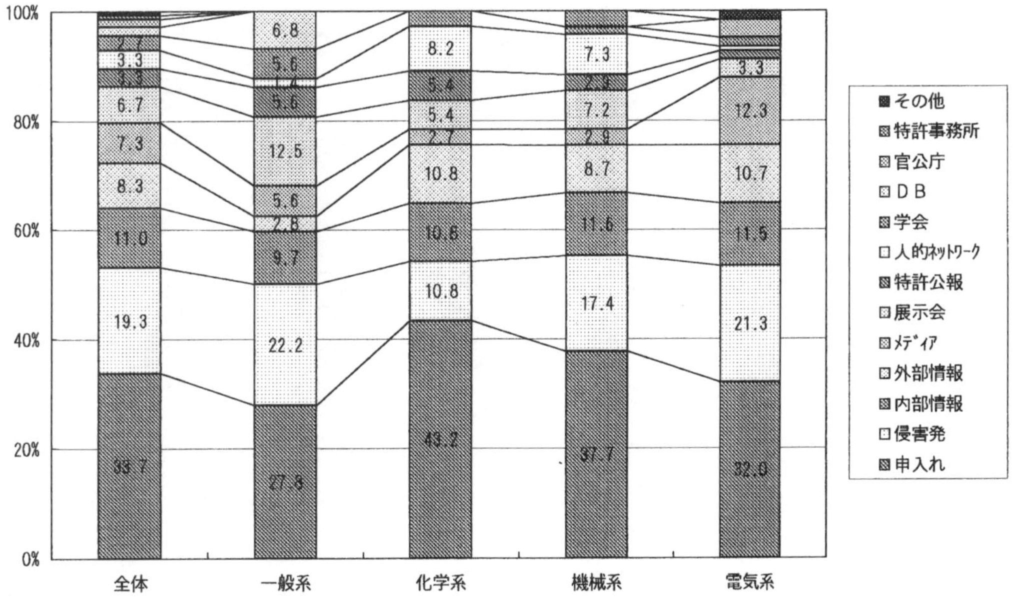

〔その他の内容〕
①関係団体(2件)

(4) ライセンス供与の不成功理由

5.2.2項の(1)でライセンス活動をしていると答えて、ライセンス実績の無いテーマ出願人に、その不成功理由について質問を行った。

質問内容	一般系	化学系	機械系	電気系	全体
・相手先が見つからない（相手先探し）	58.8%	57.9%	68.0%	73.0%	66.7%
・情勢（業績・経営方針・市場など）が変化した（情勢変化）	8.8%	10.5%	16.0%	0.0%	6.4%
・ロイヤリティーの折り合いがつかなかった（ロイヤリティー）	11.8%	5.3%	4.0%	4.8%	6.4%
・当該特許だけでは、製品化が困難と思われるから（製品化困難）	3.2%	5.0%	7.7%	1.6%	3.6%
・供与に伴う技術移転（試作や実証試験等）に時間がかかっており、まだ、供与までに至らない（時間浪費）	0.0%	0.0%	0.0%	4.8%	2.1%
・ロイヤリティー以外の契約条件で折り合いがつかなかった（契約条件）	3.2%	5.0%	0.0%	0.0%	1.4%
・相手先の技術消化力が低かった（技術消化力不足）	0.0%	10.0%	0.0%	0.0%	1.4%
・新技術が出現した（新技術）	3.2%	5.3%	0.0%	0.0%	1.3%
・相手先の秘密保持に信頼が置けなかった（機密漏洩）	3.2%	0.0%	0.0%	0.0%	0.7%
・相手先がグランド・バックを認めなかった（グランドバック）	0.0%	0.0%	0.0%	0.0%	0.0%
・交渉過程で不信感が生まれた（不信感）	0.0%	0.0%	0.0%	0.0%	0.0%
・競合技術に遅れをとった（競合技術）	0.0%	0.0%	0.0%	0.0%	0.0%
・その他	9.7%	0.0%	3.9%	15.8%	10.0%

その結果を、図5.2.2-4 ライセンス供与の不成功理由に示す。約66.7%は「相手先探し」と回答している。このことから、相手先を探す仲介者および仲介を行うデータベース等のインフラの充実が必要と思われる。電気系の「相手先探し」は73.0%を占めていて他の業種より多い。

図5.2.2-4 ライセンス供与の不成功理由

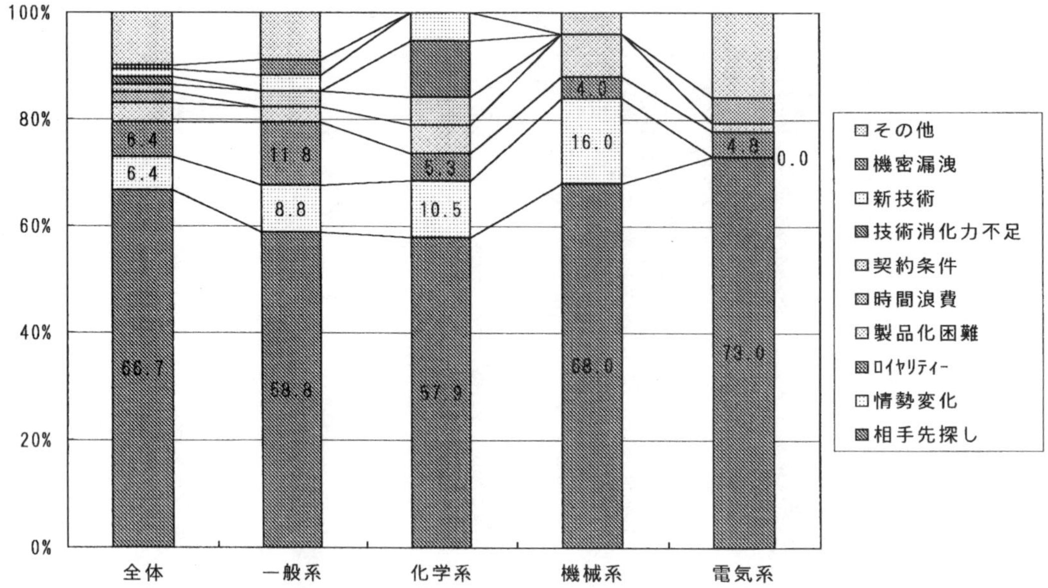

〔その他の内容〕
①単独での技術供与でない
②活動を開始してから時間が経っていない
③当該分野では未登録が多い（3件）
④市場未熟
⑤業界の動向（規格等）
⑥コメントなし（6件）

5.2.3 技術移転の対応
(1) 申し入れ対応

技術移転してもらいたいと申し入れがあった時、どのように対応するかについて質問を行った。

質問内容	一般系	化学系	機械系	電気系	全体
・とりあえず、話を聞く(話を聞く)	44.3%	70.3%	54.9%	56.8%	55.8%
・積積極的に交渉していく(積極交渉)	51.9%	27.0%	39.5%	40.7%	40.6%
・他社への特許ライセンスの供与は考えていないので、断る(断る)	3.8%	2.7%	2.8%	2.5%	2.9%
・その他	0.0%	0.0%	2.8%	0.0%	0.7%

その結果を、図 5.2.3-1 ライセンス申し入れ対応に示す。「話を聞く」が 55.8%であった。次いで「積極交渉」が 40.6%であった。「話を聞く」と「積極交渉」で 96.4%という高率であり、中小企業側からみた場合は、ライセンス供与の申し入れを積極的に行っても断られるのはわずか 2.9%しかないということを示している。一般系の「積極交渉」が他の業種より高い。

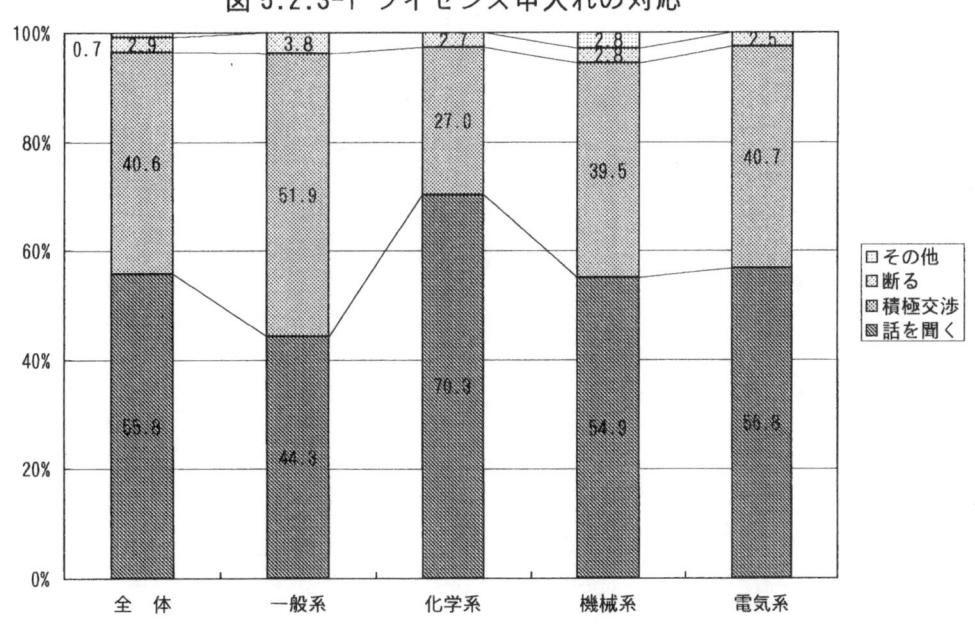

図 5.2.3-1 ライセンス申入れの対応

（2）仲介の必要性

ライセンスの仲介の必要性があるかについて質問を行った。

質問内容	一般系	化学系	機械系	電気系	全体
・自社内にそれに相当する機能があるから不要（社内機能あるから不要）	36.6%	48.7%	62.4%	53.8%	52.0%
・現在はレベルが低いので不要（低レベル仲介で不要）	1.9%	0.0%	1.4%	1.7%	1.5%
・適切な仲介者がいれば使っても良い（適切な仲介者で検討）	44.2%	45.9%	27.5%	40.2%	38.5%
・公的支援機関に仲介等を必要とする（公的仲介が必要）	17.3%	5.4%	8.7%	3.4%	7.6%
・民間仲介業者に仲介等を必要とする（民間仲介が必要）	0.0%	0.0%	0.0%	0.9%	0.4%

図 5.2.3-2 に仲介の必要性の内訳を示す。「社内機能あるから不要」が 52.0％を占め、最も多い。アンケートの配布先は大手企業が大部分であったため、自社において知財管理、技術移転機能が整備されている企業が 50％以上を占めることを意味している。

次いで「適切な仲介者で検討」が 38.5％、「公的仲介が必要」が 7.6％、「民間仲介が必要」が 0.4％となっている。これらを加えると仲介の必要を感じている企業は 46.5％に上る。

自前で知財管理や知財戦略を立てることができない中小企業や一部の大企業では、技術移転・仲介者の存在が必要であると推測される。

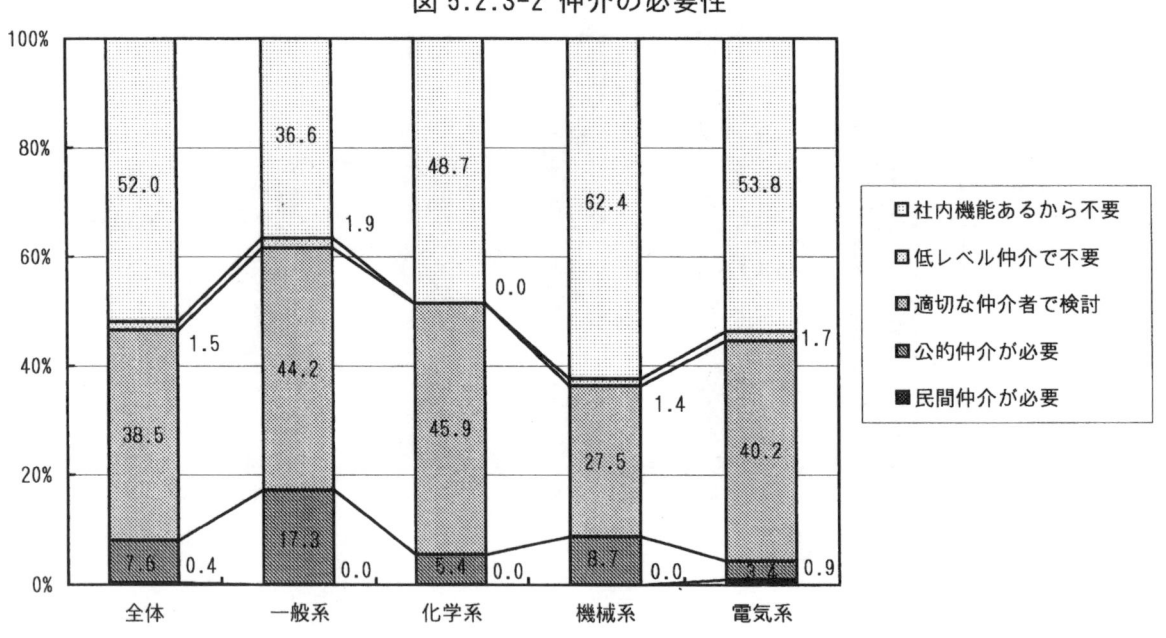

図 5.2.3-2 仲介の必要性

5.2.4 具体的事例
(1) テーマ特許の供与実績

技術テーマの分析の対象となった特許一覧表を掲載し(テーマ特許)、具体的にどの特許の供与実績があるかについて質問を行った。

質問内容	一般系	化学系	機械系	電気系	全体
・有る	12.8%	12.9%	13.6%	18.8%	15.7%
・無い	72.3%	48.4%	39.4%	34.2%	44.1%
・回答できない(回答不可)	14.9%	38.7%	47.0%	47.0%	40.2%

図 5.2.4-1 に、テーマ特許の供与実績を示す。

「有る」と回答した企業が 15.7%であった。「無い」と回答した企業が 44.1%あった。「回答不可」と回答した企業が 40.2%とかなり多かった。これは個別案件ごとにアンケートを行ったためと思われる。ライセンス自体、企業秘密であり、他者に情報を漏洩しない場合が多い。

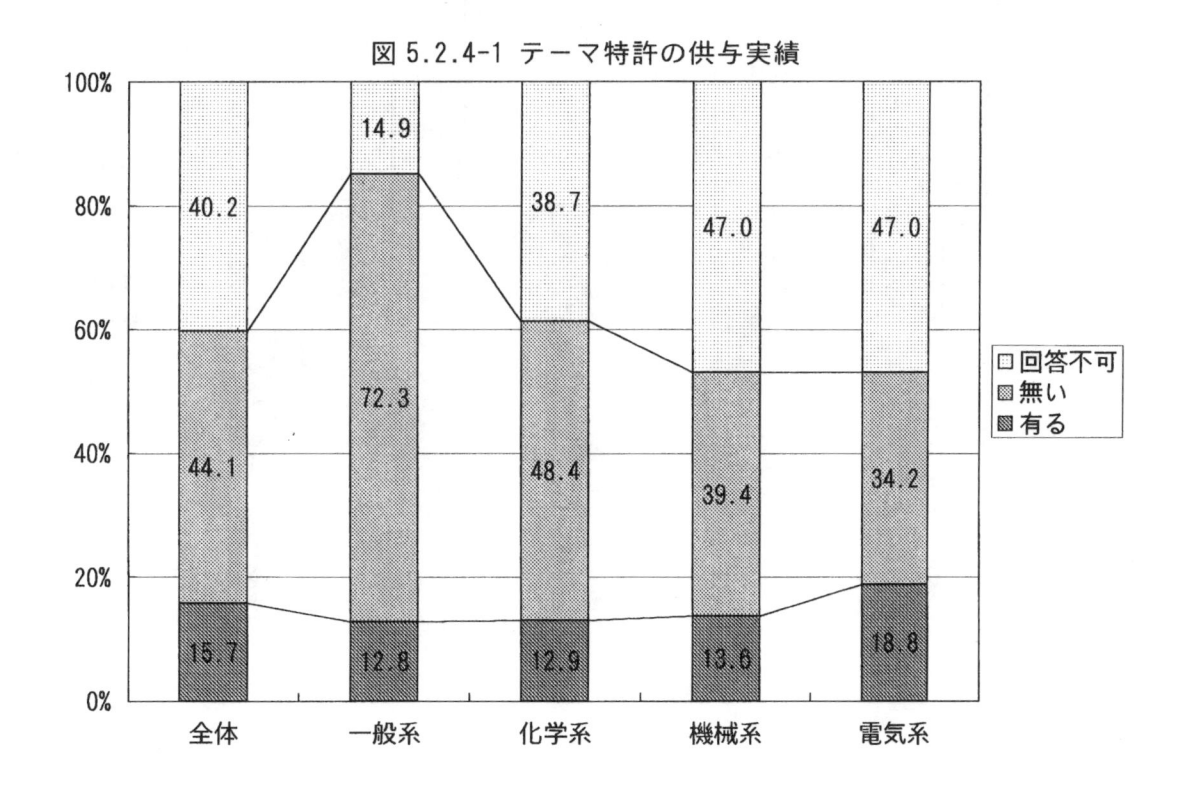

図 5.2.4-1 テーマ特許の供与実績

(2) テーマ特許を適用した製品

「特許流通支援チャート」に収蔵した特許(出願)を適用した製品の有無について質問を行った。

質問内容	一般系	化学系	機械系	電気系	全体
・回答できない(回答不可)	27.9%	34.4%	44.3%	53.2%	44.6%
・有る。	51.2%	43.8%	39.3%	37.1%	40.8%
・無い。	20.9%	21.8%	16.4%	9.7%	14.6%

図 5.2.4-2 に、テーマ特許を適用した製品の有無について結果を示す。

「有る」が 40.8%、「回答不可」が 44.6%、「無い」が 14.6%であった。一般系と化学系で「有る」と回答した企業が多かった。

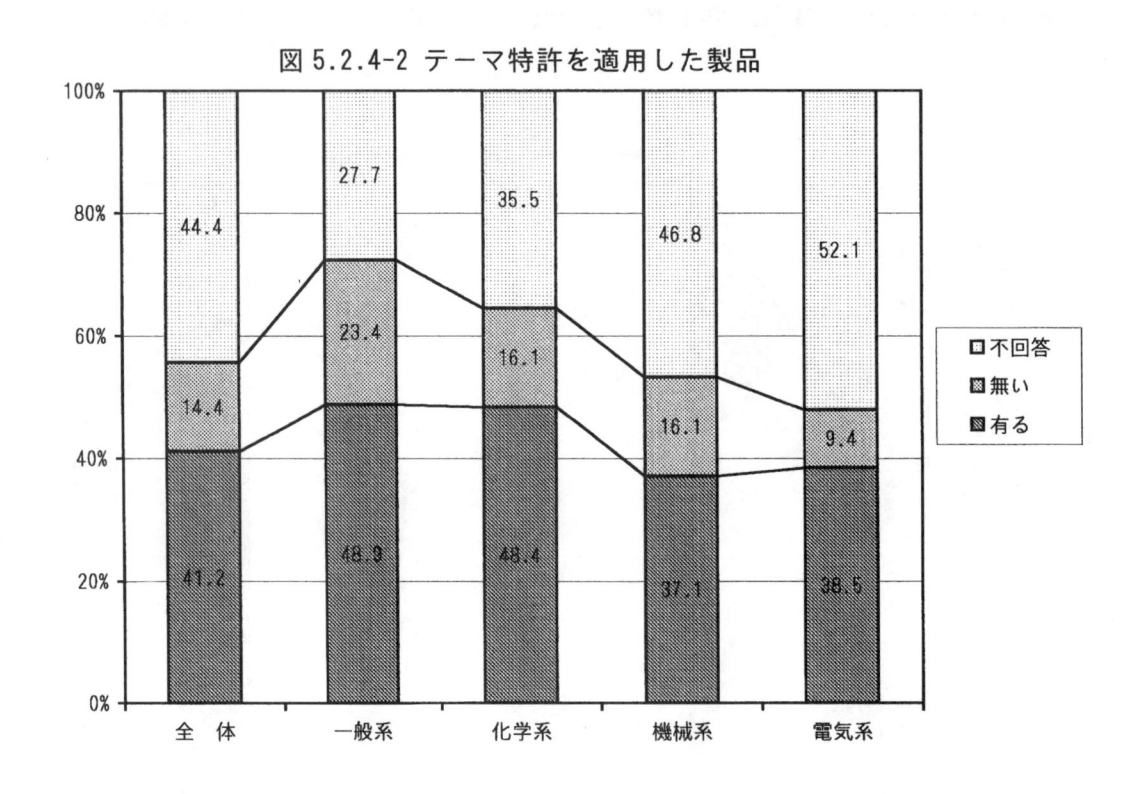

図 5.2.4-2 テーマ特許を適用した製品

5.3 ヒアリング調査

アンケートによる調査において、5.2.2の(2)項でライセンス実績に関する質問を行った。その結果、回収数306件中295件の回答を得、そのうち「供与実績あり、今後も積極的な供与活動を実施したい」という回答が全テーマ合計で25.4%(延べ75出願人)あった。これから重複を排除すると43出願人となった。

この43出願人を候補として、ライセンスの実態に関するヒアリング調査を行うこととした。ヒアリングの目的は技術移転が成功した理由をできるだけ明らかにすることにある。

表5.3にヒアリング出願人の件数を示す。43出願人のうちヒアリングに応じてくれた出願人は11出願人(26.5%)であった。テーマ別且つ出願人別では延べ15出願人であった。ヒアリングは平成14年2月中旬から下旬にかけて行った。

表5.3 ヒアリング出願人の件数

ヒアリング候補出願人数	ヒアリング出願人数	ヒアリングテーマ出願人数
43	11	15

5.3.1 ヒアリング総括

表5.3に示したようにヒアリングに応じてくれた出願人が43出願人中わずか11出願人（25.6％）と非常に少なかったのは、ライセンス状況およびその経緯に関する情報は企業秘密に属し、通常は外部に公表しないためであろう。さらに、11出願人に対するヒアリング結果も、具体的なライセンス料やロイヤリティーなど核心部分については充分な回答をもらうことができなかった。

このため、今回のヒアリング調査は、対象母数が少なく、その結果も特許流通および技術移転プロセスについて全体の傾向をあらわすまでには至っておらず、いくつかのライセンス実績の事例を紹介するに留まらざるを得なかった。

5.3.2 ヒアリング結果

表5.3.2-1にヒアリング結果を示す。

技術移転のライセンサーはすべて大企業であった。

ライセンシーは、大企業が8件、中小企業が3件、子会社が1件、海外が1件、不明が2件であった。

技術移転の形態は、ライセンサーからの「申し出」によるものと、ライセンシーからの「申し入れ」によるものの2つに大別される。「申し出」が3件、「申し入れ」が7件、「不明」が2件であった。

「申し出」の理由は、3件とも事業移管や事業中止に伴いライセンサーが技術を使わなくなったことによるものであった。このうち1件は、中小企業に対するライセンスであった。この中小企業は保有技術の水準が高かったため、スムーズにライセンスが行われたとのことであった。

「ノウハウを伴わない」技術移転は3件で、「ノウハウを伴う」技術移転は4件であった。

「ノウハウを伴わない」場合のライセンシーは、3件のうち1件は海外の会社、1件が中小企業、残り1件が同業種の大企業であった。

大手同士の技術移転だと、技術水準が似通っている場合が多いこと、特許性の評価やノウハウの要・不要、ライセンス料やロイヤリティー額の決定などについて経験に基づき判断できるため、スムーズに話が進むという意見があった。

中小企業への移転は、ライセンサーもライセンシーも同業種で技術水準も似通っていたため、ノウハウの供与の必要はなかった。中小企業と技術移転を行う場合、ノウハウ供与を伴う必要があることが、交渉の障害となるケースが多いとの意見があった。

「ノウハウを伴う」場合の4件のライセンサーはすべて大企業であった。ライセンシーは大企業が1件、中小企業が1件、不明が2件であった。

「ノウハウを伴う」ことについて、ライセンサーは、時間や人員が避けないという理由で難色を示すところが多い。このため、中小企業に技術移転を行う場合は、ライセンシー側の技術水準を重視すると回答したところが多かった。

ロイヤリティーは、イニシャルとランニングに分かれる。イニシャルだけの場合は4件、ランニングだけの場合は6件、双方とも含んでいる場合は4件であった。ロイヤリティーの形態は、双方の企業の合意に基づき決定されるため、技術移転の内容によりケースバイケースであると回答した企業がほとんどであった。

中小企業へ技術移転を行う場合には、イニシャルロイヤリティーを低く抑えており、ランニングロイヤリティーとセットしている。

ランニングロイヤリティーのみと回答した6件の企業であっても、「ノウハウを伴う」技術移転の場合にはイニシャルロイヤリティーを必ず要求するとすべての企業が回答している。中小企業への技術移転を行う際に、このイニシャルロイヤリティーの額をどうするか折り合いがつかず、不成功になった経験を持っていた。

表5.3.2-1 ヒアリング結果

導入企業	移転の申入れ	ノウハウ込み	イニシャル	ランニング
—	ライセンシー	○	普通	—
—	—	○	普通	—
中小	ライセンシー	×	低	普通
海外	ライセンシー	×	普通	—
大手	ライセンシー	—	—	普通
大手	ライセンシー	—	—	普通
大手	ライセンシー	—	—	普通
大手	—	—	—	普通
中小	ライセンサー	—	—	普通
大手	—	—	普通	低
大手	—	○	普通	普通
大手	ライセンサー	—	普通	—
子会社	ライセンサー	—	—	—
中小	—	○	低	高
大手	ライセンシー	×	—	普通

＊ 特許技術提供企業はすべて大手企業である。

(注)
ヒアリングの結果に関する個別のお問い合わせについては、回答をいただいた企業とのお約束があるため、応じることはできません。予めご了承ください。

資料6．特許番号一覧

　表6-1に、焼却炉排ガス処理技術に関する出願件数上位50社とその連絡先を示す。

　また、表6-2に、この上位50社の保有特許リストを技術要素及び課題別に示す。ただし、2章において掲載した主要20社の保有特許は除く。

　また、リスト中の公報番号の後ろの（）内に企業Noを、共願の特許には*印を記入した。

　なお、以下の特許に対し、ライセンスできるかどうかは、各企業の状況により異なる。

表6-1 焼却炉排ガス処理技術に関する出願件数上位50社と連絡先（1/2）

No	企業名	出願件数	住所(本社等の代表的住所)	TEL
1	三菱重工業	134	東京都千代田区丸の内2-5-1	03-3212-3111
2	クボタ	118	大阪市浪速区敷津東1-2-47	06-6648-2111
3	日本鋼管	108	東京都千代田区丸の内1-1-2	03-3212-7111
4	日立造船	80	大阪市住之江区南港北1-7-89	06-6569-0001
5	明電舎	62	東京都中央区日本橋箱崎町36-2 リバーサイドビル	03-5641-7000
6	バブコック日立	60	東京都港区浜松町2-4-1 世界貿易センタービル	03-5400-2416
7	三洋電機	58	大阪府守口市京阪本通2-5-5	06-6991-1181
8	タクマ	58	兵庫県尼崎市金楽寺町2-2-33	06-6483-2609
9	鳥取三洋電機	57	鳥取市立川町7-101	0857-21-2001
10	川崎重工業	52	神戸市中央区東川崎町1-1-3 神戸クリスタルタワー	078-371-9530
11	新日本製鐵	51	東京都千代田区大手町2-6-3 新日鉄ビル	03-3242-4111
12	日立製作所	49	東京都千代田区神田駿河台4-6	03-3258-1111
13	石川島播磨重工業	49	東京都千代田区大手町2-2-1 新大手町ビル	03-3244-5111
14	荏原製作所	45	東京都大田区羽田旭町11-1	03-3743-6111
15	住友重機械工業	43	東京都品川区北品川5-9-11 住友重機械ビル	03-5488-8000
16	神戸製鋼所	41	神戸市中央区脇浜町2-10-26	078-261-5111
17	三井造船	38	東京都中央区築地5-6-4	03-3544-3147
18	千代田化工建設	28	横浜市鶴見区鶴見中央2-12-1	045-521-1231
19	東芝	28	東京都港区芝浦1-1-1 東芝ビルディング	03-3457-4511
20	日本碍子	24	名古屋市瑞穂区須田町2-56	052-872-7171
21	大同特殊鋼	19	名古屋市中区錦1-11-18 興銀ビル	052-201-5111
22	松下電器産業	15	大阪府門真市大字門真1006	06-6908-1121
23	栗田工業	15	東京都新宿区西新宿3-4-7	03-3347-3111
24	日鐵プラント設計	15	北九州市戸畑区大字中原6-59	093-872-5440
25	奥多摩工業	13	東京都渋谷区千駄ヶ谷5-32-7 星和新宿ビル	03-3341-0851
26	プランテック	12	大阪市西区京町堀1-6-17	06-6448-2200
27	キンセイ産業	12	群馬県高崎市矢中町788	027-346-1320
28	ミヨシ油脂	12	東京都葛飾区堀切4-66-1	03-3603-1111
29	川崎製鉄	12	東京都千代田区内幸町2-2-3 日比谷国際ビル	03-3597-3111
30	東芝テック	11	東京都千代田区神田錦町1-1	03-3292-6223
31	鐘淵化学工業	10	大阪市北区中之島3-2-4 朝日新聞ビル	06-6266-5050
32	前島工業所	10	茨城県新治郡霞ヶ浦町西成井2560-21	0298-96-1115
33	三浦工業	9	愛媛県松山市堀江町7	089-979-1111
34	万熔工業	9	兵庫県尼崎市尾浜町1-8-25	06-6427-2281
35	東京瓦斯	9	東京都港区海岸1-5-20	03-3433-2111
36	大阪瓦斯	8	大阪市中央区平野町4-1-2	06-6202-2221
37	宇部興産	8	東京都港区芝浦1-2-1 シーバンスN館	03-5419-6109
38	本田技研工業	8	東京都港区南青山2-1-1	03-3423-1111
39	三菱電機	8	東京都千代田区丸の内2-2-3	03-3218-2111
40	松下精工	7	愛知県春日井市鷹来町字下仲田4017	0568-81-1511
41	三菱マテリアル	7	東京都千代田区大手町1-5-1 大手町ファーストスクエア	03-5252-5201

表6-1 焼却炉排ガス処理技術に関する出願件数上位50社と連絡先 (2/2)

No	企業名	出願件数	住所(本社等の代表的住所)	TEL
42	大東	7	群馬県桐生市相生町1-24	0277-54-8121
43	フオン ロール（スイス）	7	―	―
44	エヌケーケープラント建設	7	横浜市鶴見区弁天町3-7	045-510-3500
45	川崎技研	7	福岡県福岡市南区向野1-22-11	092-551-2121
46	日立エンジニアリング	7	茨城県日立市幸町3-2-1	0294-24-1111
47	日立エンジニアリングサービス	7	茨城県日立市幸町3-2-2	0294-22-7111
48	三機工業	6	東京都千代田区有楽町1-4-1　三信ビル	03-3502-7201
49	古河機械金属	6	東京都千代田区丸の内2-6-1　古河総合ビル	03-3212-6570
50	中外炉工業	5	大阪市西区京町堀2-4-7	06-6449-3700

表6-2 焼却炉排ガス処理技術に関する出願件数上位50社の課題対応保有特許 (1/4)

・運転管理

課題	公報番号（出願人・概要）			
完全燃焼	特許2578977(40)	特許2641577(40)	特許2960104(40)	特許2535274(27)
	特許2960105(40)	松下精工：	２つの温度検出手段によって得た値に応じて、一次空気量調整手段と二次空気調整手段とにより空気量を制御する	
	特許3092086(34)	特許2971980(34)	特許2535273(27)	特許2649208(45)
	特許3212663(34)	特開平6-137529(42)	特開平6-257727(40)	特開平7-225014(51)
	特開平7-103440(48)	特開平7-174323(40)	特開平8-303739(40)	特開平8-42832(*45)
	特開平8-61629(51)	特開平8-61634(*45)	特開平8-61635(*45)	特開平9-291285(39)
	特許3194072(*51)	特許3152581(27)	特許3152586(27)	特許3152588(27)
	特許2945311(43)	フオン ロール（スイス）：	炉内の廃棄物に燃料を含まない酸素を少なくとも音速で作用させ、廃棄物の層上の可燃性成分を燃焼させ廃棄物を融解させる	
	特開平9-150128(34)	特許3062873(51)	特開平11-141835(*51)	特開2001-173926(45)
	特開平10-78210(34)	特許3049210(43)	特開平10-115409(21)	特開平10-160145(30)
	特開平10-169933(*51)	特開平10-202228(34)	特開平10-238738(29)	特開平10-311517(38)
	特開平10-311520(38)	特開平10-311518(*36)	特開平11-82948(*51)	特開2001-172639(*23)
	特許2971421(50)	中外炉工業：	流動層温度を検出し砂層の単位時間あたりの温度変化率を求めるとともに、フリーボード部の温度を検出して基準温度との偏差を求め、この２つの値に基き燃料流量を制御する	
	特開平11-132427(41)	特開平11-132423(42)	特許2854297(39)	特許2859871(41)
	特開平11-270829(44)	特開平11-287416(41)	特開平11-316007(29)	特開2000-17268(39)
	特開2000-18548(44)	特開2000-346325(30)	特開2000-130729(50)	特開2000-193217(*51)
	特開平11-281032(29)	川崎製鉄：	廃棄物を圧縮後トンネル式加熱炉で乾燥、熱分解、炭化した後、高温反応器で燃焼させる時に、液状、粉末状、ガス状のうち１種以上を吹き込み、有害物質を分解する	
	特開2001-182935(33)	特開2000-266329(30)	特開2000-266330(30)	特開2000-304221(30)
	特開2000-310406(30)	特開2000-320814(21)	特開2001-132922(29)	特開2001-19501(21)
	特開2001-21129(26)	特開2001-116245(49)	特開2001-132920(29)	

表6-2 焼却炉排ガス処理技術に関する出願件数上位50社の課題対応保有特許 (2/4)

課題	公報番号（出願人・概要）			
操作性改善	特公平7-37843(37)	特開平8-35632(21)	特許2856686(27)	特許3027127(38)
窒素酸化物抑制	特許2660184(43)	特開平11-190508(35)		
その他	特許2673627(43)	特開平8-49817(*51)	特開平8-114314(35)	

・二次燃焼

課題	公報番号（出願人・概要）			
完全燃焼	特許2743531(21)	大同特殊鋼：	アーク炉からの排ガスでスクラップを予熱した後燃焼処理し脱臭する時、複数本のバーナの燃焼本数の切り換え制御を行う	
	特公平7-43109(26)	特許2642568(48)	特許2793451(48)	特開平7-217843(35)
	特許2554586(42)	特開平7-19756(21)	特開平8-178237(*35)	特開平9-303735(38)
	特許2856693(27)	特許2880425(27)	特開平9-159128(42)	特開平9-303733(38)
	特許2961078(26)	プランテック	炉頂型ガス冷却塔方式のごみ焼却炉で、炉本体と冷却塔の連通部分にバーナと空気供給手段を有する二次燃焼室を設ける	
	特開平9-243274(21)	特開平9-303734(38)	特開平10-238750(45)	特開平10-288325(44)
	特開平10-2532(39)	特開平10-2533(27)	特開平10-47624(36)	特許3059935(26)
	特許3034467(26)	特開平10-227427(30)	特開平11-237191(21)	特開平11-294729(42)
	特許3201590(*44)	特許2968767(*44)	特許2967188(*44)	特開平11-82958(39)
	特開平11-132425(48)	特開平11-244645(29)	特開2000-337620(30)	特開2000-329323(37)
	特開2000-18547(39)	特開2000-257824(39)	特開2000-274630(35)	特開2000-257835(42)
	特開2000-328076(37)	特開2001-41426(27)	特開2001-124318(30)	特開2001-132917(30)
	特開2000-111022(26)	プランテック：	炉本体と冷却室との間の二次燃焼室の温度が一定温度を逸脱した際、三次燃焼空気の酸素濃度を調節した後その供給量を制御して二次燃焼室温度を回復させる	
	特開2000-240917(33)	特開2001-99415(43)		
その他	特開平11-188332(21)	特開2000-193222(33)		

・炉内薬剤投入

課題	公報番号（出願人・概要）			
ダイオキシン処理	特開平11-230516(28)	特開2001-2846(28)	特開2001-74219(41)	
窒素酸化物処理	特開平9-329315(50)			

・温度管理

課題	公報番号（出願人・概要）			
ダイオキシン処理	特開平8-285254(*45)	特開平10-216677(34)	特開平10-244117(21)	特開平11-76754(50)
	特開平11-104455(50)	中外炉工業：	燃焼室で800℃以上で2秒以上滞留させダイオキシンを加熱分解し、降温した蓄熱室を通過させ0.2秒以内で200℃以下に冷却し、ダイオキシンの再合成を防止する	
	特開平11-230527(29)	特開2001-82718(33)		
酸性ガス処理	特許2663307(37)	特開平11-51357(35)	特開平11-82978(35)	特開平11-159734(35)
ダスト付着防止	特許2856685(27)	特許2927689(27)		
耐久性向上	特許2761417(*36)			
その他	特開平11-311407(30)	特開2001-221418(29)		

表6-2 焼却炉排ガス処理技術に関する出願件数上位50社の課題対応保有特許（3/4）

・薬剤投入

課題	公報番号（出願人・概要）			
ダイオキシン処理	特許3101181(25)	奥多摩工業：	比表面積が25m²/g以上、平均粒子径が6μm以下、反応活性がシュウ酸活度で30分以下の水酸化カルシウムに対し、1～15重量%の活性炭及び1～30重量%のコークスのうち1種以上を配合した、ダイオキシンまたは水銀除去剤	
	特開平10-128062(31)	特開平11-9963(25)	特開平11-19474(23)	特開平11-349919(28)
	特開平11-33343(25)	特開平11-94214(49)	特開平11-114537(25)	特開平11-137952(28)
	特開2000-185217(39)	特開2000-51645(31)	特開2000-51658(31)	特開2000-61252(23)
	特開2000-102722(23)	特開2001-29912(23)	特開2001-25637(23)	特開2001-149753(28)
酸性ガス処理	特許2962483(36)	特許2740707(42)	特開平9-99235(31)	特開平9-108539(31)
	特開平9-159130(29)	特開平9-248423(25)	特開平9-248541(25)	特開平10-109014(25)
	特開平10-202042(25)	特開2000-63116(25)	特開2001-139327(25)	
重金属処理	特開平9-99234(25)	特開2000-301101(25)		
窒素酸化物処理	特開平9-108538(31)			
その他	特開平7-88324(49)	特開平9-287728(*35)		

・湿式処理

課題	公報番号（出願人・概要）			
ダイオキシン処理	特開2001-113123(41)			
酸性ガス処理	特開平10-253040(21)	大同特殊鋼：	排ガスを冷却した後バグフィルタを通過させ飛灰を捕集したのちアルカリ水溶液で洗浄し、酸性ガスを中和し、オゾンを発生させ洗煙装置上流の排ガス中に供給する	
	特開平11-70317(43)			
重金属処理	特開平9-294916(31)	特開平9-294917(31)		
その他	特開平8-121743(48)			

・触媒反応

課題	公報番号（出願人・概要）			
ダイオキシン処理	特開平11-156157(48)	特開平11-325454(38)	特開2000-24437(36)	特開2000-254552(29)
	特開2001-173931(36)			

・吸着

課題	公報番号（出願人・概要）			
ダイオキシン処理	特開平9-220438(23)	特開平10-99677(23)	特開平10-151342(25)	特開平10-151343(31)
	特開平11-5019(23)	栗田工業：	排ガスに、アミン化合物、アンモニア、アンモニウム塩及びアルカリ金属化合物のうち1種以上のダイオキシン生成反応抑制剤を300～750℃で添加し、活性炭を200～500℃で添加した後集塵する	
	特開平10-196930(49)	特開平10-235140(26)	特開平10-296050(23)	特開平11-276857(31)
	特開平11-9960(23)	特開平11-37447(21)	特開平11-47553(21)	特開平11-57462(33)
	特開平11-57361(21)	大同特殊鋼：	排ガスをバグフィルタに導く途中に混合塔を設け微粉状の活性炭を混合塔外周の接線方向より吹き込み排ガスを旋回させダイオキシンを吸着除去する	
	特開平11-57405(26)	特開平11-57361(21)	特許3203314(26)	特開平11-118138(49)

表6-2 焼却炉排ガス処理技術に関する出願件数上位50社の課題対応保有特許（4/4）

課題	公報番号（出願人・概要）			
ダイオキシン処理	特開平11-128876(*41)	特開平11-128679(26)	特開平11-128680(21)	特開平11-165015(26)
	特開平11-226355(23)	特開平11-253749(41)	特開2000-354735(23)	特開2000-15048(21)
	特許3036522(33)	三浦工業：	焼却炉排ガスを水冷または空冷し、吸着部が150～180℃に維持したまま、カートリッジに内蔵された粒状のゼオライトに通過させる	
	特開2000-42361(23)	特開2000-51659(28)	特開2000-240932(33)	
	特開2000-342930(33)	特開2000-350932(21)	特開2001-219056(33)	特開2001-153327(*51)
	特開2001-179207(28)	特開2001-198424(26)	特開2001-219032(23)	
重金属処理	特開2000-136373(28)	ミヨシ油脂：	チオカルボニル化合物のリン酸類の塩よりなる金属処理剤であって、酸性排ガス中の水銀、カドミウムに対しても効果がある	
	特開平11-116938(28)	特開2000-119632(28)	特開2000-136371(28)	特開2001-115137(28)
その他	特許3009926(43)			

・集塵

課題	公報番号（出願人・概要）			
ダイオキシン処理	特許2957627(36)	特許2807767(36)		
操作性改善	特開平10-220723(38)			
閉塞防止	特開平9-68307(21)			
その他	特開平7-71730(21)	特開平11-337027(49)		

・放電、放射線

課題	公報番号（出願人・概要）			
その他	特許2900196(34)	特開平10-78206(34)		

特許流通支援チャート　一般 4

焼却炉排ガス処理技術

2002年（平成14年）6月29日　　初版発行

編　集　　独立行政法人
©2002　　工業所有権総合情報館
発　行　　社団法人　発明協会

発行所　　社団法人　発明協会

〒105-0001　東京都港区虎ノ門2-9-14
電　話　　03(3502)5433(編集)
電　話　　03(3502)5491(販売)
Ｆａｘ　　03(5512)7567(販売)

ISBN4-8271-0682-7 C3033　印刷：株式会社　丸井工文社
Printed in Japan

乱丁・落丁本はお取替えいたします。

本書の全部または一部の無断複写複製
を禁じます（著作権法上の例外を除く）。

発明協会HP：http://www.jiii.or.jp/

平成13年度「特許流通支援チャート」作成一覧

電気	技術テーマ名
1	非接触型ICカード
2	圧力センサ
3	個人照合
4	ビルドアップ多層プリント配線板
5	携帯電話表示技術
6	アクティブマトリクス液晶駆動技術
7	プログラム制御技術
8	半導体レーザの活性層
9	無線LAN

機械	技術テーマ名
1	車いす
2	金属射出成形技術
3	微細レーザ加工
4	ヒートパイプ

化学	技術テーマ名
1	プラスチックリサイクル
2	バイオセンサ
3	セラミックスの接合
4	有機EL素子
5	生分解性ポリエステル
6	有機導電性ポリマー
7	リチウムポリマー電池

一般	技術テーマ名
1	カーテンウォール
2	気体膜分離装置
3	半導体洗浄と環境適応技術
4	焼却炉排ガス処理技術
5	はんだ付け鉛フリー技術